青海大学研究生课程建设项目
青海省科技厅项目
资助

孙海群　孙康迪　陈　卓　编著

草坪建植与养护管理技术

中国农业科学技术出版社

图书在版编目（CIP）数据

草坪建植与养护管理技术 / 孙海群，孙康迪，陈卓编著．—北京：中国农业科学技术出版社，2017.11

ISBN 978－7－5116－3094－0

Ⅰ.①草…　Ⅱ.①孙…②孙…③陈…　Ⅲ.①草坪－观赏园艺　Ⅳ.①S688.4

中国版本图书馆 CIP 数据核字（2017）第 115977 号

责任编辑　贺可香
责任校对　贾海霞

出 版 者　中国农业科学技术出版社
　　　　　北京市中关村南大街 12 号　邮编：100081
电　　话　（010）82106638（编辑室）（010）82109702（发行部）
　　　　　（010）82109709（读者服务部）
传　　真　（010）82106650
网　　址　http：//www. castp. cn
经 销 者　各地新华书店
印 刷 者　北京建宏印刷有限公司
开　　本　710mm×1 000mm　1/16
印　　张　16.25
字　　数　320 千字
版　　次　2017 年 11 月第 1 版　2020 年 12 月第 2 次印刷
定　　价　48.00 元

版权所有·翻印必究

前　言

近几十年来，随着人们生活方式的转变，草坪在现代生活和城市发展中扮演着重要的角色，因而形成了强大的社会需求，为现代草坪产业的发展注入了强劲的动力。而这种“绿色产业”的建立与发展需要技术和服务体系的支撑，但由于我国草坪科学与教育发展相对滞后，在草坪建植和养护管理方面有许多亟待解决的问题。作者孙海群（青海大学）、孙康迪［聚彩堂（陕西）工程设计有限公司］、陈卓（西安美术学院继续教育学院）在调研的基础上，总结国内外先进经验和技术，编写了本书。

本书共15章，各章内容如下所述：第一章，草坪业现状与发展趋势；第二章，草坪类型与草坪草特性；第三章，草坪草种植区划；第四章，草坪质量评价；第五章，草坪草种及其品种；第六章，草坪草种子生产；第七章，草坪建植技术；第八章，草坪养护技术；第九章，草皮卷生产技术及铺植技术；第十章，草坪喷播技术；第十一章，草坪植生带生产技术及铺装技术；第十二章，草坪杂草及其防治技术；第十三章，草坪病害及其防治技术；第十四章，草坪虫害及其防治技术；第十五章，草坪机械设备。

编　者

目　　录

第一章　草坪业现状与发展趋势

一、草坪科学的技术分类

草坪科学研究，按其内容来讲，主要包括两个部分，即草坪植物学和草坪工程学。草坪植物学是草坪科学的基础研究，即指以草坪草为研究对象，从草坪草种质资源、草坪草形态特征、草坪草育种、草坪草引种与适应性、草坪草与环境、草坪草的保护等方面进行研究。草坪工程学是草坪科学的应用研究，指草坪设计、施工、建植、养护管理等方面的研究。

草坪科学是以植物学、农学、园艺学、生态学、育种学、种子学、植物保护学、土壤学、肥料学、环境学、农田灌溉学、机械学、工程学、美学等学科为基础。

展望21世纪的草坪科学，将在与草坪科学有关的边缘学科有较大的进展，这些边缘学科包括草坪经济学、草坪环境学、草坪景观学、草坪美学等。草坪经济学是研究和探讨草坪产品的生产、流通、销售等的一门学科。草坪环境学是研究草坪与环境相互作用、相互影响的一门学科。草坪景观学是研究和探索草坪形成景观的科学。草坪美学是研究人们对草坪的审美感觉、审美态度和审美效果的一门学科。

二、草坪产业的应用领域

草坪产业的应用领域为城市园林绿化、水土保持和体育设施。城市园林绿化主要包括广场、公园、植物园、名胜古迹、居住区、庭院、学校、企事业单位、街道等的草坪。水土保持主要包括机场、铁路、公路、坡地、河流湖泊堤岸等的草坪。体育设施包括高尔夫球场、足球场、橄榄球场、赛马场、草地网球场、草地保龄球场、棒球场、垒球场、曲棍球场等草坪。

三、草坪绿地标准

人均绿地面积是衡量城市现代文明的标志之一。联合国建议的城市绿地标准见表1－1。由于各国草坪发展水平和自然条件不同，多数城市的人均绿地不足20m^2。目前我国政府要求以旅游业为主的城市，人均绿地要达到20～30m^2，以工业生产为主的城市不少于10m^2。我国大连市和广州市是中国开展足球运动很普及的城市，其运动场草坪的面积远高于其他城市。许多以旅游业为主的城市，公用草坪绿地的人均面积，也远大于其他商业或工业城市。

表1－1　联合国建议的城市绿地标准

分级	绿地类型	距住宅（km）	面积（hm^2）	人均面积（m^2/人）
1	住宅公园（庭院绿地）	0.3	1	4
2	小区公园（居住小区游园）	0.8	6～10	8
3	大区公园（居民区游园）	1.6	30～60	16
4	城市公园（市级公园）	3.2	200～400	32
5	郊区公园（远郊风景区）	6.5	1 000～3 000	65
6	大都市公园（远郊风景区）	15.0	3 000～30 000	125

随着经济发展和人们环境意识的提高，绿地建设越来越受到重视，特别在工业污染已危及居民生活的地方，绿地建设的投入逐年扩大。各地区根据城市发展规划，分阶段提出了人均占有绿地的指标。

由于城市规模不同，不同绿地系统的面积应有所差异。若节假日有10%的居民进入城市各类绿地，则公用绿地和运动场草坪的规模及人均占有量应达到表1－2的最低标准。目前有些大城市如北京、上海、沈阳等市区，人口稠密，建筑密度大，绿地奇缺。在旧城改造中，已逐渐规划出一定面积的绿地。

表1－2　不同城市公共绿地和运动场草坪的标准

城市规模（万人）	公共绿地		运动场草坪	
	hm^2	m^2/人	hm^2	m^2/人
<10	60	60	20	20
10～20	75	50	23	15
20～50	140	40	35	10
50～100	225	30	38	5
100～500	600	20	60	2
>500	500	10	50	1

四、草坪业的规模

草坪业规模和生产总值的确切数据很难获得，因为，草坪产业处在迅速发展和不断变化之中，主要包括草坪养护机械设备，草种，草皮卷，化学药品如杀菌剂、杀虫剂、除草剂、植物生长调节剂、土壤改良剂，肥料等。涉及的生产部门包括草坪机械设备生产部门、草坪种子部门、草皮卷生产部门、化学药品生产部门、草坪肥料生产部门。由于草坪本身的性质，在草坪应用的设施部门每年都需要花费大量的经费进行养护管理，对草坪机械设备的磨损、水、肥料、药剂的消耗和劳动力成本可进行估计，而草坪本身所提供的生态功能、美学价值和娱乐功能是不能仅用成本来计算的。

我国的草坪业起步较晚。但20世纪90年代以来，草坪业也得到了很大的发展，并成为国民经济中一个新的增长点。目前，草坪已经广泛地用于我国环保、城建、园林、体育运动、旅游、度假、娱乐、休闲、水土保持等各个领域。我国草坪业尽管不够完备，但已初具雏形。

我国草坪行业最重要的变化是以经营草坪事业为主的企业大量涌现，据不完全统计，全国目前已有草坪公司（研究所）2 000家，每年建植各类草坪绿地超过2 000万 m^2，草坪产品销售额逐年上升，2001 年为9 亿元，2010年达 17 亿元。但与草坪产业最发达的美国相比，我国草坪业四大类部门的发展不平衡。我国目前草坪企业组成以草皮生产、草坪建植施工企业占主要部分。在服务业中，主要以经销国外的草坪草种、草坪机械、灌溉设备为主。

我国的草坪在科研、教育、对外交流等方面近年来也得到了一定的发展。相关的行业组织、信息交流活动也很活跃，北京连续举办了两届中国国际草业博览会，还有大量区域性草坪研讨会及草坪机械设备展示会。

虽然我国草坪业在近年来取得了很大成绩，但与发达国家草坪业相比，不论草坪应用规模或生产制造、服务项目、科研和教育方面均有较大差距。世界各地，尤其是发达国家，在城市建设中都非常重视草坪的建植和养护。英国视草坪为园林景观的完美典型，在庭院绿化中草坪面积占总面积的70%以上。美国各大城市共拥有草坪绿地410 万 hm^2，私人庭院草坪 270 万 hm^2，相当于每人拥有草坪 $200m^2$。著名的纽约中央公园，占地 $340hm^2$，其中草坪绿地90%以上，堪称世界之最。法国巴黎尽管城市用地十分紧张，但市区仍有300 多个公园，草坪绿地 2 $830hm^2$，人均拥有绿地面积 $24.7m^2$。莫斯科的草坪绿地面积已超过整个市区的1/3，人均草坪面积22m^2，人均拥有绿地面积44m^2。就连人口稠密的日本也有法律规定，城市人均绿地面积不得少于6m^2，学校、企业、政府机构的绿地中，草坪不少于20%。我国的城市人均绿地和草坪拥有量都是严重不足的。据统计，绿化较好的北京市，2007年人均拥有绿地面积达到10m^2，而且主要是林地。2012年，上海人均拥有绿地面积为4.8m^2。近年来，我国一些大城市的绿化已取得不小成绩，但与发达国家相比，城市景观和空气质量还有很大差距，到处可见裸露土壤、沥青和水泥路面，尘土多，空气质量不佳。

在我国草坪产业发展的过程中，草坪草种子、草皮卷、植生带、草坪机械、草坪肥料等产品的市场和营销方面还存在诸多问题，比如草坪产品市场的营销体系还没有完全建立，市场需求信息不灵，生产企业与经营企业之间、经营企业与用户之间缺乏沟通，出现生产经营者找不到用户或用户找不到产品的现象；在草坪建植和养护方面，草坪公司专业水平参差不齐，建植与养护水平低下，缺乏相应的监督机制，严重影响我国草坪产业的顺利发展；另外，国外草坪公司的介入，使我国草坪产业竞争激烈。只有对我国草坪产业市场有清醒的认识，对其做出正确判断，并且对草坪产业发展中存在的问题加以解决，才能使草坪产业走上良性发展的道路。

（一）草坪草种子产业

被称为“世界草种之都”的美国俄勒冈州是世界上重要的草坪种子生产基地，世界上60%以上的草坪草种子产自这里，每年生产的冷季型草种在30万t左右，产值5亿~6亿美元。美国生产的草坪草种子畅销世界各地，这是因为美国在草种新品种培育、注册、生产、种子质量控制、证书制度等方面有较完善的法规，种子生产有序。丹麦是草坪种子出口大国，生产的草种为欧洲总量的30%，1997年开始进入我国种子市场。新西兰是一个发达的农业国家，年产草种2万t，产值4 000万美元，其中60%出口。

我国的草坪草种子产业起步于20世纪80年代初，如我国优良草坪草种结缕草的开发利用，在短期内便进入美国、韩国和日本的种子市场。但在对本国草坪草种质资源引种、驯化和培育方面与欧美各国仍存在巨大差距。我国草坪草种子产业化程度相对较低，种子生产目前仍停留在小农经济水平上，普遍存在种子脏、乱、差。除结缕草等少数几个草坪草种子生产可满足自用外，绝大多数种子需要进口。据不完全统计，我国1990年冷季型草坪草种子的进口量约为40t，到1995年进口总量达400t，1996年超过1 000t，

2002年达到6 600t，成为世界耗种量大国之一，同时也看到了对外国草坪种子的依赖程度。但是进口量随后逐年降低，2010年仅为260t。随着草坪业的发展，国产草坪草种子生产推广前景也是广阔的：①随着人民生活水平提高，草坪建植单位日益增多，种植面积不断扩大，对种子的需求量剧增；②国外因土地、劳力等因素制约，对一些劳力密集、量小的草坪草种子不愿生产而转向从中国进口，因此草种外销前景看好；③国内采用进口草坪草种子，花费巨额外汇，而国产种子价格较低，就近方便，储存时间短，发芽率高，所以不少建坪用种转向国产种子；④随着我国草坪草育种水平的提高和新品种的陆续登记、推广，新品种已逐渐被广大用户所认识，求购日趋活跃，也刺激了坪用草种的生产。

世界上著名的冷季型草坪草种如早熟禾、羊茅、剪股颖等在中国均有野生种分布，但我国在坪用性状引种和培育方面尚属空白，国内仅对引进的优良草坪草种开展区域化适应性研究工作。草坪建植所需草种主要靠进口，我国草坪草种子的产业化尚未真正起步。

（二）草坪机械、草坪肥料及化学药品等产业

草坪机械、草坪肥料及化学药品等与草坪相关的产品随着草坪业的发展而迅速发展。草坪机械设备现已成为一些经济发达国家的重要产业。草坪机械设备种类齐全，能满足各类草坪建植与养护的要求。近年来，依据不同用途而制成不同类型的草坪机械质量高、性能好、操作方便、效率高。这些机械设备对提高草坪建植和养护工作效率，保证草坪质量有着重要的作用。据统计，1995年美国草坪机械和喷灌设备的销售额为120亿~140亿美元，据业内人士估计，2007年达250亿美元。随着草坪产业的发展，我国在草坪机械设备、灌溉设备制造方面，进步很快。草坪机械和喷灌设备销售方面，其规模大体与草种销售业相当，但仍然以进口产品为主，据统计，我国每年进口草坪修建机械约3万台。

草坪肥料起初与农用肥料生产部门同为一体，但是，当草坪专用肥料的需求日益明显之后，随着对缓释氮肥及特殊肥料配方的需要和不断改进，草坪业肥料生产部门逐渐地独立发展起来，目前草坪肥料的使用量仍以巨大的幅度上升。我国在草坪专用肥料的使用上也逐渐增多，肥料生产部门开始草坪专用肥的研究和生产，并引进国外先进的缓释技术，生产缓释肥。

化学药品包括杀菌剂、杀虫剂、除草剂、植物生长调节剂、土壤改良剂、保水剂、黏合剂、草坪增绿剂、草坪标线标图剂等产品。

（三）草皮卷产业

草皮卷生产业是应快速铺设草坪的需要而发展起来的，首先是运动场草坪的铺设，以及后来为满足因住宅急剧增长而造成的对草坪的广泛需求。尽管世界各国种子直播草坪在草坪建植中占有主导地位，但草皮卷的生产不但未衰竭，而且仍然是草坪建植的重要手段，并且是采用更先进的技术和设备，使生产的草皮质量更高，草皮卷的规格越来越大。1999 年美国草皮卷的销售额为 8 亿美元，2007 年达 10 亿美元。我国许多地区的个体和国营草坪公司建立了大量的草皮卷生产基地，尤其是草坪产业发展较快的地区，在其郊县建有大型的现代化基地，成为当地农民主要收入来源。

（四）草坪建植与管理产业

草坪建植与管理产业主要是承揽各类草坪的建植与养护管理，批发、销售草坪业各类产品并提供服务，以及承担产品设计与开发、园林设计、技术咨询、推广、信息服务等。全国目前已有各类草坪公司（研究所）约 2 000 家，每年建植各类草坪绿地超过 2 000 万 m^2。通过对一些地区的了解，上海市浦东新区绿地面积增加迅速，1990 年仅 167hm^2，1999 年达 2 948hm^2，人均公共绿地面积 9m^2，为当时上海市最高的。大连市年新增各类草坪绿地近 180 万 m^2，2000 年建成亚洲最大的星海湾广场，草坪面积约为 60 万 m^2。沈阳市 2005 年新增公共绿地 108.5 万 m^2。昆明市自筹备 1999 年世界园艺博览会以来，投入园林绿化资金 6 亿元，消耗草皮 400hm^2，绿化面积增加到 4 395hm^2；2005 年投资 9 亿元用于城市绿化，将昆明建成国家级园林城市。北京是我国草坪产业发展最快的城市，2008 年奥运会的申办成功，为草坪业的快速发展提供了前所未有的机遇。

五、我国草坪业现状、存在的问题及解决对策

（一）草坪业现状及存在的问题

随着经济发展、城市化进程加快、人们对生活环境质量要求的提高、旅游业的迅速崛起，我国草坪业呈加速发展的趋势。表现在公众对草坪作用的认识进一步加深，草坪企业大量涌现，草坪面积大量增加。但从草坪业整体上来看，我国草坪业尚处于起步阶段，还没有真正形成产业。影响我国草坪

产业化发展的原因除与经济欠发达外，还有以下几方面因素。

1. 草坪产业化行为不规范，从业人员技术水平低，建坪质量差

我国草坪从业单位规模小，技术力量和设备条件差，无论从草种及品种的选择和搭配上，还是建植与养护管理技术上，均带有一定的盲目性，因而建坪和管理质量存在很多问题，达不到应有的效果。

2. 盲目建植大面积的观赏型草坪，建植效果欠佳

我国许多地方都建植了大面积的观赏性草坪，改善了城市环境，但付出的代价也是很高的。因为大面积观赏性草坪的养护管理费用很高，给本不很富裕的财政带来压力。再加上建坪所用的草种适应性差，退化十分严重，草坪的利用期缩短，观赏质量不佳。

3. 重建植，轻管护

就我国草坪业目前发展现状来看，多注重草坪建植的数量，而忽视建坪后的养护管理。很多建成的草坪由于管护方法不当或根本不加管理，在短短的 1 年或 2 年就被杂草侵占或出现秃斑，使草坪的观赏性大打折扣，不少草坪已废弃。

4. 市场功能和秩序亟待规范，缺乏有效的监督机制和草坪工程质量标准

由于受经济利益驱动，懂行不懂行的都来搞，通过各种渠道和关系承揽工程，往往有技术的企业揽不上工程，致使草坪业的发展处于无序状态。在草坪工程中，由于缺乏承包资格认定、验收机制，导致工程质量低下。缺乏草坪工程质量标准，验收时无法可依。

5. 未经引种试验，盲目建植

目前我国的草坪草种完全依赖进口，但由于对进口草种或品种的生态适应性缺乏足够了解，不仅增加了后期养护成本，而且常常导致建植失败。

有些引进草种需大肥、大水，养护成本高，部分缺水地区灌溉补水又困难。目前许多常用的草坪草种在我国都有野生种分布如早熟禾、羊茅、碱茅、冰草、雀麦等，可以通过野生种驯化，选育出适宜于我国的草坪草种来。

6. 缺乏草坪科研与新技术开发工作

随着我国城市建设加快，房地产的开发，高速公路、高等级公路的建设，为草坪业带来新的市场，但缺少草坪草育种、草坪建植、养护新技术等

方面的研究，在草坪建植中也缺乏新技术的应用，如草坪喷播技术、无土栽培草皮卷技术、草坪植生带技术等，这不仅限制了草坪产业化的规模，而且从技术上影响我国草坪业向高层次高水平发展的速度。

（二）解决对策

1. 加强科学研究

科研单位和大专院校应根据我国气候和土壤特点从野生草种和国外引进品种中培育和选择适应当地气候、土壤条件的品种，并推广应用。研究草坪草种混播搭配最佳比例。研究适合我国国情的草坪建植技术。研究既降低养护成本又保证草坪质量的养护措施。开展除草剂、杀菌剂、杀虫剂、植物生长调节剂的研究。进一步研究草坪建植新技术如无土栽培草皮卷技术、草坪喷播技术等。

2. 扶植龙头企业，成立专业化草坪公司

扶植草坪产业的龙头企业，开展从草坪草新品种选育、种子生产、加工和营销，草皮卷生产，绿化和水土保持工程设计与施工，技术咨询和培训，新技术推广，到草坪机械、喷灌设备、草坪专用肥料、除草剂、杀菌剂、草坪着色剂、草皮生产专用网等生产资料供应的多层次、全方位服务。逐步规范草坪建植和养护中的经营行为，推行一体化服务，从而带动全国草坪产业化进程。

3. 建立草坪质量评价体系，规范草坪行业生产技术和产品标准

草坪质量体现了草坪的优劣程度，也体现了草坪建植与养护管理水平。不同使用目的的草坪，其质量要求也不一样。所以要因地制宜地从外观质量、生态质量、基况质量和使用质量等几方面建立草坪质量评价体系，为保证草坪工程质量提供依据。并在政府的指导和扶植下成立草坪行业协会，规范草坪行业生产技术和产品标准，杜绝恶性竞争。

4. 建植草坪实行多元化

不能一味搞大面积、高标准的草坪，草坪建植必须因地制宜，注重实效，不拘一格。要根据本地的实际情况和经济能力进行合理规划，做到美化与绿化相结合，需美化的地方要高投入，重点养护；需绿化的区域要建植一些相对投入少，低养护或少养护的草坪。即在城市中心区域修建观赏性草坪，而在居民小区等其他绿化地带提倡建林荫型绿地，草坪与乔木、灌木、

花卉相匹配，建植耐低养护的草坪，来丰富景观，减少养护成本。尤其在干旱、缺水地区，少建或不建高养护草坪，多建耐粗放管理的草坪。

六、草坪产业的发展趋势

（一）建立草坪产业链

草坪产业是由一系列与草坪业有关的行业群和代表不同技能、经验、教育和训练水平的工作人员组成。草坪建植和养护、草坪应用设施的管理、产品加工、分配和销售以及与产品设计和景观设计、草坪研究与人才培养等都是该行业相互关联的部门。概括起来草坪行业由 4 个功能不同的部门或分支组成：①设施部门。包括一切主要应用草坪的设施和场所，即草坪产业的所有应用领域。管理和养护这些地方的草坪是草坪业的基本任务。②生产部门。提供设施部门草坪建植与养护所需的物质资料，包括草坪草种子、各类草坪机械设备（剪草机、通气机、灌溉设备、起草皮机、播种机和喷播机等）、肥料、土壤改良剂、草皮卷、植生带、病虫害和杂草防治的化学药剂、草坪生长调节剂、草坪染色剂等的生产和制造。③服务部门。是连接设施部门和生产部门的桥梁。包括批发、销售草坪业各类产品并提供服务，产品设计与开发、园林设计、技术咨询、推广、信息服务等。④教育和研究部门。包括大专院校、科研院所以及各类试验站等。主要进行草坪专门人才的培养教育、进行有关草坪的研究和开发，还包括草坪草品种改良。

为适应草坪业发展的需要，全国各地不同规模不同形式的草坪公司纷纷成立，并在我国草坪业发展中起了重要作用。中国已有近 2 000家草坪公司，其中包括十几家外资企业，草坪业的迅速发展给这些公司提供了机遇。北京、上海、天津、大连、广州、济南等城市的草坪企业和草坪公司在经营进口草坪草种子、建立草坪草繁殖基地，生产草坪植生带等方面开展业务。从 20 世纪 80 年代起，美国、荷兰、丹麦等国外草坪企业开始在中国从事草坪草种子、农药、肥料及草坪机具的经营。引进了许多性能优良的草坪草种子、草坪机械、各种喷灌设备等先进草坪机械设备，促进了中国草坪绿地建设及养护管理水平的提高。

（二）成立草坪专业协会、合作社和企业集团

通过草坪专业协会把市场开拓和技术、信息服务等环节联系起来，形成

利益结合、互相依赖的社会化生产和销售服务体系。

合作社形式多种多样，有生产合作、生产资料供应合作、产品加工销售合作、经营管理和技术信息咨询合作以及信贷保险合作等。

企业集团即形成产、供、销一体化的综合企业。

（三）建立健全社会化服务体系

社会化服务体系包括各种生产资料供应、技术服务、产品加工和销售服务、培训和信息咨询服务等。服务面包括草坪草种子、草坪机械设备、肥料、农药等草坪业生产各个环节。这些社会化服务以合作社、企业集团的形式出现。

（四）政府宏观调控

主要是政策调控、资金调控和信息调控。

在政策调控方面，根据我国草坪业发展规划制定相关政策。在资金调控方面，主要是根据形势发展需要调整相关的投资和信贷政策。信息调控方面，主要是及时、准确地发布国内外草坪产品市场价格信息、市场动态和走势信息，以及中长期发展预测，供草坪生产者拟定自己年度生产计划、调整生产格局和安排产品销售时参考。

（五）开展科研和技术推广活动

1. 草坪草的培育和引种

随着现代文明的发展，人们对草坪的要求程度越来越高，从而对草坪草的要求也相应越高，草坪草的培育及引种便显得越来越重要。

当今，随着分子生物学水平的发展，草坪草的培育水平在传统基础上向前迈进了一大步，利用基因工程等现代生物技术，草坪草新品种层出不穷地涌现出来。而我国草坪草育种方面与国外相比还有很大差距。

引种也是培育草坪草品种的一个重要手段，引种中包括国内引种和国外引种。国内引种指引种本国的野生草坪植物资源培育新的草坪草品种。我国引种草坪植物，多采用就地取材的方法，从野生加以栽培驯化，例如将野生的狗牙根、假俭草、白颖苔草铺设或栽植在公园里。国外引种是指间接从国外引种草坪草资源。我国草坪业所用草坪草种子90%都是由国外进口，涉及的草坪草种有多年生黑麦草、草地早熟禾、粗茎早熟禾、苇状羊茅、紫羊茅、硬羊茅、匍匐翦股颖、绒毛翦股颖、狗牙根、野牛草、细叶结缕草等上百个品种，因此草坪草的引种工作就显得尤为重要。1998—1999 年在福州、杭州、上海、南京、郑州、沈阳、兰州、北京、天津、昆明、成都 11 个城市进行了引种适应性试验，根据草坪密度、均匀度、颜色、越冬率、越夏率等项指标进行了评价，目前许多试验仍在进行中。引种工作存在的问题是评比试验设计和评价标准不统一，造成评价结果的可比性较差。这方面的工作国外有许多成功的经验可以借鉴，如美国的草坪草评价计划。

2. 草坪植物种质资源的开发与利用

我国有着丰富的草坪植物种质资源，目前在世界范围内广泛使用的草坪草种，绝大部分在我国都有其野生种的分布。其中结缕草资源的开发利用，已成为我国草坪植物种质资源开发领域内极具良好前景的项目。

在草坪植物种质资源的开发过程中应当在以下几方面加强工作。

（1）扩大内需，建立国内市场　我国种子产业的发展应当首先以国内市场为突破口，占据部分市场份额，当基本满足国内市场需求后，提高种子质量逐步打开国际市场。

（2）集约经营，增加种子产量　以往许多种子生产主要是从农民手中收购，其中存在许多问题，种子混杂严重，质量难以保证，且不能形成规模。应在适合生长的地区，加强科学研究，掌握种子生产技术，建立种子田，实现规模化集约经营，是草坪草种子生产质量与数量稳定的前提。

（3）加强研究，选育优良品种，逐步实现草坪草种子的国产化　草坪植物种质资源开发利用的目标是培育具有优良坪用性能的新品种。目前中国的草坪草育种工作几乎处于空白，没有一个国内育成的品种，而大量的种质资源被国外的育种者所利用。如美国育成的一些狗牙根、结缕草、草地早熟禾、假俭草、羊茅和黑麦草的新品种，就采用了中国的种质资源，以致形成中国的草坪植物种质资源被国外育种者育成品种后，再卖到国内来的现象。依赖美国、丹麦、加拿大等草坪草种生产大国的进口，这非长远之计，必须完善和加强我国自己的草坪草种科研与生产体系，组织国内育种工作者协作攻关，加大研究投入，尽早培育出我国特有的草坪草新品种，逐步实现草坪草种子的国产化。

（六）草坪建植技术多样化明显并日趋完善

伴随草坪业的发展，草坪建植技术有了长足的进步。已从以移栽为主的单一建植方法，发展成为各种建植方法并举的新局面。近十几年来，大量的草坪草种子的进口，为种子直播技术的发展提供了良好的契机。从坪床准备、播种方式、覆土镇压到前期的养护管理已形成一套成熟技术，并被广泛推广利用。草皮卷、喷播技术、草坪植生带的研制和生产为草坪产业化奠定了更为坚实的基础。目前，北京、天津、昆明、河北等地已建成大规模的草皮生产基地，齐齐哈尔市具备了年产草坪植生带 200 hm^2 的规模。基础条件的改善和技术的突破，显示了草坪建植技术的成熟。种子催芽技术、草坪无土栽培技术的应用也极大地促进了草坪产业化的发展。另外，稻草帘覆盖技术、枕状网袋技术和网状喷播技术也是近几年开发的新技术。从各国的发展情况来看，草坪建植以种子直播建坪为主，其他方法为辅。

（七）草坪养护管理技术更加成熟

随着科学技术的不断发展，在草坪养护管理领域，近几年来不断地引进了许多新技术，如草坪专用缓释肥的应用，土壤保水剂、湿润剂的应用，草坪草生长调节剂的应用，草坪染色技术，草坪花纹装饰技术，草坪打孔通气技术等。这些新技术的广泛应用，给草坪业带来了一场新的革命，从而提高了草坪的养护管理水平。今后还应当在引进开发研制适合于中国国情的草坪专用机械、农药、化肥等方面加大力度，为提高草坪养护管理水平创造先决条件。

（八）降低草坪养护费用

在草坪建植与养护管理费用中，养护费用为建植费用的十几倍，甚至几十倍。在保证草坪质量的基础上，降低养护费用，是所有草坪科研工作者追求的最终目标。草坪业未来的进步，特别是在降低草坪养护费用方面，将主要体现在正在开发的新机械设备、新的草坪品种、高质量草坪专用肥和植物生长调节剂的推广应用。草坪养护费用的降低，必将极大地促进草坪业的快速发展。

（九）建立草坪工程监督机制

加强政府部门对草坪产业的监督、推行大型草坪工程承包资格认定、草坪工程质量评定和验收制度，使草坪产业健康发展。

第二章　草坪类型与草坪草特性

一、草坪的有关概念

草坪（Turf）是指多年生低矮草本植物在人工建植后经养护管理而形成的相对均匀、平整的地被。用草坪草的种子直接播种或用草皮铺装的方法，培育形成的成片绿色地面构成了草坪。其目的是为了美化环境、保护环境，以及为人类休闲、娱乐和体育活动提供优美舒适的场地。

草皮（Sod）当草坪被铲起用来移栽时，称为草皮。

草坪草（Turfgrass）是指能够经受一定修剪而形成草坪的草本植物。它们大多数是叶片质地纤细、生长低矮、具有易扩展特性的根状茎、匍匐茎或具有较强分蘖能力的禾本科植物，另外，也有一些莎草科、豆科等非禾本科草类。

二、草坪的类型

草坪与人类的生活有着密切的联系，随着草坪科学的不断发展，草坪建植技术不断提高，加之人们对草坪需求的逐渐扩大，草坪的表现形式也多种多样，从不同标准或不同角度出发，可以将草坪分成不同的类型。

（一）根据草坪用途划分

建植草坪的目的是为某种使用服务，而要达到某一使用目标，草坪绿地则应具备相应的功能。如运动场草坪必须具备耐践踏、抗冲击的生物学功能。观赏草坪则必须色调均一、充满生机的美学功能。

1. 观赏草坪

专供人们欣赏景色的草坪，也称装饰草坪、造型草坪或构景草坪。如各种平面或立体花坛中配置或点缀的草坪；纪念物、雕塑、喷泉等周围用来装饰或陪衬的草坪等，这种草坪主要是色泽与质地好，管理要求精细，不耐践踏，是作为艺术品欣赏的高档草坪。

2. 游憩草坪

供人们在工作、学习之余游憩玩耍的草坪，如广场、疗养院、公园、住宅区等处建植的草坪。这种草坪一般面积较大，管理粗放，草坪内可种植观赏树木或点缀石景、花卉等，是人们户外活动的良好场所。

3. 运动场草坪

专供体育比赛运动利用的草坪，如高尔夫球场、足球场、草地网球场、赛马场、棒球场、垒球场、橄榄球场等，这类草坪所用的草种要具有耐践踏、再生力强、根系发达、耐修剪等特点。

4. 固土护坡草坪

这类草坪主要是为了防止水土流失，如高速公路或铁路两侧、江河湖海沿岸、水库堤坝及各种坡地草坪。这类草坪所用的草种具有根系发达、建植速度快、适应性强等优点。在中国北方地区主要是防风固沙，而南方主要是防止雨水冲刷和水土流失。

5. 环保草坪

主要建植在化肥厂、造纸厂等各种大型产生有害物质的工厂，用于转化有害物质，降低粉尘、减少噪音等。这类草坪所用草种一般具有较强的吸收有毒有害物质的功能。

6. 其他草坪

如停车场草坪、屋顶草坪等，主要作用是美化环境、调节温度等。

（二）根据草坪的管理类型划分

1. 按照对草坪管理的水平

按照对草坪管理的水平可分为精细管理草坪和粗放管理草坪，除了高尔夫球场的果岭草坪和某些花坛草坪为精细管理外，其余均为粗放管理。

2. 按保护的程度

按保护的程度可分为开放性、半开放性和封闭性草坪。开放性草坪实为粗放管理，因它对草坪使用无节制，管理无计划，这一类草坪必然迅速退化以至消失。多数草坪绿地属半开放性，使用和养护交替进行，使用期开放，养护期封闭。完全封闭的花坛草坪，在草坪绿地中占的面积较小，其管理水平有高有低。

（三）根据植被组成划分

1. 单一草坪

指由一种草坪草种或品种建成的草坪。这种草坪具有高度的均一性，如高尔夫球场果岭草坪，在我国北方多采用匍匐翦股颖，而南方则多采用狗牙根建植。一些暖季型草坪草一般多用在单一草坪上，如野牛草、结缕草等。

2. 混合草坪

指由一种草种中的几个品种建成的草坪，这类草坪也具有较高的均一性和一致性，比单一草坪具有较高的抗逆性和对环境的适应性。

3. 混播草坪

指由两种以上草坪草种建成的草坪。这种草坪缺点是不易获得纯一色的草坪，即在均一性和一致性方面不如单一草坪和混合草坪，但在适应性方面要强。如在陡坡上建植草坪，多采用混播，采用发芽快能迅速覆盖地表面的草种如多年生黑麦草，和发芽慢但根系发达，最后能成为主要草种的草地早熟禾等来混播建植。这样不但可以防止草坪草种子被冲刷掉，也能很好地控制苗期草坪杂草的入侵。

4. 缀花草坪

缀花草坪指以草坪为背景，散植或丛植少许低矮的多年生观花地被植物的草坪。如在草坪上点缀一些水仙、鸢尾、马蔺、紫花地丁、点地梅等草本花卉植物，这些草本花卉植物的数量一般不超过草坪总面积的1/3，缀花分布可疏密自然交错，使草坪更加美丽。

（四）根据设置位置划分

可分为庭院草坪、公园草坪、飞机场草坪、校园草坪、公路边坡草坪、足球场草坪等。

三、草坪草的类型

为了使用户根据建坪的目的和用途，正确合理地规划和选择草坪草种，根据一定的标准将草坪草分类。

（一）按气候与地域分布分类

1. 暖季（地）型草坪草

最适生长温度为26～32℃，主要分布于长江流域及其以南的热带亚热带地区。目前广泛使用的草种有狗牙根属的狗牙根［*Cynodon dactylon*（L.）Pers.］、结缕草属的结缕草（*Zoysia japonica* Steud.）、沟叶结缕草［*Z. matrella*（L.）Merr.］、细叶结缕草（*Z. tenuifolia* Willd. ex Trin.），地毯草属的地毯草［*Axonopus compressus*（Swartz）Beauv.］，假俭草属的假俭草［*Eremochloa ophiuroides*（Munro）Hack.］，野牛草属的野牛草［*Buchloe dactyloides*（Nutt.）Engelm.］，马蹄金属的马蹄金（*Dichondra repens* Forst.）等。

2. 冷季（地）型草坪草

最适生长温度15～25℃，主要分布于华北、东北、西北等地区。目前使用最多的草种为早熟禾属的草地早熟禾（*Poa pratensis* L.）、加拿大早熟禾（*P. compressa* L.）、粗茎早熟禾（*P. trivialis* L.），羊茅属的紫羊茅（*Festuca rubra* L.）、羊茅（*F. ovina* L.）、苇状羊茅（*F. arundinacea* Schreb.），黑麦草属的多年生黑麦草（*Lolium perenne* L.）、一年生黑麦草（*L. multiflorum* Lam.），翦股颖属的匍匐翦股颖（*Agrostis stolonifera* L.）、细弱翦股颖（*A. tenuis* Sibth.）、小糠草（*A. alba* L.）等。

（二）按植物种类分类

1. 禾本科草坪草

草坪草中的绝大多数种类为禾本科植物，如早熟禾属、羊茅属、黑麦草属、翦股颖属、狗牙根属、结缕草属、野牛草属、地毯草属、假俭草属等。

2. 非禾本科草坪草

具有发达的匍匐茎、根状茎，易形成草皮。如豆科的三叶草属、百脉根属等，莎草科的苔草属，旋花科的马蹄金属等。

（三）按草种高低分类

1. 高型草坪草

植株高度一般为30～100cm，如黑麦草、苇状羊茅、早熟禾等。

2. 低型草坪草

植株高度一般为20cm以下，可形成低矮致密的草坪，如野牛草、狗牙根、地毯草等。

（四）按草种叶片宽度分类

1. 宽叶草坪草

叶宽茎粗，生长强壮，适应性强，如结缕草、假俭草等。

2. 细叶草坪草

茎叶纤细，可形成致密的草坪，如野牛草、翦股颖等。

四、草坪草的特性

（一）草坪草应具备的条件

草坪草应当是能形成草坪或草皮，并能耐受定期修剪，所以应具备如下条件：

1. 草本，植株地上部的生长点位置要低，便于经常修剪，即使低修剪受机械损伤亦小。修剪后有利于促进分枝或分蘖。

2. 叶片多，细长，直立，具有较好的柔软度和一定的弹性，有良好的触感；若质感细腻形态漂亮者，多选为观赏草坪使用。

3. 植株要求低矮，分枝或分蘖力强，植株密度大；草的株型有利于阳光照射到草坪下层，有利于叶和根系生长，少发生黄化或出现枯死现象；修剪后不易显现秃裸地面。

4. 具有发达的匍匐茎，扩展性强，如有根茎在表土层中横走生长，更是理想草种，能增加对环境的抗逆性，巩固草坪草优势种群和提高草坪的使用价值。

5. 生长势强，繁殖容易，形成草皮快；再生力、恢复力要强；草坪的使用年限要求长。

6. 对环境的适应性强，对高温或寒冷、干旱气候和瘠薄土壤应具较强耐性；需水量少，或较耐阴；对病害虫害的抗性较强，与杂草的竞争力强以及耐修剪等特性。

7. 要求草种的草枝、匍匐茎具韧性，耐践踏性较强。

8. 草坪草的秆、叶不流浆汁，无怪味和尖刺，对人、畜无毒害。

（二）草坪草对生态环境的要求

1. 草坪草对光的要求

草坪草对光照强度的要求可分为喜光、耐阴和中性。大多数草坪草在光照下生长良好。草坪草对光照周期的要求因原产地而不同。属于长日照的有狗牙根和加拿大早熟禾，草地早熟禾、紫羊茅、苇状羊茅、匍匐翦股颖、结缕草和白三叶等均属短日照植物。多年生黑麦草对光照周期要求不严，但不耐高温和干旱。

2. 草坪草对温度的要求

植物生长最适温度为15～25℃，但忍受的温度上下限却很大。白三叶在保持充足水分条件下，可忍受40～50℃的高温。多数原产温带的草坪草当气温超过30℃时便生长不良，呈现夏枯；而原产热带的草坪草气温低于8℃时即进入休眠状态。多年生黑麦草在水肥充足下，秋末气温1～10℃时仍然生长，最低气温-10～-5℃时才完全休眠。大多数原产寒冷地区的草坪草，喜欢凉爽的环境；原产于热带地区的，要求的温度较高；温带草坪草则介于两者之间。

植物对温度的周期变化有显著差异。原产温带地区的草坪草，随四季气候的周期变化在生长上也相应地有周期性的变化现象，即春季萌发生长，夏季生长旺盛，秋季准备休眠，冬季停止生长进入休眠。原产热带亚热带的草坪草，温度周期不明显，有干湿两季的变化。在干季（相当于温带的冬季）常出现休眠，在湿季（相当于温带的夏季）旺盛生长。

草坪草对耐热的忍受程度可分为最耐热、中等和不耐热3个等级。最耐热的草坪草多是高温时生长旺盛，秋季枯黄早的草种如狗牙根、野牛草、假俭草、结缕草、马蹄金等。耐热中等的草类有早熟禾、翦股颖、多年生黑麦草等。不耐热的草种主要为一年生的草坪草如一年生早熟禾、一年生黑麦草等。草坪草中最耐寒的草种有早熟禾、翦股颖和苔草。不耐寒的草种为狗牙根、假俭草、地毯草。多数草坪草耐寒力中等，但品种间也有一定差异。只要春季气温回升稳定，一般原产温带的草坪植物在最低气温-30℃都能顺利越冬。

3. 草坪草对水分的要求

按植物对水的要求，可分为水生植物、湿生植物、中生植物、旱生植物和超旱生植物五类。一般来说，生长在干旱地区的植物抗旱能力强，水分消耗少。多数草坪草属于中生禾草，其耐旱能力均低于旱生或超旱生植物。常用的草坪草中耐旱力较强的有野牛草、苇状羊茅、狗牙根；耐旱力中等的为早熟禾、多年生黑麦草、苔草等。不耐旱的植物多系根系不发达、根系分布浅的植物如紫羊茅、翦股颖、白三叶等。

4. 草坪草对土壤的要求

土壤是水和矿物养料的贮存场所和调节库，将降水和灌溉水保存在土层内，源源不断地提供给草坪植物利用。在草坪建植与养护管理中，许多措施如施肥、通气等都是通过土壤来实施的。

由于草坪植物的原产地和生长环境的不同，对土壤的酸碱性忍受能力差别很大。大多数草坪植物要求中性至微酸性（pH 值为 6.0 ~ 7.0）土壤，对碱性土壤适应能力强的草坪草有早熟禾、苇状羊茅、野牛草、结缕草、苔草等。能在重盐碱土（pH 值为 8.5 以上，全盐含量≥0.45%）上生长的草坪植物甚少，北方地区只有碱茅、赖草等比较耐盐碱。种植草坪草的盐碱土必须改良，才能建植成功。

（三）草坪草的抗逆性

1. 草坪草的抗旱性

抗旱性是指草坪草对土壤缺水和大气干旱的忍受能力。干旱地区水是起主导作用的限制因子。评价草坪草耐旱能力的方法有田间栽培反复干旱法、盆栽反复干旱法、植物生理学方法等。要得到某一草坪草对水分要求临界值，必须经过多种试验，而且必须通过田间检验才能鉴定其耐旱能力。

草坪草中比较耐旱的草种有苇状羊茅、狗牙根和结缕草，不耐旱的草种为匍匐翦股颖、一年生早熟禾和地毯草。

2. 草坪草的抗寒性

抗寒性是指草坪草对低温的耐受能力。寒冷地区温度是起主导作用的限制因子。要确定某草坪草是否耐寒，必须进行区域田间栽培试验，由其越冬存活率来评定其抗寒性。另外，了解草坪草生态分布区和其原产地的环境条件，与引种栽培地区的环境因子进行比较，为引种草坪草种提供参考依据。现在人们习惯称冷季型草坪草均具有较强的耐寒能力，只是在不同种和品种之间有显著差异。例如紫羊茅比苇状羊茅要耐寒。

3. 草坪草的耐盐碱性

耐盐碱性是指草坪草对盐碱土的耐受能力。水热条件优越地区，土壤中某些养分不平衡常成为植物生长的限制因子。在有盐碱土分布地区进行草坪建植，必须对土壤进行脱盐处理，同时也要选择耐盐碱的草坪草种。评价草坪草对盐碱土忍受能力的方法，除田间栽培试验外，多用室内盆栽实验法，可用盐碱土浸提液或人工配制的含盐溶液，进行不同浓度和不同植物生长阶段的处理，用存活率、干物质产量、植物生理反应等指标进行评定。

草坪草中十分耐盐碱的种类不多，比较耐盐碱的苇状羊茅在 pH 值为 8.0 以上时生长受阻。结缕草、狗牙根、钝叶草是耐盐性强的暖季型草坪草，匍匐翦股颖、苇状羊茅和多年生黑麦草则是耐盐性较强的冷季型草坪草。

4. 草坪草的抗病性

温暖湿润地区草坪管理的主要内容就是病虫害防治。引起草坪植物发病的原因较多，主要是受到真菌、细菌、病毒、线虫等有害生物的侵染及不良环境的影响所致。这些不同性质的原因引起草坪的病害，分别称为真菌病害、细菌病害、病毒病害、线虫病害及生理性病害（或称非传染性病害）。生理性病害是由不良环境因素、植株生理代谢受阻、某些营养元素缺乏及栽培技术不当所造成的。如土壤积水，造成草坪草缺氧，根部呼吸困难。碱性土壤缺铁，造成草坪草叶片黄化等。

同一种草坪草对不同的病虫害的抗性不同，同样，同一病害或虫害对不同草坪草种的侵害能力各异，所以，可以说没有不患病的或不被昆虫伤害的草坪植物，只能根据需要选育对某些为害严重的病虫害有一定抗性的草坪植物。据观察草坪草中凡是叶片粗糙，茎叶组织中粗纤维多，体表多绒毛的草种均有很强的抗病害和虫害的能力，根系发达的草坪草如苇状羊茅的抗病能力要比根系浅而弱的紫羊茅抗病力强。暖季型草坪草中的杂交结缕草，因叶片粗，茎内纤维素多，因而有很强的抗病害和虫害能力。因此，培育抗病虫害的草坪植物和加强防治工作，对发展草坪业是极其重要的。

（四）草坪草特性比较

草坪草的特性一般包括生物学特性、生态学特性、生产与应用特性等。草坪草的生物学特性是指草坪草的生育年限、质地、繁殖方式等。生态学特性是指草坪草对生态环境的适应性如对光、温度、水、土壤的要求，抗逆性如抗寒、抗旱、抗病虫等能力。生产与应用特性是指草坪草定植速度、形成草皮的能力等。以上特性因草坪草种类的不同而有差异（表2－1）。

表2－1　常用草坪草特性比较

特性		冷季型草坪草	暖季型草坪草	特性		冷季型草坪草	暖季型草坪草
叶片质地	细致↓粗糙	紫羊茅	狗牙根	耐酸性	高↓低	苇状羊茅	地毯草
		匍匐翦股颖	结缕草			紫羊茅	假俭草
		细弱翦股颖	假俭草			细弱翦股颖	狗牙根
		草地早熟禾	巴哈雀稗			匍匐翦股颖	结缕草
		多年生黑麦草	钝叶草			多年生黑麦草	钝叶草
		苇状羊茅	地毯草			草地早熟禾	巴哈雀稗
草层密度	高↓低	匍匐翦股颖	狗牙根	耐淹性	高↓低	匍匐翦股颖	狗牙根
		细弱翦股颖	结缕草			苇状羊茅	巴哈雀稗
		紫羊茅	钝叶草			细弱翦股颖	钝叶草
		草地早熟禾	假俭草			草地早熟禾	地毯草
		多年生黑麦草	地毯草			多年生黑麦草	结缕草
		苇状羊茅	巴哈雀稗			紫羊茅	假俭草
定植速度	快↓慢	多年生黑麦草	狗牙根	耐阴性	高↓低	紫羊茅	钝叶草
		苇状羊茅	钝叶草			细弱翦股颖	结缕草
		紫羊茅	巴哈雀稗			苇状羊茅	假俭草
		匍匐翦股颖	假俭草			匍匐翦股颖	地毯草
		细弱翦股颖	地毯草			草地早熟禾	巴哈雀稗
		草地早熟禾	结缕草			多年生黑麦草	狗牙根
抗寒性	高↓低	匍匐翦股颖	结缕草	抗病性	高↓低	苇状羊茅	钝叶草
		草地早熟禾	狗牙根			多年生黑麦草	狗牙根
		细弱翦股颖	巴哈雀稗			草地早熟禾	结缕草
		紫羊茅	假俭草			紫羊茅	地毯草
		苇状羊茅	地毯草			细弱翦股颖	巴哈雀稗
		多年生黑麦草	钝叶草			匍匐翦股颖	假俭草
抗旱性	高↓低	紫羊茅	狗牙根	耐磨性	高↓低	苇状羊茅	结缕草
		苇状羊茅	结缕草			多年生黑麦草	狗牙根
		草地早熟禾	巴哈雀稗			草地早熟禾	巴哈雀稗
		多年生黑麦草	钝叶草			紫羊茅	钝叶草
		细弱翦股颖	假俭草			匍匐翦股颖	地毯草
		匍匐翦股颖	地毯草			细弱翦股颖	假俭草
耐热性	高↓低	苇状羊茅	结缕草	修剪高度	高↓低	苇状羊茅	巴哈雀稗
		匍匐翦股颖	狗牙根			紫羊茅	钝叶草
		草地早熟禾	地毯草			多年生黑麦草	地毯草
		细弱翦股颖	假俭草			草地早熟禾	假俭草
		紫羊茅	钝叶草			细弱翦股颖	结缕草
		多年生黑麦草	巴哈雀稗			匍匐翦股颖	狗牙根

（续表）

特性	冷季型草坪草	暖季型草坪草	特性	冷季型草坪草	暖季型草坪草
耐盐碱性 高↓低	匍匐翦股颖	狗牙根	修剪质量 好↓差	草地早熟禾	钝叶草
	苇状羊茅	结缕草		细弱翦股颖	狗牙根
	多年生黑麦草	钝叶草		匍匐翦股颖	假俭草
	紫羊茅	巴哈雀稗		苇状羊茅	地毯草
	草地早熟禾	地毯草		紫羊茅	结缕草
	细弱翦股颖	假俭草		多年生黑麦草	巴哈雀稗
形成草皮能力 高↓低	匍匐翦股颖	狗牙根	再生性 强↓弱	多年生黑麦草	地毯草
	细弱翦股颖	钝叶草		紫羊茅	假俭草
	草地早熟禾	结缕草		细弱翦股颖	结缕草
	紫羊茅	假俭草	需肥量 高↓低	匍匐翦股颖	狗牙根
	多年生黑麦草	地毯草		细弱翦股颖	钝叶草
	苇状羊茅	巴哈雀稗		草地早熟禾	结缕草
再生性 强↓弱	匍匐翦股颖	狗牙根		多年生黑麦草	假俭草
	草地早熟禾	钝叶草		苇状羊茅	地毯草
	苇状羊茅	巴哈雀稗		紫羊茅	巴哈雀稗

第三章　草坪草种植区划

通过了解不同草坪草的分布区域和气候条件，对特定地区及特定用途草坪建植的草种选择有重要作用。

一、中国草坪草的分布

植物分布的地带性规律是与地理气候带相适应的（表3－1），谭继清等（1999）根据中国各地区植被带的分布特征来区划草坪植物，并选择与其相适应的草坪植物种类，表列出了中国各气候带的主要气候指标及代表城市。草坪草在哪个气候带分布即说明该草坪草适宜在该带的地区种植。某城市所选择的草坪草种可以根据其所在的气候带来选择（表3－1、表3－2和表3－3）。

表3－1　中国各植被区分布的主要草坪草

植被区域	主要草坪草
寒温带	羊茅属、早熟禾属、翦股颖属和苔草属等耐寒性强的草坪草
温带区	羊茅属、早熟禾属、翦股颖属和苔草属草坪草
温带草原区	羊茅属、早熟禾属、苔草属、黑麦草属、冰草属等草坪草
温带荒漠区	羊茅属、早熟禾属、苔草属、黑麦草属、冰草属、野牛草属、碱茅属等草坪草
暖温带区	结缕草属、狗牙根属、假俭草属、雀稗属、地毯草属的草坪草
亚热带区	结缕草属、狗牙根属、假俭草属、雀稗属、地毯草属和钝叶草属的草坪草
热带区	结缕草属、狗牙根属、假俭草属、雀稗属、地毯草属和钝叶草属的草坪草
青藏高原带	耐寒抗旱的冷季性草坪草，如草地早熟禾、羊茅、苇状羊茅、紫羊茅、匍匐翦股颖等

表3－2　中国各植被区的主要气候指标及代表城市

植被区域	代表城市	主要气候指标			
		年均气温（℃）	年降水量（mm）	年无霜期（d）	季节特征
寒温带区	爱珲、呼玛、根河	－2.2～－5.5	350～550	80～100	长冬（达9个月）无夏，降水集中于7～8月，植物生长期短

（续表）

植被区域		代表城市	主要气候指标			
			年均气温（℃）	年降水量（mm）	年无霜期（d）	季节特征
中温带区	温带区	哈尔滨、伊春、虎林、珲春、饶河	2~8	500~1 000	100~180	长冬（5个月以上）短夏，降水集中于6~8月，植物生长期较短
	温带草原区	齐齐哈尔、长春、二连浩特、锡林浩特、呼和浩特、兰州	3~8	150~450	100~170	四季分明，降水集中在夏季，春季为明显干季；西部冬季降水均匀，日照充足
	温带荒漠区	酒泉、哈密、乌鲁木齐、和田、喀什、库车、吐鲁番、克拉玛依、张掖	4~12	210~250	140~210	西部降水均匀，全年干旱、光热资源丰富，冷热变化强烈、风速强、沙暴大
暖温带区		沈阳、丹东、大连、北京、天津、太原、天水、郑州、开封、盐城、西安、青岛	9~14	500~900	180~240	四季分明，5~9月为雨季，9~10月为干季，植物生长期不足9个月
亚热带区	北亚热带区	南京、信阳、汉中	13.5~18.5	800~1 200	240~260	湿润气候，四季分明
	中亚热带区（东部）	上海、杭州、贵阳、成都、重庆、武汉、南昌、长沙	16~21	1 000~1 200	270~300	温暖湿润，四季分明
	中亚热带区（西部）	昆明、西昌	15~16	900~1 100	250	高原季风气候，年温差较小，四季不分明，降雨量集中于湿季，干湿季分明
	南亚热带区	台北、台中、广州、厦门、福州、汕头	20~22	1 500~2 000	全年无霜	较明显的热带季风气候，有明显的干湿季之分
热带区		湛江、南宁、西沙、东沙、河口、景洪、思茅	22~26.5	1 200~3 000	全年无霜	分干季（11月至翌年4月）和湿季（5~10月），明显的热带气候
青藏高原高寒气候区		昌都、拉萨	8~-2~0~-10	800~500~200~<50	180~20~0	干季10月至翌年5月，湿季6~9月，植物生长期短

表 3－3 中国主要城市气候指标

城市名	地理位置 经纬度（N，E）	海拔高度 （m）	年均气温 （℃）	绝对最高 气温（℃）	绝对最低 气温（℃）	年均降水量 （mm）
哈尔滨	45°41′，126°37′	171.7	3.5	35.4	－38.1	526.6
长春	43°54′，125°13′	236.8	4.9	36.4	－36.5	571.6
沈阳	41°46′，123°26′	41.6	7.3	35.7	－27.4	675.2
兰州	36°03′，103°53′	1 517.2	8.9	36.7	－21.7	331.5
乌鲁木齐	43°53′，87°28′	653.5	7.3	40.9	－32.0	194.6
呼和浩特	40°49′，111°41′	1 063.0	5.7	36.9	－31.2	414.7
大连	38°54′，121°38′	93.5	10.1	34.4	－21.1	671.1
北京	39°48′，116°28′	31.2	11.6	35.7	－27.4	584.0
郑州	34°43′，113°39′	110.4	14.3	43.0	－15.8	640.5
西安	34°18′，108°56′	396.9	13.3	41.7	－20.6	604.2
青岛	36°09′，120°25′	16.8	11.9	36.9	－17.2	835.8
南京	32°00′，118°48′	8.9	15.4	40.5	－13.0	1 013.4
上海	31°10′，121°16′	4.5	15.7	38.2	－9.1	1 039.3
杭州	30°19′，120°12′	7.2	16.2	38.9	－9.6	1 246.6
汉中	33°04′，107°02′	14.3	14.3	36.9	－8.4	903.9
汉口	30°38′，114°04′	16.2	16.2	38.7	－17.3	1 203.1
长沙	38°12′，113°04′	17.3	17.3	39.8	－9.5	1 450.2
南昌	28°40′，115°58′	46.7	17.7	40.6	－7.6	1 483.8
重庆	29°53′，106°28′	260.6	18.3	40.4	－0.9	1 098.9
成都	30°40′，104°04′	505.9	16.1	35.3	－4.3	954.0
贵阳	26°35′，106°43′	1 071.2	15.2	35.4	－7.8	1 128.3
西昌	27°53′，102°18′	1 590.7	16.9	35.9	－3.4	989.2
昆明	25°01′，102°41′	1 891.4	14.5	31.2	－5.1	1 034.4
台北	25°02′，121°31′	9.0	21.9	37.0	－2.0	1 653.5
广州	23°03′，113°19′	6.3	21.8	37.6	0.1	1 622.5
福州	26°05′，119°17′	84.0	19.7	39.0	－1.1	1 280.8
厦门	24°27′，118°04′	63.2	20.8	38.2	2.2	1 036.0
拉萨	29°42′，91°08′	3 658.0	7.1	27.0	－16.5	463.3
西宁	37°05′，101°02′	2 295.2	5.6	31	－21	368.2

二、中国草坪草种植区划

草坪草的种植区划是以生态条件为基础的，草坪草要求的生态条件很多，从气候因子来看主要是热量，包括年积温、最冷月气温、最热月气温、气温年较差、无霜期。其次是水分，常用年降水量度量。在人工管理条件下，水分是比较容易满足的气候生态因子。热量也可通过现代技术如塑料膜覆盖保温、土壤加温、防寒药剂等来扩大草坪草的种植地理区域。所以，除冻原地区外，全世界各个气候带均可建植草坪。

按照草坪草对生态因子的要求，选择最适草种和草种组合，以建植满意的草坪。

(一) 中国草坪气候生态区划的气候指标及区划标准

韩烈保(1999)根据年平均气温、1月和7月平均气温、年平均降水量、1月和7月平均相对湿度6项气候指标,将中国草坪气候分为9个气候带。其划分标准见表3-4。

表3-4 中国草坪气候生态区划的指标及分区标准

气候带	年平均气温(℃)	年平均降水量(mm)	月平均气温(℃)		月平均相对湿度(%)	
			1月	7月	1月	7月
青藏高原带	-14.0~9.0	100~1 170	-23.0~-8.0	-3.0~19.0	27~50	33~87
寒冷半干旱带	-3.0~10.0	270~720	-20.0~3.0	2.0~20.0	40~75	61~83
寒冷潮湿带	-8.0~10.0	265~1 070	-20.0~-6.0	9.0~21.0	42~77	72~80
寒冷干旱带	-8.0~11.0	100~510	-26.0~-6.0	2.0~22.0	35~65	30~73
北过渡带	-1.0~15.0	480~1 090	-9.0~2.0	9.0~25.0	44~72	70~90
云贵高原带	3.0~20.0	610~1 770	-8.0~11.0	10.0~22.0	50~80	74~90
南过渡带	6.5~18.0	735~1 680	-3.0~7.0	14.0~29.0	57~84	75~90
温暖潮湿带	13.0~18.0	940~2 050	1.0~9.0	23.0~34.0	69~80	74~94
热带亚热带	13.0~25.0	900~2 370	5.0~21.0	26.0~35.0	68~85	74~96

(二) 中国草坪气候生态区的特征及适种草坪草

1. 青藏高原带

区域范围在北纬27°20′~40°,东经73°40′~104°20′。包括西藏、青海南部(全省除大柴旦、刚察县、海晏县、湟源县、贵德县、同仁县等以北地区)、四川西北部、云南西北部、甘肃南部的广大地区。青藏高原带自然环境复杂,地势高亢,气候寒冷,生长期短,雨量较少,大部分偏旱,但日照充足,辐射强,气温日差大。该带除了海拔4 500m以上的高原之外,在3 000~4 000m的河谷地带有农业种植的地方,均可建植良好草坪。主要适宜种植耐寒抗旱的冷季型草坪草,如草地早熟禾、羊茅、苇状羊茅、紫羊茅、匍匐翦股颖、多年生黑麦草、苔草、白三叶等。草坪一般用混播配比:草地早熟禾(1~2个品种)60%~70%、紫羊茅(1~2个品种)20%~30%、多年生黑麦草(1~2个品种)10%~20%;或紫羊茅(1~2个品种)50%~60%、草地早熟禾40%~50%(1~2个品种)。草坪有害生物的危害较少,一般不用特别的措施来加以防治。除干旱危害外,这一地区的草坪建植和管理相对是比较容易的。经济发展的滞后性和复杂的自然环境严重地限制了这一地区草坪业的发展。这里草坪业发展较晚,也比较落后,在一定程度上还没有形成一种产业，仅有极个别地方种植了为数不多的足球场草坪和一般绿地草坪。

2. 寒冷半干旱带

位于北纬34°~49°，东经100°~125°。包括大兴安岭东西两侧的山麓、科尔沁草原大部、太行山以西至黄土高原。行政区域为辽宁西部、吉林西北部、黑龙江东部、内蒙古自治区（以下简称内蒙古）西北部、陕西北部、山西大部、宁夏回族自治区（以下简称宁夏）大部、甘肃中部、河南及河北部分地区、青海东部地区（化隆、循化、大通、互助、平安、乐都、民和、西宁）。本区的特点是气候干旱；其次是土壤多呈碱性（pH值为7~8），地下水矿化度高；光照充足，昼夜温差大，空气湿度小，病虫害相对较少。适宜种植草地早熟禾、粗茎早熟禾、加拿大早熟禾、紫羊茅、苇状羊茅、羊茅、多年生黑麦草、匍匐翦股颖、野牛草、白三叶等，表现最好的是草地早熟禾和紫羊茅。多采用草地早熟禾（建群种）、苇状羊茅或紫羊茅（伴生种）和多年生黑麦草（保护种）混播建植草坪。

该带经济不是很发达，草坪业有一定的基础。我国最早一块直播足球场草坪就是在该地区的兰州市建植的，即1986年由甘肃草原生态研究所承建的兰州市七里河体育场。干旱是限制这一地区草坪业发展的重要因素，没有灌水保证的地方绝不可大面积建植草坪，否则易遭失败。一般不用排水系统。随着该地区经济的发展，草坪业将得到更进一步的发展。

3. 寒冷潮湿带

位于北纬40°~48.5°，东经115.5°~135°。本带包括东北松辽平原、辽东山地和辽东半岛。行政区域有黑龙江省、吉林省及辽宁省大部、内蒙古自治区的通辽市东部。气候特点是冬季漫长而寒冷，夏季凉爽，多雨，空气湿度大，温差大。生长季雨热同期，对冷季型草坪草生长非常有利。适宜种植的草坪草种有草地早熟禾、粗茎早熟禾、加拿大早熟禾、苇状羊茅、紫羊茅、羊茅、匍匐翦股颖、多年生黑麦草、苔草、白三叶等。表现最好的是草地早熟禾、紫羊茅、匍匐翦股颖和白三叶等。该带播种季节一般在春末夏初或夏季。可用草地早熟禾单播或其中几个品种混合播种；也可用草地早熟禾（建群种）、苇状羊茅或紫羊茅（伴生种）和多年生黑麦草（保护种）混播。由于这一地区冬季过于漫长，人们对草坪重视不够，因此其草坪业并不十分发达，与其自然条件和经济条件是不相符的，所以这一地区草坪业的发展具有很大的潜力，也是我国草坪业下一个将快速发展的地区。

4. 寒冷干旱带

在北纬36°~49°，东经74°~127°。包括新疆维吾尔自治区（以下简称新疆）大部分地区、青海少部分地区（大柴旦镇、刚察县、海晏县、湟源县、贵德县和同仁县一线以北地区）、甘肃西北部、陕西榆林大部分地区、内蒙古大部分地区、黑龙江部分地区。该区大部分地区属典型的大陆性气候，干旱少雨，土壤瘠薄，盐碱重，建植草坪必须进行土壤脱盐处理。

在这一地区的某些有灌溉或水源保证的大中城市，如乌鲁木齐和银川市等，在一定程度上可以种植一些冷季型草坪草。靠自然降水来建植和管理高质量的草坪难度很大。在灌水有保证的情况下，这一带可建植草地早熟禾、苇状羊茅、多年生黑麦草、匍匐翦股颖，尤其是宽叶型的苇状羊茅最适本区的气候条件。

5. 北过渡带

区域在北纬32.5°~42.5°，东经104°~122.5°。包括甘肃部分地区、陕西中部、山西部分地区、河南大部地区、安徽部分地区、山东、江苏部分地区、河北大部分地区、湖北部分地区。北过渡带夏季高温潮湿，冬季寒冷干燥，冷季型草坪草和暖季型草坪草均能种植，但都不是最适宜的。冷季型草坪草不能越夏或越夏困难，夏季表现较差，时常出现夏枯现象。这是因为夏季高温，多雨，潮湿，草坪草因之很容易滋生病虫害，严重者还会因高温出现“热死”现象。而暖季型草坪草又不能安全地越冬，枯黄早，绿期短，经常因不能忍耐低温和干旱而“死亡”。目前广泛使用的草坪草有草地早熟禾、粗茎早熟禾、加拿大早熟禾、苇状羊茅、紫羊茅、羊茅、多年生黑麦草、匍匐翦股颖、绒毛翦股颖、细弱翦股颖、苔草、白三叶、野牛草、结缕草、细叶结缕草等。到目前为止在这一地区还没有找到一种最适宜种植的草坪草。因此，上面提到的可以种植的草坪草，一旦种植必须精心管理才有可能获得较满意的草坪。草坪建植可选用上述草坪草单播，或苇状羊茅（建群种）和草地早熟禾（伴生种）混播，苇状羊茅与结缕草混播，结缕草交播多年生黑麦草或一年生黑麦草或粗茎早熟禾或紫羊茅。

这一带大中城市比较多，经济相对发达，目前草坪业的现状很好，今后发展潜力会越来越大，尽快选育适应该带气候条件的草坪草种是发展该地区草坪业的关键。

6. 云贵高原带

范围在北纬23.5°~34°，东经98°~111°。包括云南大部分地区、贵州绝大部分地区、广西壮族自治区（以下简称广西）北部少数地区、湖南西部、湖北西北部、陕西南部少部分地区、甘肃南部、四川及重庆一些地区。云贵高原带冬暖夏凉，气候温和，自然条件对于草坪草非常适宜，是我国种植草坪草最适宜的地区之一。这一地区适宜种植的草坪草非常多，其中主要包括冷季型草坪草中的草地早熟禾、粗茎早熟禾、加拿大早熟禾、苇状羊茅、紫羊茅、羊茅、多年生黑麦草、一年生黑麦草、匍匐翦股颖、绒毛翦股颖、细弱翦股颖、白三叶和苔草等；暖季型草坪草中的野牛草、结缕草、沟叶结缕草、假俭草、马蹄金和狗牙根等。一般地说，冷季型草坪草在可种植的地方几乎一年四季均可播种（但最好在春秋季播种），暖季型草坪草最好在春夏季播种。目前应用最广泛的草坪草有草地早熟禾、紫羊茅、白三叶、狗牙根、结缕草和沟叶结缕草等。上述几种冷季型和暖季型草坪草混播及单播均可，但要根据不同情况选用不同的草坪草种，并采用不同的管理措施。该地区草坪有轻度病虫害，应以预防措施为主。某些地方可能有些干旱，因此需要加强灌溉。另外，本地区经济不是很发达，草坪业的发展受到一定限制，但潜力很大。

7. 南过渡带

南过渡带主要由两部分组成，即成都平原和华中、华东部分地区。区域在北纬 27.5° ~ 32.5°，东经 102.5° ~ 108° 和北纬 30.5° ~ 34°，东经 110.5° ~ 122°。包括四川、重庆绝大部分地区、贵州少部分地区；湖北大部分地区、河南、安徽中部、江苏中部地区。南过渡带在某些特殊的气候特征上与北过渡带有类似之处，只是前者较后者夏季更热更潮湿，而冬季相对温暖一些。某些局部地区只靠天然降雨即可满足草坪草生长发育对水分的需求，但一定要注意排水。由于降雨季节性不平衡，安装灌水系统也非常必要。这一地区种植的冷季型草坪草绿期长，耐寒性强，但抗病性、抗热性差，越夏困难，时常会因夏天的高温高湿气候而出现“夏枯”现象。种植的暖季型草坪草抗热性强，但耐寒性差，绿期短。因此，要针对选用的不同草坪草种采用不同的管理措施，以弥补其本身的不足，从而延长草坪的使用寿命。这一地区可种植的草坪草有草地早熟禾、粗茎早熟禾、一年生早熟禾、苇状羊茅、匍匐翦股颖和白三叶以及野牛草、结缕草、细叶结缕草、沟叶结缕草、狗牙根和马蹄金等。

运动场草坪可采用结缕草或狗牙根单播，在秋初交播多年生黑麦草或一年生黑麦草或粗茎早熟禾或紫羊茅；或者结缕草与苇状羊茅混播；也可选用草地早熟禾、苇状羊茅和多年生黑麦草混播。绿地草坪可选用上述任一草坪草种，但要依据管理水平而定，绝不能盲目引种。冷季型草坪草和暖季型草坪草混播的比例和方式，及选育适宜该地区生长发育的草坪草种，是发展这一地区草坪业的关键。在管理上夏季要特别注意病虫害和杂草的防治，以及灌排水的管理。夏季高温高湿和病虫杂草的危害是限制冷季型草坪草在这一地区发展的关键因素；而冬季相对寒冷和干旱又阻碍了暖季型草坪草在这一地区的利用。该带经济相对沿海地区发展较缓慢一些，所以草坪业的发展速度和规模还赶不上沿海发达地区，但其潜力很大。

8. 温暖潮湿带

在北纬25.5°~32°，东经108.5°~122°。包括湖北少部分地区、湖南大部分地区、广西极少部分地区、江西绝大部分地区、福建省北部、浙江、安徽南部、江苏少部分地区、上海市。该带一年四季雨水较充足，气候温和，自然条件有利于草坪草的生长发育。夏季降水量大，空气相对湿度也大，气温与南过渡带比较不是很高。冬季气候温和，不很寒冷，有利于冷季型草坪草的生长发育。秋季天高气爽，是各种草坪草生长发育的最佳时节。这一地区可种植的草坪草有草地早熟禾、粗茎早熟禾、一年生早熟禾、苇状羊茅、匍匐翦股颖和草坪型白三叶以及野牛草、结缕草、细叶结缕草、沟叶结缕草、狗牙根和马蹄金等。暖季型草坪草更为合适这一地区。

该地区经济较发达，人们的物质文化生活水平相对较高，草坪业比其他地区发展迅速，尤其是近几年，这一地区的草坪基本上形成了规模性的产业。

9. 热带亚热带

位于北纬21°~25.5°，东经98°~119.5°。主要包括我国福建部分地区、海南、台湾及广东、广西大部分地区、云南南部。该地区雨水相对充足，空气湿度大，四季不是很分明，水热资源十分丰富。单就气候条件来讲是非常有利于草坪草生长发育的。在这一地区适宜种植的草坪草大多数是暖季型的，主要包括狗牙根、结缕草、假俭草、地毯草、钝叶草、两耳草和马蹄金等。草坪建植可选用上述任一草坪草种，但并不排除个别的冷季型草坪草（如匍匐翦股颖）在这一地区的种植。

我国第一个也是目前国内最好的高尔夫球场广东省中山市温泉高尔夫球场就是选用匍匐翦股颖作为果岭的，至今已有10多年的历史，表现优良。绿地排水是该地区草坪管理的重要措施之一，因此排水系统绝不可少，否则草坪建植就不可能取得成功。灌水系统也应该具备，以弥补降雨量的不足或不平衡。病虫害杂草在这一地区对草坪危害是比较严重的，因此必须采取有效的措施加以预防和防治。

这一地区人们物质文化生活水平较高，加之良好的自然条件，因此其草坪业的基础较好，发展比较迅速，从事草坪业的单位和个人相对也较多，某种程度上已经形成一种比较大的产业。只是草坪的建植和管理水平还有待提高，草坪的科研和教学还需加强和发展。

第四章　草坪质量评价

草坪质量由其内在特性与外部特征所构成，体现了草坪的优劣程度，也体现了草坪管理与养护的水平。不同使用目的的草坪，其质量要求也不一样。如运动场草坪应具有耐践踏、耐频繁修剪、满足不同运动项目的特殊要求。水土保持草坪则应具有发达的根系，保持水土能力强，适应性强等；观赏草坪则要求叶色碧绿喜人、坪面平整、绿期长等特点。草坪的质量包括外观质量、生态质量、使用质量和基况质量。外观质量包括草坪的颜色、均一度、质地、高度、盖度；生态质量包括草坪的组成成分、草坪的分枝类型、草坪的抗逆性、绿期和生物量；使用质量包括草坪的弹性、草坪滚动摩擦性能、草坪硬度和草坪滑动摩擦性能。基况质量包括土壤条件和气候条件。

一、草坪外观质量

（一）草坪色泽

草坪色泽能够反映草坪植物的生长状况，生长季内草坪草应呈均一的嫩绿（黄绿）色。草坪色泽的测定以观测者对草坪远视和近视的结果对草坪色泽给予等级划分的评价，包括直接目测法和比色卡法。直接目测法是根据观测者主观印象对草坪的色泽给予评价；比色卡法是事先将由黄色到绿色的色泽范围内，以10%为梯度逐渐加深绿色，并以此制成比色卡，把观测的颜色与比色卡作比较来确定草坪色泽等级。深绿色记为>8分，黄绿色记为7~8分，淡黄或浅黄色记为<7分。

（二）草坪密度

草坪密度是指单位面积上草坪植物个体或枝条的数量。测量方法包括目测法和实测法。

1. 目测法

以目估计单位面积内草坪植物的数量或人为划分一些密度等级，用此来评定草坪。

2. 实测法

在草坪上设置50cm×50cm或100cm×100cm的样方，计数样方内草坪植物个体数量，要多次重复，以保证其准确性与代表性。

（三）草坪均一性

草坪均一性是指整个被测草坪内的草坪草长势均匀一致的程度。测定是在修剪7天后进行，采用评分法：整个被测草坪内无生长势弱的斑块出现，记为优，评分>8分；斑块小于1m^2，数量<10个，记为良好，评分7~8分；斑块大或数目多于10个，记为差，评分<7分。

（四）草坪质地

草坪质地一般多指草坪植物叶片的宽度（表4－1），有时也包括草坪植物的触感、光滑度与硬度。

表4－1　草坪草叶片宽度分级

叶宽（mm）	等级	草种举例
<2	极细叶型	细叶结缕草
2~3	细叶型	细弱蓊股颖
3~5	中等叶型	狗牙根
5~7	宽叶型	加拿大早熟禾
>7	极宽叶型	苇状羊茅

（五）草坪高度

草坪高度是指草坪草顶端（包括修剪后的草群平面）至地表面的垂直距离。一般采用人工测量，样本数应大于30。不同草种所能耐受的最低修剪高度不同，如蓊股颖所能耐受的最低修剪高度要远低于苇状羊茅与草地早熟禾，而这一特性在很大程度上决定了草坪草的使用范围。

（六）草坪盖度

草坪盖度是指草坪草的地上部分垂直投影面积与取样面积的百分比。可采用目测法或针刺法测定。利用预先制成100cm×100cm的木架，内用线绳分为100个10cm×10cm的小格，将方格木架放置在被测草坪上目测或针刺，测得草坪植物所占的面积，以百分数表示，重复次数依被测草坪面积而定。

如果草坪面积很大，可用一条100m长的测绳，穿过草坪不同区域，再用钢卷尺测量有空地（无草生长）的长度，取其平均值，即：

$$C(\%) = 1 - \left[\frac{\sum_{i=1}^{n} L_i}{100}\right] \times 100$$

式中：C——草坪盖度；L_i——空地长度。

盖度记分为5分制，盖度为100%～97.5%记5分；97.5%～95%记4分；95%～90%记3分；90%～85%记2分；85%～75%记1分；不足75%的草坪需要更新或复壮。盖度是与密度相关的一个指标，密度不能完全反映个体的分布状况，是一个平均数值；盖度可以表示植物所占有的空间范围。

二、草坪生态质量

（一）草坪组成成分

草坪组成成分是构成草坪的植物种或品种的多少。这一特性与草坪的使用目的有关。观赏草坪要求种类单一，均一性好。对绿化草坪而言，适应性的强弱至关重要。种内品种间混合播种草坪的均一性好，生态适应性小于种间混播而大于单一品种。对草坪组成成分评价的依据应当是使用目的。在这一前提下，可根据草坪的其他质量特征来验证组成成分是否合理。

（二）草坪草分枝类型

草坪草分枝类型是指草坪草分枝方式，这一特性与草坪草的扩展能力密切相关。主要包括3种类型。

1. 丛生型

丛生型草坪草主要是通过分蘖进行分枝。在播种量充足的条件下，形成一致性强的草坪。但在播种量偏低时则形成分散独立的株丛，导致不均一的坪面。

2. 根茎型

根茎型草坪草通过地下根状茎进行扩展。根状茎蔓生于土壤中，具有明显的节与节间，节上有小而退化的鳞片叶，叶腋有叶芽，由此发育为地上枝，并产生不定根。这类草坪草在定植后扩展能力很强。

3. 匍匐茎型

匍匐茎型草坪草通过地上枝条水平扩展。匍匐茎是沿地表水平方向生长的茎，其节上可生枝叶和不定根，与母枝分离后能形成新个体。这类草坪草的扩展能力与土壤质地密切相关，在沙质土壤上易形成新个体。

（三）草坪草抗逆性

草坪草的抗逆性是指草坪草对寒冷、干旱、高温、水涝、盐渍及病虫害等不良环境条件和践踏、修剪等使用、养护强度的抵抗能力。草坪草的抗逆性是由其内在的遗传因素所决定，抗逆性评价的方法依评价的内容不同而异。评价抗逆性的指标主要有形态、生理、生化和生物指标。

（四）草坪绿期

草坪绿期是指草坪群落中8%的植物返青之日到80%的植物呈现枯黄之日的持续日数。草坪绿期的长短主要受草坪草种、地理气候因素和养护管理水平的影响。不同草种的不同遗传背景决定了其绿期的长短，同一草种在不同的地理气候因素下绿期各异，另外，较高的养护水平可延长草坪的绿期。

（五）草坪植物生物量

草坪植物生物量是指草坪群落在单位时间内植物生物量的积累程度，是由地上部生物量和地下部生物量两部分组成。前者一般是以单位面积在单位时间内草坪的修剪量来表示，后者用单位体积内的活根重量表示。草坪植物生物量的积累程度与草坪的再生能力、恢复能力、定植速度、生产性能有密切的关系。

三、草坪使用质量

草坪的使用功能主要表现在作为运动场使用时所显示的特性，它可以为许多运动项目提供理想的场地，同时对运动员与场地间的剧烈冲击有良好的缓冲作用，从而对运动员起到保护的效果。草坪使用质量的评价内容，一方面表现在对运动项目的适应性，另一方面是运动员对草坪性能的感觉与要求。

（一）草坪弹性

草坪弹性是指草坪在外力作用下产生变形，除去外力后变形随即消失的性能。草坪弹性受草坪草种类、修剪高度、根量、土壤物理性状等多种因素的影响，是草坪使用特性中一个主要指标。如足球场草坪的弹性大小对于减少运动员受伤的程度具有重要的意义，而高尔夫球场草坪必须具有足够的弹性来保证球滚动方向的正确。草坪弹性的测定方法是将标准赛球（压强为 $0.7kg/cm^2$）在一定高度使其自由下落，记录当球接触草坪后的第一次反弹的高度，以反弹高度占下落高度的百分数表示。下落高度一般为3m。弹性过大或过小都不利于运动员水平的发挥。不同的运动项目对草坪弹性的要求有所不同，如足球为20%～50%，而网球要求在53%～58%。

（二）草坪平滑度

草坪平滑度反映草坪表面的光滑程度。这一特征与草坪草的种类、草坪密度、草坪质地关系密切。测定方法是将标准赛球置于一个直角边为0.5m、锐角为30°的三角形测架上，使测球沿滑槽下滑，测定球接触草坪起到滚动停止时的距离。这一距离越长，表示草坪表面越光滑，反之则草坪越粗糙。评定方法：滚动距离>5m者为很平滑，记>9分；滚动距离3～5m者为中等平滑，记7～9分；滚动距离<3m者，记<7分。由于草坪多具坡度以及测量时有风向的影响，往往在相反方向再次测量，取平均值，以弥补上述因素造成的影响。

（三）草坪硬度

草坪硬度是指草坪抵抗其他物体刻画或压入其表面的能力。最简单的测定方法是在球赛后用直尺测定球员脚踏入土壤表面时所造成凹陷的深度，也可利用测定土壤物理性状的仪器来评价草坪硬度，如土壤针入度仪、土壤冲击仪等。

（四）草坪刚性

草坪刚性系测量草坪草抗冲击力的一项指标，即在一定强度的力的作用下草坪草的茎叶不折断，除去作用力后经一定时间可以恢复向上生长。测定方法可采用5t压路机一次碾压后，倾倒的草坪草恢复垂直生长所需的时间进行度量。

（五）草坪草恢复能力

采用计时法评定，即在草坪使用后草坪草转变到正常长势所需时间。由于季节和管理水平不同，只能取相对值。恢复期为 1 ~ 2 周者为短，记为 >8 分；恢复期为 3 ~ 4 周的为中等，记为 7 ~ 8 分；恢复期 >4 周者为长，记为 <7 分。

四、草坪基况质量

草坪基况主要是指草坪草所着生的土壤条件和其所处的气候条件，由于草坪是一种人工植被，其基况受人为因素影响较大，如建植初期的覆盖，干旱时的灌溉和采用完全人工混合客土的坪床等等。因此，草坪基况中的气候因素对草坪的影响要小于土壤因素的作用。当草坪定植后，人为因素对土壤的影响逐渐减小，草坪基况中起主要作用的仍是土壤因素。

（一）土壤养分

土壤养分指土壤中能直接或经转化后被草坪草根系吸收的矿质营养成分，其作用的程度取决于矿质营养成分的含量、存在状态和有效性。主要以单位重量土壤中某种矿质营养所占的百分比来表示。对草坪植物生长影响较大的矿质营养元素包括氮、磷、钾、钙、镁、硫、铁、锌、硼、钼、锰、铜和氯。

（二）土壤质地

土壤质地指土壤中不同大小直径的矿物质颗粒的组合状况。土壤质地与土壤通气、保肥、保水状况有密切联系。土壤质地基本类型包括如下内容。

1. 沙土

保水和保肥能力很差，养分含量少，土温变化较大，但通气透水良好，适于作高尔夫球场果岭坪床。

2. 黏土

保水与保肥能力较强，养分含量较丰富，土温变化小，但通气透水性差，干时硬结，湿时泥泞。

3. 壤土

介于沙土与黏土之间的一种土壤质地类型。性质上也兼有沙土和黏土的优点，通气透水、保水保肥能力都较好，适于各种草坪草的生长，是建植草坪理想的土壤质地类型。

（三）土壤水分

土壤水分指以固、液、气三态存在于土壤颗粒间空隙中的水分。土壤含水量一般用烘干法、张力计法、电阻法或中子法等方法测定，以单位重量土壤中水分所占百分比来表示。

（四）土壤酸碱度

土壤酸碱度是反映土壤溶液中氢离子浓度和土壤胶体上交换性氢、铝离子数量状况的一种化学性质。土壤酸碱度的指标是 pH 值，它表示与土壤胶体相处于平衡状态时的土壤溶液中氢离子浓度的负对数。测定土壤 pH 值通常用 pH 计，也可用 pH 指示剂或 pH 试纸进行比色测定。根据土壤 pH 值的大小，可将土壤分 5 级：强酸性土壤 pH 值为 <5.0；酸性土壤 pH 值为 5 ~ 6.5；中性土壤 pH 值为6.5 ~7.5；碱性土壤 pH 值为 7.5 ~8.5；强碱性土壤 pH 值为 >8.5。不同草坪草对土壤酸碱度的适应能力不同。

五、草坪质量评价的实施

不同利用目的的草坪对质量有不同的要求，这就导致草坪质量评价的困难与复杂。至今国内外尚无统一标准。可采用“统一评价，项目加权，分类比较”的方法，对不同类型草坪进行质量评价。

统一评价，即按照草坪质量评价的项目与方法，对各种草坪按相同项目、相同方法、相同标准进行统一评价。

项目加权，即按照草坪的用途，对各质量项目，按重要程度给予相应的权重，加权后进行比较。如对观赏草坪而言，质地、色泽、均一性、密度、盖度等非常重要，应给予优先考虑。而运动场草坪首要的项目为硬度、均一性、盖度、密度、弹性等，质地、颜色、恢复能力也应注意。但各项目的权重以多少为好，还未有统一标准。

分类比较，即按不同的利用目的，在同一草坪类型内进行比较。在各类型中，还可进一步细分，如运动场草坪内可分为高尔夫球场、足球场、网球场、赛马场等，各有其衡量标准，不能一概而论。

草坪质量评价的实施，一般要根据具体情况制定一个详细的调查表4－2，多人同时对草坪进行评价打分，然后再综合结果，以减少主观评价所造成的误差。

表4－2　草坪质量评价调查

草坪位置：　　　　草坪面积：　　　　建植日期：

调查项目：

1. 草坪草种或品种：
2. 草坪中占优势的草坪草种或品种：
3. 草坪内目的草种或品种的覆盖率：
4. 草坪密度：稠密（　）　中等（　）　稀疏（　）
   建议：
5. 枯草层（厚度）：无（　）　较少（　）　太厚（　）
   建议：
6. 草坪遮阴状况：严重（　）　中等（　）　全日照（　）
   建议：
7. 草坪水分：排水（　）　灌溉（　）　土壤持水性（　）
   建议：
8. 土壤紧实度：紧实（　）　中等（　）　不紧实（　）
   建议：
9. 土壤化验结果：pH值（　）　质地（　）　含盐量（　）
   氮素（　）　磷素（　）　钾素（　）
   建议：
10. 修剪：修剪高度：高（　）　适宜（　）　低（　）
    修剪频率：高（　）　适宜（　）　低（　）
    修剪机械：
    建议：
11. 施肥计划：
    肥料等级：
    肥料中缓释肥的百分比：
    氮肥：施用量（　）　施用时期（　）
    建议：
12. 杂草情况：
    阔叶杂草：
    种类：
    建议：
    禾本科或莎草科杂草：
    种类：
    建议：
13. 病害：
    种类
    建议：
14. 虫害：
    种类：
    建议：
15. 其他问题：

第五章　草坪草种及其品种

一、冷季型草坪草种

冷季型草坪草种适宜我国黄河以北的地区生长，最适生长温度15～25℃，在南方越夏困难，在夏季高温高湿的地区易发生病害，必须采取特殊的养护措施，否则易于衰退和死亡。早熟禾、羊茅、黑麦草、翦股颖等都是我国北方最适宜的冷季型草坪草种。早熟禾、翦股颖能耐受较低的温度，羊茅和黑麦草能较好地适应非极端的低温。冷季型草坪草种耐高温能力差，但某些冷季型草坪草如苇状羊茅、匍匐翦股颖和草地早熟禾可在过渡带或暖季型草坪区的高海拔地区生长。

（一）早熟禾属

拉丁名：*Poa* L.；英文名：Bluegrasses

早熟禾属是最为主要而又广泛使用的冷季型草坪草种，早熟禾属植物约有400多种，分布于世界温带和寒带地区。中国有100余种，青海省有35种。常用作草坪草的有草地早熟禾（*Poa pratensts* L.）、加拿大早熟禾（*P. compressa* L.）、粗茎早熟禾（*P. trivialis* L.）、一年生早热禾（*P. annun* L.）和林地早熟禾（*P. nemoralis* L.）等。

早熟禾属植物多数为多年生草本植物。色泽诱人，观赏效果好，绿期长。适宜气候冷凉，湿度较大的地区生长，抗寒能力强，耐旱性稍差，耐践踏。根茎繁殖迅速，再生能力强，耐修剪。适于中国北方、中部地区及南方部分冷凉地区。国内外多采用多品种混合或与其他草种混播。

1. 草地早热禾

拉丁名：*Poa pratensis* L.；英文名：Kentucky bluegrass（K. B. G.）；别名：六月禾、肯塔基蓝草

草地早热禾原产欧洲、亚洲北部及非洲北部，现遍及全球温带地区。我国华北、西北、东北地区及长江中下游冷湿地区有野生分布，生于山坡草地、草原、灌丛、河漫滩、林下、河边，海拔500～4 300m。

草地早热禾是我国非常重要的草坪草种，目前用于草坪建植的种子全部靠从欧美等国进口。

（1）形态特征　多年生草本，具细根状茎。秆丛生，直立，光滑，高30～80cm。叶鞘疏松包茎，具纵条纹，光滑。叶片条形，宽2～4mm，柔软，密生于基部，深绿色，叶尖船形。圆锥花序开展，长13～20cm；小穗含3～5小花；颖果纺锤形，黄褐色，具三棱。种子细小，千粒重0.37g。花果期4～8月。

（2）生态习性　草地早熟禾广泛适应于寒冷潮湿带和过渡带，喜冷凉湿润气候，耐寒性强。在灌溉条件下，它也可在寒冷半干旱区和干旱区生长。在较高温度和水分缺乏的逆境条件下，生长缓慢，夏季休眠。草地早熟禾喜排水良好、质地疏松、肥沃、pH值为6～7的壤土，对贫瘠土壤的适应能力差。草地早熟禾秋季保绿性和春季返青性能较好，当遮阴程度较强时生长不良。在北方地区3月中下旬返青，12月枯黄，绿期长达270d左右。

（3）栽培与管理措施　草地早熟禾通常用种子直播建立草坪，也可以通过根茎来繁殖，建坪速度比黑麦草和苇状羊茅慢，但再生能力强。常需要中等至中等偏高的栽植密度。适宜的播种期为初春至仲春和晚夏至初秋，播种量为15～20g/m^2。在对成坪速度要求不高的地方或更新已建植的草坪，播种量可低至8～10g/m^2。一般播种深度在6～15mm，播后10～15d出苗，再经30～45d后形成幼草坪，生长1～2个生长季以后草坪成熟。最适修剪高度为2.5～5.0cm。一般情况下，可在播种前施用7.5～10g/m^2的氮磷钾全价肥。N肥需要量在生长季内每月施用量为2.5～5g/m^2。

草地早熟禾具有伸展能力较强的根茎，能形成旺盛的草坪，生活周期长，适应环境的能力强，耐践踏，混合播种效果好。缺点是建坪较慢，易感蠕虫菌病、锈病等。

（4）使用特点　该草种常用于公园、公共绿地、庭院、护坡等草坪的建植，其强大的根系以及较强的再生能力使得它特别适应于运动场和一些过度利用的场地。草坪养护管理必须细致，要及时修剪、施肥和灌溉。草地早热禾生长的时间过长，比如4～5年或更长，便会形成坚实的草皮层，会阻碍返青萌发，生长渐衰，这时应采用切断根茎、穿刺土壤的方法进行更新，或重新补播，以避免草坪退化。

草地早熟禾常与紫羊茅混合使用，或与其他冷季型草坪草混播，如苇状羊茅和多年生黑麦草等，混播草坪对环境的适应性更强。

（5）品种及其特性　草地早熟禾是目前草坪草中拥有最多品种的草种，

已商品化的品种有100~200个，每个品种各有优缺点。由于草地早熟禾的许多品种具有广泛的选择性，可应用于各类环境条件和养护管理水平。其中一些品种性能优良，适用于建植高档草坪，而另一些普通类型则用于那些如路边等粗放管理的地方。目前常用的引进品种列于表5－1。

表5－1　草地早熟禾引进品种及特性

品种名称	颜色和质地	抗逆性	抗病性	品种特点
高山 Alpine	深绿色，质地细	抗寒，耐热、耐阴	抗叶斑病、锈病、钱斑病、白粉病	矮生品种，适合与低矮、生长缓慢的品种混播，可用于草皮生产
菲尔金 Fyking	深绿色，中等细嫩质地	耐寒性好，抗旱性强	抗螨虫病和黑粉病	中低矮生习性，植株密度大耐低修剪，秋季保绿色好
蓝色骑士 Blue knight	深绿色，中粗质地	抗寒，侵入性强	抗病性强	矮生品种，建坪较慢
新港 Newport	深绿色，中粗质地	抗寒、抗旱性强	对白粉病、秆锈病有免疫力	植株密度较高，耐粗放管理，对肥力和养护要求低，低温保绿性好
肯塔基 K. B. G	中等绿色，质地中等	耐寒能力强，抗旱，耐阴，耐贫瘠土壤	抗病虫能力强	根系发达，竞争力强，耐践踏，耐低养护管理
奖品 Award	深绿色，质地细	抗旱、抗寒性突出、耐阴性强	对叶斑病、秆锈病、褐斑病和霜霉病均有良好抗性	绿期长、成坪迅速，生长低矮，枯草层少，耐超低修剪，混播效果佳
纽哥来德 Nuglade	中深绿色，质地中等细腻	耐热、抗旱，抗寒、耐阴	抗叶斑病、叶锈病、白粉病强	生长低矮，耐低修剪，可单播或混播
浪潮 Impact	深绿色，质地细	抗热、耐旱，抗寒性超群，耐阴性强	抗褐斑病、秆锈病、叶斑病和猝死病能力极强	耐粗放管理和超低修剪，与其他草坪草配合好
瓦巴斯 Wabash	中深绿色，中等细腻质地	耐寒性极好，耐热、抗旱性好，中等耐遮阴	抗镰刀菌病	秋季叶色保持好，恢复力强，耐低修剪
抢手股 Blue Chip	中等绿色，质地细	耐寒性强，抗热、抗旱，耐低修剪，侵入性强	抗叶锈病、秆锈病、褐斑病和霜霉病	成坪迅速快，绿期长，恢复能力强，春季返青早，耐粗放管理
兰肯 Kenblue	中等深绿，质地中粗	抗寒，耐盐碱	抗病性一般	耐粗放管理

（续表）

品种名称	颜色和质地	抗逆性	抗病性	品种特点
美洲王 America	深绿色，质地细	抗寒性极好，抗旱和耐热性良好，耐阴性中等	极抗叶斑病，较抗茎和叶锈病、镰刀枯萎病、币斑病和秆黑粉病	耐践踏性强，生长低矮，适宜草皮生产，可用于高尔夫球场、其他运动场、公园等高质量草坪
优异 Merit	深绿色，质地中等粗糙	耐寒性、耐旱性、耐践踏性好，耐阴性一般，耐盐碱性差	抗叶斑病、钱斑病、镰刀菌枯萎病	矮生长习性，植株密度中等，春季返青快，对肥力和养护要求低，可单播又可混播
诺德 Ronde	中等深绿，质地良好、细腻	耐寒性、耐旱性、耐践踏性好，耐阴性和耐盐碱性差	抗褐斑病、钱斑病、	适宜用于低养护的草坪，春季返青好，恢复性好，氮肥需求中等，混播是突出的兼容性能
公园 Park	中等深绿，质地一般	抗寒、抗旱性强	易染蠕虫病和白粉病	植株密度低，垂直生长快，耐贫瘠，对肥力要求低，耐粗放管理
华盛顿 Washington	中等深绿，叶细	耐寒、抗旱	抗病性强	低矮
橄榄球 2 号 Rugby2	深绿色，质地细	耐寒、抗旱、耐湿热	抗褐斑病、叶斑病	耐低修剪、耐阴性强，低养护水平下表现良好，耐践踏
午夜 Midnight	深蓝绿色，质地细嫩	耐寒、抗旱、耐阴性中等，耐瘠薄	抗叶斑病、叶锈病，抗虫性强	植株稠密，低矮，春季返青早，秋季叶色保持良好。耐低修剪，可单、混播
纳苏 Nassau	中深绿色，中等粗质地	抗旱，耐寒，耐践踏	抗镰刀枯萎病、溶失病、秆锈病、红线病，较抗叶斑病	中矮生长习性，返青早、枯黄晚，耐低养护管理，混播是突出的兼容性能
触地 Touch down	中等深绿，质地细	抗寒	抗病性强	具有较强壮的根状茎，植株低矮，侵入性强
巴润 Baron	深绿色，质地中等粗糙	抗旱性强	抗钱斑病，对锈病、白粉病及秆黑粉病中等感染，对蠕虫菌病有抗性	较好的通用型品种，耐低养护
解放者 Liberator	深绿色，质地细腻	耐阴性强	抗叶斑病、条斑病、秆锈病、环斑病、钱斑病等	生长低矮，耐瘠薄，枯枝层少，适应性强

2. 粗茎早熟禾

拉丁名：*Poa trivialis* L.；英文名：Rough bluegrass；别名：普通早熟禾

原产欧洲南部，其适应的土壤及气候范围与草地早熟禾相似，但在植株颜色、生长习性及培育要求等方面有明显差异。

(1) 形态特征　多年生草本，具短根茎。茎秆丛生，直立或基部倾斜，高45~75cm，叶鞘粗糙。叶扁平，两面粗糙，淡黄绿色（比早熟禾属其他种色泽淡，一年生早熟禾除外）。圆锥花序开展。每小穗具小花2~3朵。颖果椭圆形，长约1.5mm。

(2) 生态习性　适应于寒冷潮湿带和过渡带，喜冷凉湿润气候。耐寒性好，不耐热，因其根系较浅，耐旱性差。粗茎早熟禾耐阴性强，且能生长在潮湿、排水不良的土壤中，可用于既遮阴又潮湿的地方。适宜生长的土壤pH值为6~7。

(3) 栽培与管理措施　多为种子直播建坪，播种量10~15g/m^2。成坪速度缓慢，要求管理水平一般，修剪高度3.8~5.0cm。枯枝层的问题较少，对除莠剂如2,4-D敏感，易受伤害。抗病性能较强。

(4) 使用特点　常用于寒冷、潮湿、荫蔽的环境。由于其不耐践踏，且耐热、耐旱性也差，用作草坪的范围不是很广，用于要求不高的绿地和公园草坪等，也可在园林绿化半阴处或排水不畅地段建植草坪，不适宜作高档草坪，与其他草坪草种混播时草坪外貌有不整齐的弱点，故混播中所占的比例应该较小。

(5) 品种及其特性　粗茎早熟禾品种及其特性见表5-2。

表5-2　粗茎早熟禾引进品种及其特性

品种名称	叶颜色和质地	抗逆性	抗病性	品种特点
旭日 Sun-up	淡绿色，质地细腻	抗寒力、耐阴性表现卓越	抗钱斑病	垂直生长力强，但生长低矮，与多年生黑麦草混播可形成高品位草坪，可用作补播草种
塞博 Sabre	黄绿色，明亮，柔软	耐寒性、耐阴性好，耐践踏性稍好，耐旱性和耐盐碱性差	易染钱斑病	建坪速度快，耐低修剪性好，春季返青早，混播共性一般，氮肥需求少
塞博 Sabre Ⅱ	黄绿色，质地较好	耐寒性、耐阴性、耐践踏性好，耐旱性和耐盐碱性差	易染钱斑病	建坪速度快，耐低修剪性好，较塞博有更好的垂直生长性，混播共性一般，氮肥需求少

（续表）

品种名称	叶颜色和质地	抗逆性	抗病性	品种特点
手枪 Colt	黄绿色，质地细	抗寒较强，耐阴	抗钱斑病，对条锈病、叶斑病也有较好的抗性	生长低矮，补播效果极好
达萨斯 Dasas	淡绿色，叶纤细	耐阴性较强，不耐热和干旱、耐霜冻	抗病性较强	绿期长，苗期生长好，是很好的补播品种

3. 加拿大早熟禾

拉丁名：*Poa compressa* L.；英文名：Canada bluegrass；别名：扁茎蓝草、扁秆早热禾

加拿大早熟禾生长于欧亚大陆的西部，是良好的冷季型草坪草。

（1）形态特征　多年生草本。具根状茎。秆丛生，直立或基部倾斜压扁成脊，光滑，高 30 ~ 50cm。叶长 3 ~ 12cm，宽 1 ~ 4mm，叶片扁平或边缘内卷，蓝灰色或蓝绿色。叶舌长，蓝绿色。圆锥花序狭窄，分枝粗糙；小穗卵圆状披针形，排列较紧密。颖果纺锤形，具三棱，长 1.6mm。

（2）生态习性　适于寒冷潮湿气候带中更冷一些的地区生长，耐寒性、耐阴性强，耐践踏能力也强，耐热性稍差。能在草地早熟禾不能适应的贫瘠、干旱土壤上良好生长，能适应在排水不完善的黏土到排水条件好的石灰土等多种土壤上生长，抗酸能力强，能忍受的土壤 pH 值为 5.5 ~ 6.5。

（3）栽培与管理措施　主要是种子直播建坪，播种量 15 ~ 20g/m^2。适宜的修剪高度为 7.5 ~ 10cm。加拿大早熟禾很耐贫瘠，但它更喜肥沃的土壤，N 肥需求量每月 1 ~ 3g/m^2。加拿大早熟禾易感蠕虫菌病、锈病、秆黑粉病、褐斑病。

（4）使用特点　加拿大早熟禾植株密度小，茎秆部分较长，叶片较短，不能形成致密的高质量草坪；当修剪过低时，便露出坚硬的秆状茎使其看起来粗糙，加拿大早熟禾适应干旱、酸性、贫瘠的土壤，因此常用于路边、固土护坡等对草坪质量要求不高，且管理粗放的草坪。

加拿大早熟禾常与羊茅属植物混播使用。当与草地早熟禾混播在酸性、干旱、贫瘠的土壤上时，加拿大早熟禾会成为主导植物。

（5）品种及其特性　目前生产中使用的品种不是很多，国内大多数用

野生种来繁殖草坪。引进品种及其特性见表5-3。

表5-3 加拿大早熟禾引进品种及其特性

品种名称	叶颜色和质地	抗逆性	抗病性	品种特点
印地安酋长 Reubens	浅蓝绿色，中等质地	抗寒、耐旱、耐贫瘠	易感锈病、褐斑病	矮生，耐粗放管理

4. 一年生早熟禾

拉丁名：*Poa annua* L.；英文名：Annual bluegrass；别名：早熟禾、小鸡草

一年生早熟禾广泛分布于世界各地，生于灌丛草甸、林下、林缘、河边，海拔650~4 350m。通常被当作草坪杂草，很少与其他草坪草种混合用作草坪，但是它常侵入灌溉、低修剪、施肥好的草坪上，并成为主要成分，在这种条件下，一年生早熟禾就成为构成草坪的主要成分。

（1）形态特征　一年生或越年生。须根纤细。秆直立或基部稍倾斜，细弱丛生，平滑无毛，高8~30cm。叶鞘中部以下闭合，短于节间，平滑无毛。叶淡绿色，叶片狭条形。圆锥花序卵形，开展，每节具1~2个分枝，小穗含3~5朵花。颖果纺锤形，黄褐色。

（2）生态习性　抗热性、抗寒性、抗旱性均差，含有大量一年生早熟禾成分的草坪常在环境条件不适宜时易受伤害。一年生早熟禾适宜于潮湿、遮阴的环境，在pH值为5.5~6.5的肥沃土壤上生长最好。

（3）栽培与管理措施　多为种子直播建坪，播种量为15~20g/m^2。一年生早熟禾无性繁殖能力差，但此草可以利用散落在土壤中的种子重建草坪。修剪高度为2.5cm。N肥需要量为每个月1.95~4.87g/m^2。

（4）使用特点　一年生早熟禾虽然不能作为专门的草坪草，但在冬春季仍为优良的草坪草种，该草种生长低矮，根系浅，能在浅层土壤很好地生长。如果灌溉条件好的话，也可在干燥、粗质的土壤上生长。

很少有商用品种。

5. 林地早熟禾

拉丁名：*Poa nemoralis* L.；英文名：Wood meadow bluegrass；别名：林

地禾草

生长于世界温带山地，我国分布于东北、华北、西北，生于林间湿草地、田边，海拔1 000～4 200m。是优良的冷季型草坪草。

（1）形态特征　多年生草本。须根纤细，具细根状茎。秆细弱，高约40cm，基部稍带紫色。叶片扁平，长10～20cm，宽2mm左右，黄绿色。圆锥花序较开展，每节有1～3枚分枝，分枝纤细；小穗含2～3朵花。颖果纺锤形，黄褐色。

（2）生态习性　适应于寒冷潮湿气候，适于潮湿、遮阴的环境，抗热性和抗旱性较差。适于各种土壤，抗盐碱能力中等，但在pH值为6.0～7.0沙壤土、壤土上生长最好。再生性与耐践踏能力一般。在北方地区3月中下旬返青，绿期长达250～270d。对病虫害有较强抗性，但有时也易染锈病及褐斑病。

（3）栽培与管理措施　主要用种子直播建坪，播种量一般为15～20g/m^2。N肥需要量为每个月1.95～4.87g/m^2。

（4）使用特点　可作庭院、公园、运动场草坪使用，也可以和其他冷季型草坪草种混播。管理较为粗放。林地早熟禾耐阴能力较强，因此可用作遮阴环境下的草坪建植。

（5）常见品种及其特性　百尼（Barnemo）特别培育用作草坪混播的品种。具有相当好的持久性和极强的抗寒性。

除上述早熟禾属外，尚有下列植物可引种驯化用作草坪草。

6. 高原早熟禾

拉丁名：*P. alpigena*（Blytt）Lindm.

多年生草本，具匍匐根状茎。秆高10～15cm。叶片常褶叠，长2～5cm，蘖生者长达12 cm，宽1～2mm。圆锥花序开展，分枝每节2～4枚；小穗含2～3朵小花。花果期6～9月。

7. 冷地早熟禾

拉丁名：*P. crymophila* Keng ex C.

多年生草本。秆丛生，直立或基部膝曲，高20～60cm。叶片内卷或对折，长3～9（16）cm，宽0.5～1mm。圆锥花序狭窄，长2～8cm；分枝每节具2～4枚，小穗含2～3朵小花，长3～4.5mm。花果期6～9月。

分布于云南、四川西部、甘肃南部。生于山坡草地、高山草甸、灌丛、林缘、河滩、疏林、草原，海拔2 300～5 000m。

8. 光稃早熟禾

拉丁名：*P. psilolepis* Keng ex L Liou

多年生草本。秆密丛，直立或基部稍膝曲，高30～60cm。叶片内卷，直立，质较硬，无毛或下面微粗糙，长2.5～10cm，宽1～2mm。圆锥花序长圆形，狭窄稍疏松，长6～9cm；分枝微粗糙，每节着生2～4枚，基部主枝长达4cm；小穗带紫色，含2～4朵小花，长3.5～5mm；花果期7～8月。

分布于四川、甘肃。生于草甸草原、林缘、山地阳坡、河漫滩，海拔3 300～4 200m。

9. 波伐早熟禾

拉丁名：*P. poophagorum* Bor.

多年生草本。秆密丛，平滑，高12～20cm。叶鞘平滑无毛；叶片边缘内卷，长2～7cm，宽约1.5mm。圆锥花序狭窄，长2～5cm；分枝每节具1～4枚，直立，微粗糙或平滑，基部主枝长约1cm，自基部即生小穗；小穗紫色或褐黄色，含2～4朵小花。花果期6～8月。

分布于西藏、云南、四川。生于高山草甸、草原、山坡草地、河漫滩、冲积扇前缘、路旁，海拔3 300～5 500m。

（二）羊茅属

拉丁名：*Festuca* L.；英文名：Fescues；别名：狐茅属

羊茅属约200多种，分布于寒温带及亚热带、热带高山地区。中国有56种，分布于西南、西北和东北地区，尤以西南分布最多。适宜生长在寒冷潮湿地区，但也能在贫瘠、干燥和pH值为5.5～6.5的酸性土壤生长，耐阴性较强，但不能在潮湿、高温条件下生长。羊茅属中的一些种很耐践踏。常用于草坪的有苇状羊茅（*Festuca arundinacea* Schreb.）、紫羊茅（*Festuca rubra* L.）、硬羊茅（*Festuca longifolia* L.）、羊茅（*Festuca ovina* L.）、草地羊茅（*Festuca elatior*）。其中苇状羊茅和草地羊茅叶片质地粗糙，属粗叶型，其他的叶片质地较细密，属细叶型。

1. 苇状羊茅

拉丁名：*Festuca arundinacea* Schreb.；英文名：Tall fescue；别名：苇状羊茅（英译名）、苇状狐茅

苇状羊茅是生长在欧洲的一种冷季型草坪草，我国新疆有野生种的分布其许多性状非常优秀，适应于许多土壤和气候条件，是应用非常广泛的草坪草。

（1）形态特征　多年生草本。秆粗状，疏丛，直立，粗糙，高 80 ~ 100cm。叶片条形，坚硬，边缘粗糙，长 15 ~ 25cm，宽 4 ~ 8mm。圆锥花序开展，花序轴和分枝粗糙；小穗卵形，有 4 ~ 5 朵小花。颖果长圆状披针形，长 3.4 ~ 4.2mm。花果期 5 ~ 7 月。

（2）生态习性　适于寒冷潮湿和温暖湿润过渡带生长。能适应多种气候与土壤条件，在湿润区、半干旱区都能广泛建植，在 pH 值为 4.7 ~ 9.5 土壤表现良好，最适土壤 pH 值在 5.5 ~ 7.5，与大多数冷季型草坪草相比，苇状羊茅更耐盐碱。苇状羊茅耐土壤潮湿，也可忍受较长时间的水淹，故可用作排水道旁草坪。北方地区绿期长 240d 左右。

（3）栽培与管理措施　种子直播建坪，建坪速度较快，介于多年生黑麦草与草地早熟禾之间。播种量：25 ~ 35g/m^2，补播为 25 ~ 35g/m^2。适宜的修剪高度为 4.3 ~ 5.6cm，在修剪高度小于 3.0cm 时，不能保持均一的植株密度，故不能用于需低修剪的草坪。N 肥需要量为每个生长月 2 ~ 5g/m^2。苇状羊茅较抗病虫害。

（4）使用特点　苇状羊茅适宜的范围很广，是最耐旱和最耐践踏的冷季型草坪草之一。苇状羊茅形成的草坪粗糙，植株密度低，很难形成草皮，这是它成为优质草坪草的不利因素，它一般用作运动场、绿地、路旁、小道、机场以及其他低质量的草坪。由于其生活力强，建坪速度较快，根系深，耐贫乏土壤，所以能有效地用于斜坡的水土保持。苇状羊茅叶基较高，粗糙，不适宜单播用作草坪植物，与草地早熟禾、紫羊茅等草种混播产生的草坪质量比单播苇状羊茅的高，比单播草地早热禾、紫羊茅等形成的草坪耐践踏。

（5）品种及其特性　苇状羊茅常用的引进品种及其特性见表 5-4。

表5-4 苇状羊茅常用的引进品种及其特性

品种名称	颜色和质地	抗逆性	抗病性	品种特点
猎狗 Houngdog	深绿色	耐寒性、耐旱性、耐阴性、耐践踏性好，耐盐碱性强	抗网状斑病、冠锈病	混播共性较好，耐低修剪性差，耐瘠薄
猎狗5号 Houngdog Ⅴ	深绿色，质地良好	耐寒性、耐旱性、耐阴性、耐践踏性很好，耐盐碱性强	抗褐斑病、冠锈病、枯萎病，抗虫害	绿期长，混播共性较好，耐低肥和粗放管理，耐低修剪性差
自豪 Pride	深绿色，质地良好	耐寒性、耐旱性、耐阴性很好，耐盐碱性强，极耐践踏	抗褐斑病、冠锈病、枯萎病，抗虫害	混播共性较好，耐低肥和粗放管理
迪斯绿（颂歌）Dixiegreen	深绿色，质地细致	耐寒性、耐旱性、耐阴性、耐践踏性很好	抗褐斑病、叶斑病、锈病	混播共性较好
交战 Crossfire	深绿色、叶片较细	耐热性和耐潮湿好，抗旱	抗褐斑病、叶斑病、锈病	高密度，矮生型，适合在过渡地带和炎热地区使用
知音 Amigo	深绿色、质地较细	抗寒、抗旱，耐阴性强	抗镰斑病、叶斑病、褐斑病、腐霉病	生长低矮，春季返青早，耐中、低管护水平，兼容性好
里园2号 Wrangler Ⅱ	深绿色、质地较粗	耐热，抗旱性强	抗褐斑病、网斑病	耐粗放管理
艾拉姆E Alamo E	深绿色、质地中粗	耐热性强	抗网斑病、褐斑病、秆锈病	对过渡带气候适应性强
盆景 Bonssai	深绿色、叶片较细	耐阴性强，抗旱性强	抗病性和抗虫性强	矮生型，是苇状羊茅的变型，养护管理低
佛浪 Finelawn	深绿色、质地中粗	极耐热、耐旱	抗叶斑病、褐斑病、腐霉病	耐粗放管理
沙漠王子 Safari	深绿色、质地较细	抗热、抗旱	抗病性强	生长速度中等
安瓦体 Avanti	深绿色、质地较细	抗旱性强，能在pH值4.7~8.5的土壤上生长	抗褐斑病，对夏季褐色斑块的抗性极强	耐低修剪，修剪频率低，根系深
小野马 MinMustang	极深绿色，质地粗	抗旱和耐热性极强	较好抗病性，但夏季极端温度与湿度下可能发生褐斑病和腐霉枯萎病	具有较深的根系。低生长习性，春秋季生长较其他品种缓慢
野马 Mustang	深绿色，质地粗	较好的抗夏季高温、高湿与干旱	抗病性强	能形成稠密的良好草坪
黄金岛 Eldorado	深绿色，质地中粗	抗热性强，耐阴性好	抗病性强	耐低修剪，耐低养护
爱瑞3 Arid3	深绿色，质地粗	耐热、抗旱	抗病能力强	坪质佳，耐粗放管理
千年盛世 Millennium	深绿色，质地较细	极强的耐阴能力	抗病能力强	在低养护条件下表现卓越

2. 紫羊茅

拉丁名：*Festuca rubra* L.；英文名：Red fescue；别名：红狐茅

紫羊茅广泛分布于北美洲、欧亚大陆、北非和澳大利亚的寒冷潮湿地区以及我国的东北、西南、华北、华中等地，生于山坡草原、草甸、山坡荫处、河漫滩，海拔600～4 650m。紫羊茅是羊茅属中用于草坪最广泛的草种之一，国外在寒冷潮湿地区开发出了许多用作草坪的紫羊茅栽培品种。

(1) 形态特征　多年生草本。具横走根茎。秆疏丛生，株高45～70cm，基部红色或紫色。叶鞘基部红棕色并破碎呈纤维状；叶片光滑柔软，对折或内卷，宽1.5～2.0mm。圆锥花序窄狭，每节具1～2枚分枝；小穗先端呈紫色，含3～6朵小花。千粒重0.73g。花果期6～7月。

(2) 生态习性　喜冷凉湿润气候，耐寒性强，耐阴性比大多数冷季型草坪草强。由于抗热性差，紫羊茅不能生长在温暖潮湿地区，不能忍受土壤的高湿度，所以其适应范围不如草地早熟禾和翦股颖广。在干燥、pH值为5.5～6.5的沙壤表现良好。紫羊茅耐践踏性中等。

(3) 栽培与管理措施　种子直播建坪，播种量15～20g/m^2，建坪速度比草地早熟禾快，但比多年生黑麦草慢。可单播或混播。紫羊茅耐低水平的管理，包括低水平的氮肥和水分。每月修剪1～2次，修剪高度2.5～6.3cm。N肥需要量为每个生长月0.94～2.92g/m^2。紫羊茅极不耐水淹。

(4) 使用特点　紫羊茅是应用最广的冷季型草坪草之一。在适宜的管理水平下，可形成细致、植株密度高、整齐的优质草坪，它的垂直生长速度比大多数冷季型草坪草都慢，根系稠密。通常与草地早熟禾等混播，用于公园、广场、庭院、机场以及护坡、路旁等绿化工程。利用其叶片细、色美、生长期较长的特点作为观赏草坪。与其他草坪草混播可用于运动场草坪的建植。

紫羊茅在寒冷地区可与早熟禾、翦股颖混播，在亚热带地区暖季型草坪上如狗牙根草坪与多年生黑麦草混合补播，可以为冬季的草坪增加绿色。

(5) 品种及其特性　紫羊茅常用的引进品种及其特性见表5－5。

表 5－5　紫羊茅常用的引进品种及其特性

品种名称	叶颜色和质地	抗逆性	抗病性	品种特点
百绿 Bargreen	中等绿色，叶片非常纤细	抗旱性强	抗红丝病	耐低修剪，适合低管理水平
桥港 Bridgeport	中等深绿，叶片纤细	耐热、耐寒，耐旱	抗病虫害性强	能形成毯状草坪
皇冠 Barcrown	中等深绿，叶片纤细，致密	持久性强	抗红丝病	草坪密度高，在恶劣条件下能保持很好的绿色，损伤后可迅速恢复
绿洲 Oasis	深绿色，叶片极细，	抗寒性强	抗螨虫病，易染红色线虫病	草坪密度高，低温下保绿性强，春季返青早
派尼 Pernille	深绿色，叶片纤细，致密	抗寒、耐阴性突出	抗锈病、红丝病和钱斑病	常用于遮阴地的绿化，也用于低养护地带的绿化
艾可 Echo	中等深绿，叶片纤细	抗寒、耐阴	抗红丝病	耐低养护
光驱 Herald	亮绿，叶品质好	抗旱、抗寒	抗锈病	具有独特的直立生长习性，耐低修剪，保绿性强
迭戈 Diego	深绿，叶片纤细	抗旱、抗寒、耐阴	抗褐斑病	生长低矮，耐低修剪，修剪频次低

3. 羊茅

拉丁名：*Festuca ovina* L.；英文名：Sheep fescue；别名：狐茅

分布于欧亚大陆及北美温带地区，我国主要分布在西北、西南地区，生于山坡草地、高山草甸、河岸沙滩地，海拔 2 200～4 750m。羊茅形成的草坪质量较低，没有广泛用于草坪建植。

（1）形态特征　多年生草本。秆密丛生，具条棱，高 30～60cm，光滑，仅近花序处具柔毛，基部具残存叶鞘。叶片内卷呈针状，长 2～6cm，宽约 2～3mm，常具稀而短的刺毛。圆锥花序狭窄，分枝常偏向一侧；小穗椭圆形，具 3～6 朵小花，淡绿色或淡紫色。颖果红棕色，长 1～1.5mm。花果期 6～7 月。

（2）生态习性　羊茅是多年生密丛旱中生禾草，适生于寒冷潮湿地区，耐低温，抗旱性强，耐热性差。在排水良好的沙壤上生长最好，在弱酸性、贫瘠的粗壤上也生长良好。羊茅无根茎或匍匐茎，易簇生，很少能形成外观整齐的草坪。

（3）栽培与管理措施　种子直播建坪，播种量 15～20g/m^2，由于种子有限，故仅少量用于草坪，商品种子主要在欧洲。羊茅的栽培要求比紫羊茅低，一般修剪高度1.5～5.0cm，N肥需要量为每个生长月1.95～4.87g/m^2。易染红丝病、镰刀菌枯萎病和褐斑病。

（4）使用特点　羊茅是细叶羊茅中最耐粗放管理的草种，一般用作低质量的草坪如居住区、路旁及作水土保持植物，它常与加拿大早熟禾混播。

（5）品种及其特性　羊茅常用的引进品种及其特性见表5－6。

表5－6　羊茅引进品种及其特性

品种名称	叶颜色和质地	抗逆性	抗病性	品种特点
埃麦克斯 MX－86AE	深绿，质地柔细	耐阴性好	抗褐斑病、钱斑病、腐霉病	草坪建植快，春季返青早，低水平管护条件下草坪表现出众
阔绰 Quatro	深绿，质地细腻	耐寒性、耐旱性、耐阴性好，耐盐碱性差，耐践踏性差	抗褐斑病	生长较慢，草坪致密，耐低修剪性好，混播共性差，氮肥需求少，较好的低养护品种

4. 硬羊茅

拉丁名：*Festuca ovina* var. *durivscula* L.；英文名：Hard fescue

原产欧洲，我国近几年有引种，是一种多年生冷季型草坪草。

（1）形态特征　多年生草本。秆疏丛生，高20～35cm，鞘内分枝。叶片较硬，长3～8cm，宽2～6mm。圆锥花序紧缩，花序下被微毛或稍粗糙。

（2）生态习性　植株较低矮，垂直生长缓慢。抗旱性不如羊茅，但比紫羊茅强。耐阴性、耐湿性比羊茅强。耐践踏一般，再生能力差。适宜各种土壤，最适土壤pH值为5.5～6.5。

（3）栽培与管理措施　种子直播建坪，播种量15～20g/m^2，建坪速度较慢。修剪高度3.2～7.5 cm，N肥需要量比羊茅多。不易发生病害。

（4）使用特点　在管理粗放的草坪上，表现令人满意。主要用作路旁、沟渠等水土保持和管理水平低的草坪，但在管理好的情况下也可用于公园、居民小区及庭院等草坪。

（5）品种及其特性　硬羊茅引进品种及其特性见表5－7。

表 5-7　硬羊茅品种及其特性

品种名称	叶颜色和质地	抗逆性	抗病性	品种特点	产地或销售公司	参考价格（元/kg）
卫士 Ecostar	中等深绿，质地柔细	抗旱性、耐阴性强	抗褐斑病、钱斑病、叶斑病	耐瘠薄土壤，耐粗放管理，适应性强	美国辛普劳草业公司	20～21
救星 Rescue911	深绿色，质地柔细	耐阴性强	抗褐斑病、网斑病、腐霉病和钱斑病	适应性强，用途广，耐低水平管理	美国辛普劳草业公司	19～22
尤润卡 Eureka	深绿色，质地细嫩	耐寒性、耐旱性、耐阴性好，耐践踏性、耐盐碱性较差	抗红丝病、网斑病、炭疽病、白粉病	硬羊茅中生长最缓慢的品种，耐低修剪性差，混播共性好，氮肥需求少	荷兰赛贝科种子公司	18～20
阿汝 Aurora	中等深绿、质地细嫩	耐阴	抗红丝病、白粉病	具低矮生长习性，秋季保绿性中等，春季返青良好，低肥力下生长旺盛	荷兰赛贝科种子公司	21～24

5. 草地羊茅

拉丁名：*Festuca elatior* L.；英文名：Meadow fescue；别名：牛尾草

草地羊茅是生长在欧亚大陆温带地区的一种丛生的冷季型草坪草。有时被称作英国蓝草。

（1）形态特征　多年生草本，具短而粗壮的根茎。秆丛生，直立。叶片扁平，宽 3～8mm，上面光滑，下面及边缘较粗糙。圆锥花序，直立或下垂，有时收缩。

（2）生态习性　适应于寒冷潮湿地区，也可延伸到温暖潮湿地区的较冷地带。草地羊茅的耐热性和抗旱性比苇状羊茅弱，分蘖枝和植株密度比苇状羊茅高，但不如苇状羊茅的活力强。喜肥沃、湿润的土壤。较耐践踏。

（3）栽培与管理措施　种子直播建坪，播种量 20～25g/m^2。建坪速度较快。修剪高度 3.8～5.0cm，垂直生长较苇状羊茅慢，N 肥需要量为每个生长月 2～5g/m^2。易染锈病和蠕虫菌病。

（4）使用特点　叶片质地接近于苇状羊茅；形成的草坪为亮绿色，往往比苇状羊茅草坪整齐、细致。可作管理水平较低的草坪草；可与草地早熟禾、紫羊茅等混播，用作运动场、公园、飞机场等草坪的建植材料。

商用品种较少。

除上述羊茅属植物可用于建植草坪外，尚有下列植物可引种驯化用作草坪草。

6. 中华羊茅

拉丁名：*Festuca sinensis* Keng ex S. L. Lu

多年生草本。秆直立或基部倾斜，高 50 ~ 80cm。叶片直立，边卷折，长 6 ~ 16cm。圆锥花序开展，长 10 ~ 15cm；分枝下部孪生，主枝细弱，长 6 ~ 11cm，上部分生一至二回的小枝，小枝具 2 ~ 4 枚小穗；小穗淡绿色或稍带紫色，含 3 ~ 4 朵小花。花果期 7 ~ 9 月。

分布于青海、四川、甘肃。生于湿草地、林缘、山坡、山谷及草甸，海拔 2 150 ~ 4 800m。

7. 矮羊茅

拉丁名：*Festuca coelestis*（St. – Yves）Krecz. et Bobr.

多年生草本。秆密丛生，细弱，高 4 ~ 10cm，平滑或紧接花序下粗糙。叶片纵卷呈刚毛状，较直硬，长 1.5 ~ 6cm。圆锥花序紧密呈穗状，长 1 ~ 3cm，分枝短；小穗紫色或褐紫色，含 3 ~ 4 朵小花，长约 5mm。花果期 7 ~ 9 月。

分布于西藏、云南、四川、新疆、甘肃、青海等省区。生于高山草甸、山坡草地、灌丛、林缘、河滩等处，海拔 2 900 ~ 4 600m。

8. 毛稃羊茅

拉丁名：*Festuca kirilovii* Steud.

多年生草本，具细弱根茎。秆疏丛生，较硬直或基部稍膝曲，高 20 ~ 60cm。叶片通常对折，平滑无毛或上面稀有微毛，长 2 ~ 3cm，基生者长可达 20cm。圆锥花序疏松或花期开展，长 4 ~ 8cm；分枝每节 1 ~ 2 枚；小穗褐紫色或成熟后褐黄草色，含 4 ~ 6 朵小花。花果期 6 ~ 8 月。

分布于西藏、四川西部、新疆、甘肃、青海及华北地区。生于阳坡、灌丛草甸、林下草丛、河滩、河谷，海拔 2 150 ~ 4 500m。

（三）黑麦草属

拉丁名：*Lolium* L.；英文名：Ryegrasses；别名：毒麦属

约有10种，欧亚温带地区有分布。常用于草坪的有多年生黑麦草（*Lolium perenne* L.）、一年生黑麦草（*L. multifolorum*）和中间黑麦草（*L. hybridum*），在我国属于引种栽培。多年生黑麦草和一年生黑麦草由于种子发芽快、苗生长迅速，多用于混播，作为先锋保护性草种，防止杂草入侵。中间黑麦草在我国目前应用很少，在国外主要用于暖季型草坪草冬季休眠时的补播材料。

1. 多年生黑麦草

拉丁名：*Lolium perenne* L.；英文名：Perennial ryegrass

原产欧亚和北非温带地区，现在世界各地的温带地区均有广泛种植，它是最早的草坪栽培种之一。

（1）形态特征　多年生草本，具细弱的短根茎。秆疏丛生，基部节常膝曲，高45～70cm。叶深绿色，具光泽；叶片质地柔软，扁平，长9～20cm，宽3～6mm，上面被微毛，下面平滑，边缘粗糙。扁穗状花序直立，小穗长10～21mm，含9～11朵小花，颖短于小穗而长于第一小花，外稃边缘狭膜质，先端钝圆或尖，无芒，内稃与外稃等长，脊上生短纤毛。颖果梭形，长4～6mm。千粒重1.5g。花果期5～7月。

（2）生态习性　多年生黑麦草为短命植物。喜温暖湿润气候，不耐寒、高温和干旱，生长最适温度20～27℃，只要有较好的灌溉措施，可在干旱地区种植。多年生黑麦草适应土壤范围很广，在含肥较多的中性或微酸性土壤中生长最好。耐阴性和恢复能力较差，耐土壤潮湿，耐践踏性较好。

（3）栽培与管理措施　种子直播建坪，播种量30～40g/m²。多年生黑麦草是大种子的草坪草，其发芽率高，建坪快，播种后8d即可形成50%的草坪盖度，21d可完成草坪建植。需中等到中等偏低的管理水平，如管理恰当它能形成整齐的草坪。晚春，当生成许多分蘖枝之后，如不及时修剪，草坪草丛生，不能形成整齐坪面。修剪高度为3.8～5.0cm，不耐低于2.3cm的修剪，其叶子坚硬，较难修剪。氮肥需要量是每个生长月2～5g/m²。在干旱期为保证多年生黑麦草存活，灌溉是很必要的。多年生黑麦草易受锈病、镰刀菌枯萎病、褐斑病、红丝病伤害。

（4）使用特点　多年生黑麦草常与其他草种混播，用于庭院、公园、公路护坡、机场和运动场草坪，混播时种子比例不宜超过20%～25%，否则会引起它与主体草坪草过度竞争，破坏草坪建植，与其混播效果最好的是草地早熟禾。也可用作快速建植及受损草坪的修补草种和暖季型草坪的冬季交播种，除了作为短期临时植被覆盖外，多年生黑麦草很少单独种植。

（5）品种及其特性 多年生黑麦草常用引进品种及其特性见表5－8。

表5－8 多年生黑麦草常用引进品种及其特性

品种名称	叶颜色和质地	抗逆性	抗病性	品种特点
德比 Derby	中等绿色、明亮，中细质地	耐热、抗寒，耐践踏	较抗褐斑病和镰刀菌腐霉病	密度高，容易建植草坪
蒙特丽 Monterey	色泽浓绿、亮泽，叶质细腻	耐湿热，耐践踏	抗叶斑病、秆锈病、褐斑病、枯萎病、钱斑病及红线病	春季返青早，密度高，在北方和过渡带有广泛的适应性
博士 Ph. D	深绿色、亮泽，质地细腻	抗寒、耐热，耐践踏	抗钱斑病、红线病、褐斑病、叶斑病	黑麦草混合品种，建坪速度快，可用于南方冬季补播
高帽 Top hat	深绿色，质地细腻	耐热性好，耐践踏	抗病性较强，植株具内生菌，有天然抗虫性	矮生性，水平生长强，成坪迅速，广泛用于南方冬季补播
凯蒂莎 Caddieshack	色泽浓绿、亮泽，叶细	耐热性好，抗寒力强	抗钱斑病、腐霉病、叶锈病	适应性广，草坪密度高，可单播或混播
爱神特 Accent	深绿，亮泽	耐寒、抗旱性强	抗钱斑病、红线病、褐斑病、腐霉病、叶斑病	草坪密度高，生长低矮，快速的草坪建植能力，可作补播品种
美达丽X Medalist X	色泽浓绿、亮泽，质地细腻	耐热，耐践踏，抗杂草能力强	抗钱斑病、叶斑病	黑麦草组合品种，适应性广，草坪建植快
守门员 Goalkeeper	深绿、亮泽，质地细腻	抗逆性强	抗叶斑病、红线病、褐斑病	适应性广，高温高湿下保绿性好
获奖者 Medalist	墨绿色，质地细腻	抗旱、耐践踏	抗病虫能力强	与早熟禾混播时表现良好，适合在休眠的暖季型草坪上进行冬季补播
百宝 Barball	淡绿色，叶片纤细	抗旱、抗寒，耐践踏	抗秆锈病	生长低矮，恢复性强，适合各种用途的草坪建植
矮生 Lowgrow	色绿，叶片细	抗寒、抗旱、耐阴	抗虫性强，抗叶斑病和各种锈病	生长低矮、缓慢，耐低修剪

（续表）

品种名称	叶颜色和质地	抗逆性	抗病性	品种特点
卡特 Cutter	叶色深绿，叶质优异	耐热、抗寒	抗病	成坪速度较快，返青早，枯黄晚
匹克威 Pickwick	颜色深绿，叶片纤细	抗逆性强，耐践踏	综合抗病性高	草坪密度高，建植速度快，春季返青早
萨克尼 Sakini	颜色翠绿，叶片纤细	抗热性好，耐践踏，	抗病性好	返青早，绿期长，抗杂草能力强
神枪手 Topgun	叶色深绿，质地中等细腻	耐湿热，耐践踏	抗褐斑病、镰斑病、钱斑病、红线病	成坪速度快，草坪致密、均匀

2. 一年生黑麦草

拉丁名：*Lolium multiflorum* Lam.；英文名：Annual ryegrass；别名：意大利黑麦草、多花黑麦草

分布于欧洲南部的地中海地区，非洲北部和亚洲部分地区。由于生命期短，所以用作草坪的途径较窄，可作为草坪的先锋保护性草种。

（1）形态特征　一年生或越年生草本。须根密集细弱，秆多数，高50～70cm。叶卷曲，叶片长10～15cm，宽3～5mm。穗状花序扁平；小穗长23mm，含小花数可达15朵，颖质地较硬；外稃显著具芒，长2～6mm。花果期4～6月。

（2）生态习性　喜温暖湿润气候，不耐严寒和高温，其耐极端温度不及多年生黑麦草。适于肥沃、pH值为6.0～7.0的湿润土壤。在低肥力条件下，它也形成适当的草坪。

（3）栽培与管理措施　种子直播建坪，播种量30～40g/m^2，建坪速度快。一年生黑麦草植株密度、整齐性和整体草坪质量都不如多年生黑麦草，根的深度和数目比多年生黑麦草的浅和少，再生能力很差。不存在产生芜枝层的问题，修剪高度为3.8～5.0cm。N肥需求量为每个生长月2～5g/m^2，过高的N肥会降低其耐低温的能力。易受到蠕虫菌病的伤害。

（4）使用特点　用作需建坪快的一般作用的草坪，常与其他草坪草种混播作为先锋草种，其在混播中所占的最大比例一般不能超过20%～25%。一年生黑麦草可用于短期绿化草坪，晚春或夏天种植一年生黑麦草，很快就长出绿色覆盖面；它也可用作暖季型草坪的冬季交播或受损草坪的修补

草种。

（5）品种及其特性　撒克拉—威斯（Sakura - Wase）起源于日本，是一种非常早熟的一年生黑麦草。叶片浅绿色，比其他一年生黑麦草品种短窄。有快速发芽和建坪快的特性，有较长的生长期。

（四）翦股颖属

拉丁名：*Agrostis* L.；英文名：Bentgrasses

翦股颖属约有200多种，广布全世界，多分布于温带、寒温带及热带、亚热带的高纬度地区，尤以北温带为多，我国约有29种。本属植物为细弱、低矮或中等高度的多年生草本。常用于草坪的种有：匍匐翦股颖（*Agrostis stolonifera*）、细弱翦股颖（*A. tenuis*）、绒毛翦股颖（*A. canina*）、小糠草（*A. alba*）等。

翦股颖属的许多草种是冷季型草坪草中最能忍受频繁修剪的，其修剪高度可达0.5cm，甚至更低。当强修剪时，翦股颖可以形成相当细质、稠密、均一的高质量草坪。翦股颖适于寒冷、潮湿和过渡性气候，大多数多年生品种具有很强的抗寒能力，适宜肥沃、排水良好、微酸性土壤，但对多种病害敏感。

1. 匍匐翦股颖

拉丁名：*Agrostis stolonifera* L.；英文名：Creeping bentgrass

匍匐翦股颖分布于欧亚大陆的温带和北美地区，我国东北、华北、西北及江西、浙江有分布。匍匐翦股颖广泛用于低修剪、细质的草坪。

（1）形态特征　多年生草本，具匍匐茎。秆细弱，多数丛生，株高30～40cm。叶鞘无毛，稍带紫色；叶片扁平，线形，长6～9cm，宽3～4mm。圆锥花序，轮廓呈卵状长圆形，分枝一般2枚；小穗长2～2.2mm，暗紫色；两颖等长或第一颖稍长，窄披针形，先端渐尖；外稃先端平截，有齿，芒由外稃背部近中部伸出，膝曲，长4～5mm，明显伸出于小穗之外。颖果黄褐色，长圆形，细小，长1mm。花果期7～8月。

（2）生态习性　喜冷凉湿润气候，是最抗寒的冷季型草坪草种之一，用于世界大多数寒冷潮湿地区，也被用于过渡气候带和温暖潮湿地区稍冷的一些地方。匍匐翦股颖是冷季型草坪草中再生能力较强的草种，通过匍匐茎能很快蔓延，形成密度很大的草坪，且耐低修剪。匍匐翦股颖耐阴性强，但在阳光充足条件下生长更好。匍匐翦股颖耐旱性较差，耐践踏性中等。春季返青较慢，而秋季比草地早熟禾早枯黄。在排水良好而湿润肥沃的沙质土壤上生长较好，对紧实土壤的适应性差。

(3) 栽培与管理措施　可通过匍匐茎繁殖建坪或用种子直播建坪，播种量为7～10g/m^2。由于种子细小，对坪床要求极高，播种切忌覆土过深。1.8cm或更低修剪有利于幼茎的生成和匍匐茎节上根的生成，可形成美丽、细致、密度高、均一的地毯状草坪，适宜的修剪高度为0.5～1.8cm，过高的修剪高度，匍匐生长习性会引起过多的芜枝层的形成和草坪质量的下降。N肥的需要量每生长月2.5～5.0g/m^2。在干燥、粗质土壤上充分灌溉是非常必要的。匍匐翦股颖较易染钱斑病、褐斑病、蠕虫菌病、斑腐病、红丝病、秆黑粉病和雪腐病。

(4) 使用特点　匍匐翦股颖适用于保龄球场、高尔夫球场等高质量、集约管理的草坪，也可作为装饰草坪。由于其具有侵占性很强的匍匐茎，故很少与草地早熟禾等直立生长的冷季型草坪草混播。匍匐翦股颖也用于暖季型草坪草占主导草坪的冬季交播，用于这一目的时，它常与其他一些建坪快的冷季型草坪草混播。

(5) 品种及其特性　匍匐翦股颖引进品种及其特性见表5－9。

表5－9　匍匐翦股颖常用引进品种及其特性

品种名称	叶颜色和质地	抗逆性	抗病性	品种特点
帕特 Putter	靓丽的深绿色，质地柔韧、细腻	耐热性强、越夏性突出	抗病性强	致密、矮生，强侵占习性，春季返青早，极耐低修剪，对杂草有极强的抵抗力
南岸 Southshore	中等浓绿、柔细	抗寒性强、耐践踏性突出	抗镰斑病、溶失病	广泛的适应性，良好的草种配伍兼容性，快速地恢复生长性
开拓 Cato	深绿色，叶纤细	抗寒性强、良好的抗旱性和耐热性	抗钱斑病、褐斑病和腐霉枯萎病	生长低矮、综合抗性强，是高尔夫果岭区的专用草坪草品种
海滨 Seaside	中等淡绿色，中等质地	抗盐碱性强、抗寒性一般	易染钱斑病、褐斑病和叶斑病	低温保绿性差，春季返青快，耐粗放管理
眼镜蛇 Cobra	深绿色，质地中等	抗旱性、耐热性强，抗杂草	抗病性一般	耐低修剪，生长均匀、半直立

（续表）

品种名称	叶颜色和质地	抗逆性	抗病性	品种特点
北岛 Northland	深绿色，中等质地	抗寒性强、抗热性差	抗红丝病、褐斑病和钱斑病	低温保绿性和春季返青好
L－93	叶色浓绿、润泽，质地柔细	抗寒性强，生态扩张力强	抗钱斑病、褐斑病、斑锈病、镰斑病、叶斑病	草坪致密，春季返青早，耐超低修剪
克罗米 Kromi	中绿，质地细腻	耐寒，耐践踏	抗病性一般	草坪致密，耐低修剪

2. 细弱蒴股颖

拉丁名：*Agrostis tenuis* Sibth.；英文名：Colonial bentgrass

细弱蒴股颖广布欧亚大陆的北温带，我国山西有分布，目前作为草坪草被引种于世界各地的寒冷潮湿地区，我国北方湿润带和西南部分地区也适宜生长，是蒴股颖属广泛使用的草坪草种之一。

（1）形态特征　多年生草本，具短的根状茎。秆丛生，细弱，高20～35cm。叶片线形，细弱，长2～4cm，宽1～1.5mm。圆锥花序椭圆形，开展，每节具2～5个分枝；小穗紫褐色，长1.5～1.7mm；第一颖长1.5～1.7mm，两颖近等长或第一颖稍长，先端急尖；外稃长约1.5mm，先端平截，无芒。颖果长椭圆形，细小，黄褐色。花果期6～7月。

（2）生态习性　细弱蒴股颖耐旱及耐热性差，耐寒性较好，但不如匍匐蒴股颖，用于世界寒冷潮湿地区草坪的建植。耐阴性中等，不耐践踏，春季返青较慢。细弱蒴股颖耐低修剪，可形成细质、稠密的草坪。细弱蒴股颖适应的土壤范围较广，但在肥沃、潮湿、pH值5.5～6.5的沙壤上生长最好。

（3）栽培与管理措施　主要用种子直播建坪，播种量5～7g/m^2。建坪速度较快，为产生一个高质量的草坪，细弱蒴股颖需要较高水平的管理。修剪高度一般为1.3～2.5cm，修剪高度较高时，易产生芜枝层。N肥需要量为每个生长月1.95～4.87g/m^2，需水量比匍匐蒴股颖少。细弱蒴股颖易染钱斑病、褐斑病、红丝病、腐霉枯萎病、秆黑粉病和蠕虫菌病。

（4）使用特点　细弱蒴股颖常与其他冷季型草坪草混播，用于高尔夫球场、公园、居民小区、风景区等高质量的草坪。它具有侵占性，当它与草地早熟禾等直立生长的冷季型草坪草混播时，它会最后成为优势种。

(5) 品种及其特性　细弱翦股颖引进品种及其特性见表5-10。

表5-10　细弱翦股颖品种及其特性

品种名称	叶颜色和质地	抗逆性	抗病性	品种特点
高地 Highlang	深绿色、中等质地	抗寒、抗旱性强	易染褐斑病	密度高，耐贫瘠土壤，耐低修剪
继承 Heriot	叶片纤细	一般	一般	生长缓慢、耐低修剪，与苇状羊茅混播较好
霍菲亚 Holfior	中等深绿色、中细质地	抗旱、抗寒	易染褐斑病	半直立生长，不易形成枯草层，适于贫瘠性的粗壤
SR7100	中等深绿、质地细	抗旱性强、适应性广	极抗钱斑病	抗倒伏，在深秋季节仍能保持绿色，耐粗放管理

3. 绒毛翦股颖

拉丁名：*Agrostis canina* L.；英文名：Velvet bentgrass

绒毛翦股颖原产欧洲，现被世界上许多国家引种，我国的东北和华北潮湿地带和西南偏冷地区适宜绒毛翦股颖生长。

(1) 形态特征　多年生草本，具根状茎。秆丛生，高达90cm。叶片线形，长7~20 (30) cm，宽2~5mm，扁平或先端内卷成锥状。圆锥花序长圆形，分枝多至10余枚，少者2~4枚；两颖近等长或第一颖稍长，先端尖或渐尖；外稃长1.5~2mm，先端钝或平截，微具齿，中部以下着生1芒，芒长0.8~2mm，细直或微扭，基盘两侧有长0.2mm的短毛；内稃长约0.5mm。花果期为6~8月。

(2) 生态习性　绒毛翦股颖是主要用于寒冷潮湿地区的冷季型多年生草坪草。植株密度高，均一性强，可形成柔软绒毛状草坪。匍匐茎生长速度比细弱翦股颖慢，比匍匐翦股颖快。耐热、耐旱和耐寒性比其他翦股颖强，耐阴性也较好。绒毛翦股颖可在酸性、贫瘠的土壤生长，不适于通气性差、排水不好的土壤。

(3) 栽培与管理措施　绒毛翦股颖可通过匍匐茎或种子建植草坪，播种量5~7g/m²。在频繁的0.5~2.0cm低修剪下能产生高质量的草坪。N肥需求量中等。在酸性、排水好的土壤条件下，容易变成优势种。绒毛翦股颖易染病，所以应经常注意病虫害的防治。

（4）使用特点 绒毛翦股颖主要用于低修剪的高尔夫球场、保龄球球场、滚木球场以及养护精细、质量要求高的装饰草坪。也可与其他冷季型草坪草混播用于要求不高的草坪。

（5）品种及其特性 绒毛翦股颖引进品种及其特性见表5－11。

表5－11 绒毛翦股颖品种及其特性

品种名称	叶颜色和质地	抗逆性	抗病性	品种特点
克林斯顿 Kingstown	深绿色、质地细	抗热性、抗旱性强	抗钱斑病、易染铜斑病	草坪密度高，生长力强
鲁拜 Ruby	深绿色、中等质地	耐阴性强	易染红丝病	直立生长、根茎发达，成坪速度快，植株密度中等
德拉太夫 Duraturf	中等深绿色、质地细	不抗低温	易染蠕虫菌病	植株密度中等，垂直生长速度快
伯瑞 Boreai	中等深绿色、质地细	耐低温	抗病性一般	植株密度中等，深根系，成坪速度快
依阿希 Luahee	中绿色、质地细腻	不耐低温	易染蠕虫菌病	草坪密度较大，生长速度较慢
罗米尔 Ramier	深绿色、质地细	不耐低温	易染红丝病和蠕虫菌病	植株密度较高，垂直生长速度较快
SR7200	深绿色、质地细	耐贫瘠、抗旱性、耐阴性强	极抗褐斑病、钱斑病和铜斑病	适合在酸性土壤上生长，缺肥条件下仍能保持色泽

4. 小糠草

拉丁名：*Agrostis alba* L.；英文名：Redtop grass；别名：红顶草

分布于欧亚大陆温带地区，我国的华北、长江流域及西南地区均有分布。小糠草是广泛使用的草坪草之一。

（1）形态特征 多年生草本，具细长的根状茎，株高60～90cm。叶片扁平，粗糙，浅绿色，长17～32cm，宽3～5mm。圆锥花序金字塔形，疏松开展，每节具簇生的分枝；小穗长2～2.5mm，紫红色。颖果椭圆形，长1.1～1.5mm，褐色。花果期6～8月。

（2）生态习性 小糠草喜冷凉湿润气候。耐寒，耐热能力优于匍匐翦股颖和细弱翦股颖，也可在过渡地带和温暖潮湿地带种植。小糠草耐阴能力较差，喜湿润土壤。

(3) 栽培与管理措施　小糠草常通过种子直播建植草坪，播种量为6~8g/m²，建坪速度中等。所形成的草坪粗糙、稀疏，而且持久性差。适于中等或低水平的管理。对土壤条件要求不高，可在贫瘠、酸性的细壤上良好生长；如有灌溉条件，在较干的沙土上也能生长。N肥需求量是每个生长月2.5~5.0g/m²。小糖草较易染蠕虫菌病、红丝病、秆黑粉病、钱斑病和褐斑病。

(4) 使用特点　小糠草形成的草坪质量不是很高，因此限制了其使用范围。但由于它对土壤pH值、土壤质地和气候条件有较大范围的适应性，使得它常与草地早熟禾、紫羊茅等草坪草混播用作公园、庭院、小型绿地等草坪的建植，有时也用作路旁、河渠和防止水土流失的材料。但在混播中比例不能过大，通常不超过10%。

(5) 品种及其特性　斯坠克（Streaker）有较好的发芽势，返青快。常与草地早熟禾、羊茅混播建植草坪。斯坠克也能够同其他的翦股颖品种混合播种。

下列翦股颖可引种驯化用作草坪草。

5. 巨序剪股颖

拉丁名：*Agrostis gigantea* Roth

多年生草本，具根状茎或秆基部偃卧。秆平滑无毛，高30~90cm。叶片扁平，边缘和脉粗糙，长约20cm，宽4~6mm。圆锥花序疏松开展，有时狭窄，长10~25cm；每节具5至多枚簇生，中部以下常裸露，有时基部有小穗腋生；小穗草绿色或带紫色，长2~2.5mm。花果期7~9月。

分布于西藏、云南、新疆、甘肃、陕西、山西、河北、内蒙古、辽宁、吉林、黑龙江、山东、江苏、安徽、江西。生于河滩、灌丛、林边、山坡、路边和草地上，海拔1 850~3 600m。

6. 甘青剪股颖

拉丁名：*Agrostis hugoniana* Rendle

多年生草本，具根头或有细短根茎。秆密丛，直立或基部膝曲，秆高15~30cm。叶鞘成纤维状；叶片扁平，线形，两面及边缘粗糙，长2~8cm，基生叶长达13cm。圆锥花序紧缩呈穗状，长4~8cm，宽5~15mm；分枝稍粗糙，直立贴生，每节具3～6枚，长约3cm；小穗暗紫色或古铜色，长3～4mm。花果期8～9月。

多分布于甘肃、陕西西部和四川西北部。多生于灌丛、高山草地、河滩、林缘，海拔2 500～4 200m。

（五）梯牧草属

拉丁名：*Phleum* L.；英文名：Timothy

本属约有15种，其中梯牧草（*Phleum pratense* L.）很早就被用于草坪建植，我国近几年才开始引进和推广。

梯牧草

拉丁名：*Phleum pratense* L.；英文名：Common timothy；别名：猫尾草

原产欧亚大陆温带，我国新疆有分布。

1. 形态特征

多年生草本，有短根茎。秆高50～100cm，基部常呈球状膨大。叶片扁平，两面及边缘粗糙，长10～30cm，宽5～8mm。圆锥花序圆柱状，小穗长圆形；颖膜质，顶端具小尖头；外稃薄膜质，顶端钝圆，内稃略短于外稃。颖果长圆形，长约1.5mm，黄褐色。花果期7～9月。

2. 生态习性

喜冷凉湿润气候，抗低温能力强，不耐干旱与高温，耐践踏性差。它适应较广的土壤范围，最适于高肥力、潮湿、pH值为6～7的细壤或酸性土壤。

3. 栽培与管理措施

用种子直播建坪，播种量为10～15g/m^2，建坪速度较快。修剪高度为4～8cm，修剪后恢复较慢。N肥需要量每个生长月2.5～5.0g/m^2，干旱条件下需灌溉，不存在结芜枝层问题。

4. 使用特点

梯牧草形成草皮的能力较差，草坪粗糙，使用限制在低质量的草坪，如路旁、沟渠等类似管理粗放的地方作固土及护坡草坪用。国外多用梯牧草与多年生黑麦草、地毯草、雀稗等混播。欧洲现在有改进的梯牧草品种，坪用性状好，可用作运动场草坪。

5. 品种及其特性

梯牧草品种及其特性见表5-12。

表5-12 梯牧草品种及其特性

品种名称	叶颜色和质地	抗逆性	抗病性	品种特点
常绿 Evergreen	浅绿色，中等质地	抗寒、不抗旱	抗锈病	喜潮湿土壤，耐低修剪
海地米 Heidimi	浅绿色，中粗质地	耐践踏	抗褐斑病	适于中等偏粗糙的土壤
S-50	浅绿色，中等质地	耐践踏	抗锈病	植株密度较高，耐低修剪

(六) 冰草属

拉丁名：*Agropyron* Gaertn.；英文名：Wheatgrasses

冰草属约有15种，我国产5种。对草坪有价值的草种主要为扁穗冰草[*Agropyron cristatum*（L.）J. Gaertn.]。

扁穗冰草

拉丁名：*Agropyron cristatum*（L.）Gaertn.；英文名：Crested wheatgrass；别名：冰草、山麦草、野麦子、大麦草

扁穗冰草分布于欧亚寒冷、干旱地区，我国东北、华北、西北等地有分布，生于干燥山坡、沙地，海拔2 800~4 500m。

1. 形态特征

多年生草本，具短根茎。秆疏丛，高30~75cm。叶片长5~20cm，宽2~5mm，质较硬而粗糙，边缘内卷。穗状花序扁平，长2~6cm，宽8~15mm；小穗无柄，紧密平行的排列穗轴两侧，呈篦齿状，含（3）5~7朵小花，颖舟形，被刺毛；外稃舟形被毛，芒长2~4mm。颖果矩圆形，长3.5~4.5mm，黑褐色。花果期7~9月。

2. 生态习性

喜干燥、寒冷气候，耐盐碱。适应的土壤范围广，轻壤土至重黏土都能生长，耐土壤瘠薄，耐旱能力极强，为典型的旱生植物，用于半干旱温带地区的草坪建植。耐阴性差，耐践踏性强。

3. 栽培与管理措施

种子直播建坪，播种量为18~20g/m²，种子的萌发和建坪很快。仅需

中等偏下的养护水平，修剪高度 3.8～6.3cm，不需浇灌，不存在芜枝层问题。

4. 使用特点

建坪快，极抗旱使它成为少雨地区最重要的水土保持草坪之一。由于形成的草坪较稀疏、粗糙，常用于灌水条件差，养护管理水平低的地方如路旁、河岸等。也可用于寒冷半湿润、半干旱区无浇灌条件地区的运动场和一般粗放管理绿地草坪。

5. 品种及其特性

生产中所使用的品种不多，大多用野生种，目前所用品种见表 5－13。

表 5－13　扁穗冰草品种及其特性

品种名称	叶颜色和质地	抗逆性	抗病性	品种特点
普通 Common	中绿，质地粗糙	耐寒、耐旱性强、耐盐碱	抗病虫害	耐粗放管理，固土护坡型

（七）雀麦属

拉丁名：*Bromus* L.；英文名：Bromegrass

雀麦属有 100 多种，我国约产 20 种。用于草坪的主要为无芒雀麦（*Bromus inermis* Leyss.）。

无芒雀麦

拉丁名：*Bromus inermis* Leyss.；英文名：Smooth bromegrass；别名：光雀麦、禾萱草

原产于欧亚大陆温带，我国东北、西北有分布。无芒雀麦现广泛种植于世界各温带地区。

1. 形态特征

多年生草本，有横走根状茎。秆直立，高 45～80cm。叶片披针形，质地较硬，长 7～16cm，宽 5～8mm。圆锥花序开展，每节具 2～5 枚分枝，每分枝着生 1～5 枚小穗，小穗含 4～8 朵小花；颖片披针形，先端渐尖，边缘膜质；外稃宽披针形，通常无芒或稀具长 1～2mm 的短芒。颖果长 7～9mm，棕色。花果期 7～9 月。

2. 生态习性

无芒雀麦喜冷凉干燥的气候，耐寒、耐旱，再生能力强，抗病虫害，不耐践踏，对土壤要求不高，耐盐碱能力强。

3. 栽培与管理措施

种子直播建坪，播种量为20～25g/m^2，有时也用根茎繁殖。无芒雀麦耐粗放管理，不耐频繁修剪。

4. 使用特点

由于质地粗糙，植株密度小，形成的草坪稀疏，故常用于道路、堤坝等水土保持和类似低质量的不太使用的草坪。

5. 品种及其特性

无芒雀麦品种及其特性见表5－14。

表5－14　无芒雀麦品种及其特性

品种名称	叶颜色和质地	抗逆性	抗病性	品种特点
旱地 Dryland	中绿，质地粗糙	耐寒、耐旱性强	抗病虫害	耐粗放管理，护坡型
普通 Common	中绿，质地粗糙	耐寒、耐旱	抗病虫害	不耐频繁低修剪，护坡型

（八）鸭茅属

拉丁名：*Dactylis* L.

本属约有4种，用于草坪的为鸭茅（*Dactylis glomerata* L.）。

鸭茅

拉丁名：*Dactylis glomerata* L.；英名：Rough cocksfoot；别名：鸡脚草、果园草

广布欧亚温带地区，我国新疆、四川及东北也有分布。除驯化当地野生种外，多引自美国、丹麦、澳大利亚等国，目前我国许多省都有栽培，用作水土保持草坪。

1. 形态特征

多年生草本，疏丛型，株高40～120cm。叶片长10～30cm，宽4～

8mm。圆锥花序开展，小穗多聚集于分枝的上部，含 2 ~ 5 花；颖披针形，先端渐尖，长 4 ~ 5mm；第一外稃与小穗等长，顶端具约 1mm 的短芒。颖果长卵形，黄褐色。花果期 5 ~ 8 月。

2. 生态习性

喜温湿气候，故主要用于寒冷潮湿气候带中较温暖的地区和过渡地区的某些地方。耐寒性不强，排在无芒雀麦、梯牧草和草地早熟禾的后面。鸭茅春季返青快，在低温下保绿性好。耐旱性较强，但不如无芒雀麦；较耐阴，但不耐践踏。鸭茅适宜的土壤范围较广，包括贫瘠的酸性土壤。

3. 栽培与管理措施

种子直播建坪，播种量为 15g/m^2。鸭茅耐粗放管理。

4. 使用特点

叶片质地粗糙，植株密度低，故应用范围受到了很大的限制。最常用的地方是路旁和其他低质量、低维持水平的草坪，也可用于水土保持。

（九）碱茅属

拉丁名：*Puccinellia* Parl.；英文名：Alkaligrass

碱茅属有 80 多种，我国产 30 多种。用于草坪的主要为碱茅［*Puccinellia distans*（L.）Parl.］。

1. 碱茅

拉丁名：*Puccinellia distans*（L.）Parl.；英文名：Weeping Alkaligrass；别名：铺茅

分布于欧亚大陆温带，我国东北、华北、西北等地区有分布，生于林下、河滩、路边，海拔 200 ~ 4 400m。

（1）形态特征　多年生草本。秆丛生，高 20 ~ 30cm。叶片扁平或对折，长 2 ~ 6cm，宽 1 ~ 2mm。圆锥花序，每节 2 ~ 6 个分枝。小穗具 5 ~ 7 花，颖片质地较薄，先端钝，具不整齐的细裂齿；外稃先端钝或截平，具不整齐的细裂齿。颖果纺锤形，紫褐色，细小。花果期 5 ~ 6 月。

（2）生态习性　喜冷凉湿润气候，耐寒和耐盐碱能力强。对土壤要求不严，在潮湿的黏土上能正常生长。该草不耐热，易出现夏枯现象，耐阴性也较差，适生于阳光充足的开阔地。

(3) 栽培与管理措施　种子直播建坪，播种量15~18g/m^2，突击绿化时播量最高可增加到25 g/m^2，青藏高原播种最晚不能超过7月中旬。因种子细小，覆土切忌过厚。有时也可营养繁殖。碱茅极耐粗放管理，修剪高度5~7cm。

(4) 使用特点　由于碱茅具有耐潮湿、耐盐碱能力，可用作潮湿处和盐碱地的草坪建植材料。

(5) 品种及其特性　碱茅品种及其特性见表5-15。

表5-15　碱茅品种及其特性

品种名称	叶颜色和质地	抗逆性	抗病性	品种特点
福赐 Fults	中等深绿，质地细腻	耐盐碱、耐旱、抗寒	抗褐斑病、锈病	矮生

除上述碱茅外，尚有下列植物可引种驯化用作草坪草。

2. 星星草

拉丁名：*Puccinellia tenuiflora*（Griseb.） scribn. Et Merr.

多年生草本。秆丛生，直立或基部膝曲，灰绿色，高30~50cm。叶片通常内卷，上面微粗糙，长3~8cm。圆锥花序开展，长7~15cm；分枝细弱，微粗糙，2~5枚簇生；小穗草绿色或紫色，含3~4小花。花果期6~9月。

分布于新疆及东北、华北诸省区。生于河滩、水沟旁、农田边、渠岸、芨芨草滩中，海拔1 850~4 000m。

(十) 洽草属

拉丁名：*Koeleria* Pers.；英文名：Crested hairgrass

本属有50多种，分布于北半球温带地区，我国产3种，青海省有2种。用于草坪的为洽草［*Koeleria cristata*（L.） Pers.］。

1. 洽草

拉丁名：*Koeleria cristata*（L.） Pers.；英文名：Crested hairgrass

广布于欧亚大陆的温带地区，我国分布于东北、西北、华东等地区。

(1) 形态特征　多年生草本，具短根茎。秆丛生，高25~45cm。叶片扁平，长5~7cm，宽1~2mm。穗状圆锥花序，有光泽，小穗长4~5mm，具极短的柄或无柄。花果期5~8月。

（2）生态习性　生长势和适应性强，耐旱，对土壤要求不高，可在微碱性土壤生长。

（3）栽培与管理措施　种子直播建坪，播种量10~15g/m^2。

（4）使用特点　形成的草坪粗糙，质量不高，常用于缺水地区草坪的建植，可作绿地及水土保持地被。

（5）品种及其特性　百克星Barkoel叶片细，极度耐旱，几乎不需要修剪。

除上述洽草外，芒洽草也具有较好坪用性状，可引种驯化。

2. 芒洽草

拉丁名：*Koeleria litvinowii* Dom.

多年生草本。秆密丛，高20~50cm，花序下被绒毛。叶鞘遍被柔毛；叶片扁平，两面被短柔毛，边缘具较长的纤毛，长3~5cm，宽2~4mm，分蘖者长可达15cm，宽1~2mm。圆锥花序穗状，草绿色或带淡褐色，有光泽，下部常有间断，长5~12cm，主轴及分枝均密被短柔毛；小穗含2~3小花，长5~6mm；小穗轴节间被长柔毛。花果期6~9月。

分布于西藏、四川、新疆、甘肃。生于山坡草地、林缘、河滩、灌丛、山坡草甸，海拔2 230~4 300m。

＊下列具有较好坪用形状的野生禾本科植物可引种驯化。

（十一）针茅属（*Stipa L.*）

1. 长芒草

拉丁名：*Stipa bungeana* Trin.

多年生草本。须根坚韧，外具沙套。秆紧密丛生，基部膝曲，高20~50cm。叶鞘无毛或边缘具纤毛，基部者内有隐藏小穗；叶片纵卷呈针状，长3~15cm。圆锥花序常为顶生叶鞘所包，成熟后可伸出鞘外，长10~20cm；分枝细弱，每节有2~4枚；小穗灰绿色或浅紫色；颖、稃顶端延伸成芒，芒二回膝曲扭转，颖果细长圆柱形；但在隐藏的小穗中者则为卵圆形，长约3mm，被无芒且无毛的稃体紧密包裹。花果期6~8月。

分布于西南、西北、华北、东北及江苏、安徽。生于石质山坡、黄土丘陵、河谷阶地，海拔1 800～3 900m。

2. 紫花针茅

拉丁名：*Stipa purpurea* Griseb.

多年生草本。须根稠密而坚韧。秆直立，细瘦，高20～40cm，基部宿存枯叶鞘。叶片纵卷呈针状，下面微粗糙，秆生者长3.5～6cm，基生叶长为秆高的1/2。圆锥花序基部常包藏于叶鞘内，长可达15cm，成熟后伸出鞘外；分枝常单生，基部有孪生；小穗呈紫色；芒二回膝曲。颖果长约6mm。花果期7～9月。

分布于西藏、四川、新疆、甘肃。生于高山山坡草甸、山前洪积扇、河谷阶地，海拔2 700～4 700m。

（十二）细柄茅属（*Ptilagrostis Griseb.*）

双叉细柄茅（*Ptilagrostis dichotoma* Keng ex Tzvel.）

多年生草本。秆密丛生，直立，平滑，高40～50cm。叶鞘稍粗糙；叶片呈细线形，长约20cm，秆生叶短缩，长1.5～2.5cm。圆锥花序开展，长9～12cm；分枝细弱呈丝状，通常孪生，上部1～3次的二叉分枝，叉顶着生小穗，基部主枝长达5cm；小穗柄细，长5～15mm，其柄及分枝的腋间具枕；小穗灰褐色，长5～6mm；花果期7～8月。

分布于西藏、四川、甘肃、陕西。生于高山草甸、山坡草地、河滩、灌丛中，海拔3 200～4 500m。

（十三）扇穗茅属（*Littledalea Hemsl.*）

扇穗茅（*Littledalea racemosa* Keng）

多年生草本，具短根茎。秆高20～60cm。叶片扁平或卷折，上面微有毛，下面平滑，长4～7cm，宽2～5mm。圆锥花序由5～9枚小穗组成；分枝单生或孪生，细弱而平滑；小穗含6～8朵小花，呈扇形或楔形，长2.2～3.2cm。花果期7～9月。

分布于西藏、四川。生于山坡草地、灌丛、河边、滩地、草甸、沙滩，海拔2 700～4 900m。

（十四）以礼草属（*Kengyilia Yen et J. L. Yang*）

梭罗草［*Kengyilia thoroldiana*（Oliv.）J. L. Yang］

多年生草本，常具下伸或横走根茎。秆丛生，下部有倾斜，高5～25cm。叶片扁平或内卷，长2～8cm，宽2～4.5mm，无毛或上、下两面密生短柔毛。穗状花序弯曲或稍直立，常密集成长圆状卵圆形，长2～5cm；小穗偏于穗轴一侧，长9～14mm，含3～6小花。花果期7～10月。

分布于西藏、新疆、甘肃。生于山坡草地、谷底多沙处以及河岸坡地、滩地，海拔3 700～5 000m。

（十五）固沙草属（*Orinus Hitchc.*）

青海固沙草［*Orinus kokonorica*（Hao）Keng ex Tzvel.］

多年生草本。具长的根茎。秆直立，质较硬，粗糙或平滑无毛，高20～50cm。叶鞘无毛或粗糙，有时被短糙毛；叶片质较硬，常内卷呈刺毛状，两面糙涩或被短刺毛，边缘粗糙，长4～10cm。圆锥花序线形，长4～15cm；分枝直立，单生，棱边具短刺毛；小穗绿色，成熟后变草黄色，含3～4（5）朵小花，长7～8.5mm；小穗轴节间疏生细短毛。花果期7～9月。

生于干旱山坡及高山草原，海拔2 230～4 400m。

以上所介绍的冷季型草坪草和具有坪用性状的野生植物均属于禾本科植物，除此之外，在其他科中，如豆科、莎草科等也有许多植物可用于草坪建植。下面选取常用的种类加以介绍。

（十六）三叶草属

拉丁名：*Trifolium* L.；英文名：White clover；别名：车轴草属

三叶草属隶属于豆科，约有360个种，分布于世界各地的温带地区，我国原产及引种栽培的有7个种，其中用作草坪草的主要为草坪型白三叶（*Trifolium repens* L）。

草坪型白三叶

拉丁名：*Trifolium repens* L.；英文名：White clover；别名：白车轴草

原产欧洲，广泛分布于温带及亚热带高海拔地区。我国云南、贵州、四川、湖南、湖北、新疆等地有野生种分布，长江以南各省有大面积栽培。白三叶在我国一直作为牧草，近几年才用作草坪草，并逐渐得到人们的认可，它形成的草坪美观、整洁，具有很好的观赏价值。

1. 形态特征

多年生草本，植株低矮。主茎短，由茎节上长出匍匐茎，长30~60cm，节上向下产生不定根，向上长叶。掌状三出复叶，互生，具长柄；小叶宽椭圆形、倒卵形至近倒心形，长1.2~3cm，宽0.8~2cm，边缘有细锯齿，叶面中央有“V”形白斑；托叶卵状披针形，抱茎。腋生头形的总状花序；花冠白色或淡红色。荚果卵状长圆形，长约3mm，包被于宿萼内，每荚含种子2~4粒；种子黄褐色，近圆形。

2. 生态习性

喜温凉湿润气候，不耐干旱，生长最适温度为19~24℃，适应性较其他三叶草广。耐热耐寒性比红三叶、杂三叶强，也耐阴，在部分遮阴的条件下生长良好。为簇生草坪草，靠匍匐茎蔓延。对土壤要求不严，耐贫瘠，耐酸，最适排水良好、富含钙质及腐殖质的黏质土壤，不耐盐碱。

3. 栽培与管理措施

主要为种子直播建坪，播种量15~20g/m^2。种子细小，播前须精细整地，并且要保持一定的土壤湿度。白三叶不耐践踏，应以观赏为主。白三叶再生能力强，较耐修剪，修剪高度一般为7.5~10cm。苗期生长缓慢，易受杂草侵害，应注意及时除草。易染锈病。

4. 使用特点

绿期和花期均长，花朵数量多，达300朵/m^2，是良好的观赏草坪草种。有时作为水土保持植被，也可用于草坪的混播种，可以固N，为与其一起生长的草坪草提供N肥。

5. 常用品种及其特性

白三叶常用品种及其特性见表5-16。

表 5－16 白三叶常用品种及其特性

品种名称	抗逆性	抗病性	品种特点
海发 Haifa	抗寒、耐热	易染锈病	耐瘠薄土壤
瑞文德 Rivendel	抗寒、耐热	易染锈病	小叶型，生长低矮
米尔卡 Milka	较耐热，不耐践踏		中叶型，植株密度高，竞争能力极强
惠亚 Huia	较耐阴		植株密度高，耐瘠薄土壤

（十七）苔草属

拉丁名：*Carex* L.；英文名：Sedge

苔草属隶属于莎草科，有 2 000多种，广布于全世界寒带、温带、亚热带和热带；我国产 500 种，广布于各省区。苔草属中有许多种可以用作草坪草，但使用最广泛的还是卵穗苔草（*Carex duriuscula* C. A. Mey.）和异穗苔草（*Carex heterostachya* Bge.）。

1. 卵穗苔草

拉丁名：*Carex duriuscula* C. A. Mey；别名：寸草

分布于前苏联、蒙古国部分地区，我国华北、东北有天然分布，是一种较为优良的草坪草。

（1）形态特征　多年生草本。根状茎细长。秆三棱形，疏丛生，高 5～15cm，纤细，平滑，基部具灰黑色纤维状叶鞘。叶短于秆，宽 2～3mm，内卷成针状。穗状花序，卵形或宽卵形，长 7～12mm，褐色；小穗 3～6 个，雄雌顺序。小坚果，宽卵形，长约 2mm。花果期 5～7 月。

（2）生态习性　适于寒冷潮湿区、寒冷半干旱区及过渡地带，对土壤肥力的要求较低，适宜的土壤 pH 值为 6.0～7.5，耐旱、耐寒，耐阴性极佳。返青较早，耐践踏性差。

（3）栽培与管理措施　利用种子直播建坪，播种量为 1.5～2.0g/m^2。或分枝种植，营养繁殖比例 1∶4。在生产中通常用匍匐茎分枝繁殖和建坪。管理较为粗放，N 肥需要量每个生长月 0.94～2.92g/m^2，修剪高度 2.5～5cm。对病虫害的抵御力很强。

(4) 使用特点　在北方干旱地区是良好的细叶型观赏草坪，也是干旱坡地理想的护坡植物。用作公园、风景区、庭院以及高速公路、铁路两旁。

2. 异穗苔草

拉丁名：*C. heterostachya* Bge.；英文名：heterostachys Sedge；别名：大羊胡子草、黑穗莎草

分布于我国东北、华北、山东、河南、陕西、甘肃等地。

(1) 形态特征　多年生草本，具细长根状茎。秆纤细，三棱形，疏丛生，高15～30cm，基部具棕色叶鞘。基生叶线形，长5～30cm，宽2～3mm，边缘常外卷，具细锯齿。穗状花序，小穗3～4个；顶生小穗雄性，侧生小穗雌性。小坚果倒卵形，长2.5～3mm。

(2) 生态习性　喜冷凉气候，耐旱，又极耐寒。一般土壤均能生长，极抗盐碱，能在含盐量1.36%、pH值为7.5的土壤中正常生长。耐阴性极强，是树荫下常用绿化植物。

(3) 栽培与管理措施　种子直播建坪，播种量15～20g/m^2。或分枝繁殖，营养繁殖比例1∶4。但多用营养体穴植或条植。异穗苔草的匍匐茎生长较慢，因此没有卵穗苔草成坪快。异穗苔草形成的坪面较美观，但要维持这种整齐美观的坪面必须经常修剪，适宜的修剪高度为2.5～5.5cm。N肥需要量每个生长月0.94～2.92g/m^2。

(4) 使用特点　耐阴不耐践踏，故宜用于园林建造封闭式观赏草坪。此草的防尘作用较强，因此是工厂、矿山及城市中极好的防尘植物。在我国北方，尤其是华北地区有广泛的应用。

二、暖季型草坪草种

暖季型草坪草最适生长温度为26～32℃，主要分布在热带、亚热带和暖温带气候区。在中国主要分布于长江以南地区，在黄河流域冬季不出现极端低温的地区，也种植有暖季型草坪草的个别种，如狗牙根、结缕草等。

与冷季型草坪草相比，暖季型草坪草生长低矮、耐低修剪、耐热、耐践踏，但抗寒能力较差，在低温条件下容易枯黄失色。由于种子获得困难，暖

季型草坪草主要用营养体建坪。此外，暖季型草坪草具有较强的竞争力和侵占力，草坪一旦封坪，其他草种很难侵入，所以，暖季型草坪草多单播，混播草坪很少。

以下就常见暖季型草坪草作介绍。其中，除马蹄金外都为禾本科植物。

（一）结缕草属

拉丁名：*Zoysia* Willd.；英文名：Zoysiagrass

本属约10个种，分布于非洲、亚洲和大洋洲的热带和亚热带地区及温暖潮湿的过渡地带。我国有5个种。用作草坪草的有：结缕草（*Zoysia japonica* Steud.）、沟叶结缕草（*Z. matrellia*（L.）Merr）、细叶结缕草（*Z. tenuifolia* Willd ex Trin.）、中华结缕草（*Z. sinica* Hance）和大穗结缕草（*Z. macrostachya* Franchet）。目前我国主要应用前3种。

1. 结缕草

拉丁名：*Zoysia japonica* Steud.；英文名：Japanese lawngrass

别名：日本结缕草、锥子草、老虎皮草、崂山草、返地青

主要分布在中国、日本和朝鲜等温暖地带。我国东北、山东、华中、华东与华南的广大地区有分布，其中以胶东半岛、辽宁半岛分布较多。结缕草常被作为暖季型草坪草，但由于其相对较强的抗寒性，有时把它看作过渡型草坪草。

（1）形态特征　多年生草本，具发达的根状茎和匍匐枝。秆高15～20cm，基部常宿存枯萎的叶鞘。叶片扁平或稍内卷，长3～5cm，宽2～5mm。总状花序呈穗状；小穗卵圆形，长2.5～3.5mm，宽1～1.5mm，淡黄绿色或紫褐色；小穗柄通常弯曲，长可达5mm；第一颖退化，第二颖质硬，顶端钝或渐尖，于近顶端处由背部中脉延伸成小刺芒；外稃膜质。颖果卵形，长1.5～2mm。花果期4～8月。

（2）生态习性　广泛用于温暖潮湿、温暖半干旱和过渡地带。结缕草适应性和生长势强，比其他暖季型草坪草耐寒，低温保绿性比大多数暖季型草坪草强，结缕草草坪的冬季休眠可以通过应用草坪草着色剂或交播冷季型草坪草来改善。结缕草的抗旱性和抗热性极好，耐阴性较强。适应的土壤范围很广，耐盐，但最适于生长在排水好、较

细、肥沃、pH 值为 6 ~ 7 的土壤上，不适应排水不良、水渍的土壤条件。

(3) 栽培与管理措施　可通过短枝、草皮建坪。结缕草所生产的种子数目不多，且硬实率高，播前需采用湿沙层积催芽法或使用 0.5% 的氢氧化钠药物对种子进行处理，播种量为 20 ~ 25g/m²。由于植株生长缓慢，故结缕草建坪速度很慢。

结缕草需要中等栽培水平和管护水平。修剪高度一般为 1.3 ~ 5.0cm。由于低矮、匍匐的生长习性，故耐低刈，0.8cm 的频繁修剪有利于阻止芜枝层的积累和草丛不规则表面的生成。由于叶片坚硬，故修剪困难。N 肥需要量每个生长月 1 ~ 2.5g/m²。结缕草与大多数常见草坪草相比不易染病。

(4) 使用特点　在适宜的土壤和气候条件下，结缕草形成致密、结实、整齐的优质草坪。抗杂草能力强。结缕草有强大的根茎，粗糙、坚硬的叶子，故耐磨、耐践踏，常用于公园休息草坪及操场、运动场等使用强度大的地方。由于结缕草具有极好的弹性和管理粗放的特点，在我国大部分地区是一种极佳的运动场草坪草种。也用于公路、铁路、堤岸固土护坡草坪。

(5) 品种及其特性　结缕草品种及其特性见表 5 - 17。

表 5 - 17　结缕草品种及其特性

品种名称	叶颜色和质地	抗逆性	抗病性	品种特点
绿宝石 Emerald	中等深绿色，质地细	不耐寒，耐阴性一般	易染钱斑病	草坪密度高，生长低矮，成坪速度慢
米得威斯特 Midwest	深绿色，质地粗	耐寒性强，低温保绿性和春季返青好	抗病性强	中低密度，生长稀疏，匍匐茎节间长，成坪速度快
梅耶 Meyer	中等深绿色，质地中等	耐寒，较耐践踏和抗旱，春季返青和耐阴性中等	易染钱斑病和线虫病	草坪密度中等，叶不很坚硬，生长较旺盛
SR9150	深绿，质地细	抗旱性强	抗病性突出	萌发快，苗期生长旺盛，成坪速度快。绿期长，养护投入低

2. 细叶结缕草

拉丁名：*Zoysia tenuifolia* Willd. ex Thiele；英文名：Mascarenegrass；别

名：天鹅绒草、台湾草、朝鲜芝草

主要分布于日本、朝鲜南部、中国南方地区和台湾省，现欧美各国已普遍引种。在结缕草属中是质地最细，密度最大，生长最缓慢的一种。细叶结缕草是铺建草坪的优良禾草，因其草质柔软，是我国南方建植较广的细叶型草坪草种之一。

（1）形态特征 多年生草本，具细而密的根状茎和节间极短的匍匐茎。秆纤细，高 5～10cm。叶片丝状内折，长 2～6cm，宽 0.5～1mm。总状花序；小穗穗状排列，狭披针形，长约 3mm，宽约 0.6mm，每小穗含一朵小花；第一颖退化，第二颖革质；外稃与第二颖近等长，内稃退化。颖果与稃体分离。花果期 5～10 月。

（2）生态习性 喜温暖湿润气候，耐高温，具较强的抗旱性，但耐寒性和耐阴性较差，不及结缕草。对土壤要求不严，以肥沃、pH 值为 6～7.8 的土壤最为适宜。

（3）栽培与管理措施 细叶结缕草多行营养体建坪，方法是将取自草皮切断的匍匐茎，置于疏松的坪床上，保持一定湿度，约 7d 即能生根出芽，达到建植草坪的目的。此外也可行种子直播建坪，但由于该种子采收不易，故一般不采取此法。该草较为低矮，剪草次数可大大减少，但必须修剪，若不修剪，将产生球状坪面，降低草坪品质，影响美观和使用。修剪高度以不超过 6cm 为宜。N 肥每个生长月施用量 1～3g/m^2。该草易感锈病。

（4）使用特点 细叶结缕草形成的草坪低矮平整，杂草少，茎叶纤细美观，又具一定的弹性，加上侵占力极强，易形成草坪，故常栽种于花坛内作封闭式花坛草坪或用作草坪造型供人观赏。又因其耐践踏性强，故也用于学校、公园、宾馆、工厂的专用绿地，作开放型草坪。细叶结缕草除用来建专用草坪外，也常植于堤坡、水池边、假山石缝等处，用于绿化、固土护坡，防止水土流失。

（5）品种及其特性 阿德雷德（Emerld）繁殖力更强，早春萌发早，草坪色泽漂亮。

3. 沟叶结缕草

拉丁名：*Zoysia matrella*（L.）Merr.；英文名：Manilagrass；别名：马尼拉草

广泛分布于亚洲和澳洲的热带和亚热带地区，我国广东、广西、福建、海南及台湾省也有分布。它的叶片质地、植株密度、耐寒性和低温下的保绿性介于结缕草和细叶结缕草之间，也是一种优良的草坪草种。

(1) 形态特征　多年生草本，具横走根茎和匍匐茎。秆细弱，直立，高12~20cm，基部节间短。叶片质硬，扁平或内卷，长3~4cm，宽1~2mm，顶端尖锐，上面具纵沟。总状花序线形，长2~3cm，宽约2mm；小穗小穗卵状披针形，长2~3mm，宽约1mm，黄褐色或略带紫褐色；第一颖退化，第二颖革质；外稃膜质。颖果长卵形，棕褐色，长约1.5mm。花果期7~10月。

(2) 生态习性　喜温暖湿润气候，生长势和扩展性强，耐寒性稍弱于结缕草，耐践踏、耐寒、耐旱、耐贫瘠土壤，抗锈病等均强于细叶结缕草。

(3) 栽培与管理措施　沟叶结缕草主要采用根茎或匍匐茎建坪。形成的草坪低矮平整，杂草少，具观赏性；修剪少，养护费用较少；又具一定弹性，加上侵占力极强，易形成草坪，是热带、亚热带等地区使用价值高的草坪草种。修剪高度1.5~3.5cm，N肥每个生长月施用量1~3g/m^2。

(4) 使用特点　常用于观赏草坪和运动场草坪。有时也植于路边、堤坡等处，用于绿化、固土护坡，防止水土流失。

我国辽宁半岛和胶东半岛一带每年大量采集野生结缕草种子，经处理后发芽率达80%以上，具有较好的适应性和使用特点。每年还出口至美国、日本、韩国等地。结缕草是我国一个非常重要的草坪草资源，应尽快加强研究、保护、开发和利用。

(二) 狗牙根属

拉丁名：*Cynodon* Rich.；英文名：Bermudagrasses

本属约10个种，分布于欧洲、亚洲的亚热带及热带。我国产两种，分布于华南、华中、西南、西北和华北南部。常用作草坪草的为狗牙根［*Cynodon dactylon*（L.）Pers.］。

狗牙根

拉丁名：*Cynodon dactylon*（L.）Pers.；英文名：Common Bermudagrass；

别名：拌根草、百慕大草、普通狗牙根、爬根草

狗牙根是最重要的，也是分布最广的暖季型草坪草之一，广布南、北温带地区。我国黄河以南广大区域均有分布，在吉林、甘肃、新疆、西藏等地也有生长。

1. 形态特征

多年生低矮草木，具短根茎和发达的匍匐茎。秆细而坚韧，直立部分高10cm。叶片线形，长1～6cm，宽1～3mm。穗状花序，3～6枚呈指状簇生于秆顶端；小穗灰绿色或带紫色，长2～2.5mm，仅含1小花。颖果长圆柱形。花果期4～10月。

2. 生态习性

狗牙根适生于世界各温暖潮湿和温暖半干旱地区，抗旱、耐热能力强，但不抗寒也不耐阴。能适应的土壤范围广，但是在土壤肥沃、排水良好的地方生长最好，适宜的土壤pH值为5.5～7.5。耐盐碱性强。狗牙根恢复能力强，但易形成厚的枯草层。

3. 栽培与管理措施

多采用小枝、草皮来建坪。也可用种子直播建坪，播种量为10g/m^2，可单播或与苇状羊茅混播。狗牙根需要中等到较高的栽培水平和管护水平，由于匍匐生长，故耐低修剪，修剪高度一般为1.3～3.8cm，为保持草坪的优质，避免芜枝层的积累，需频繁的修剪。N肥需要量为每个生长月2.43～7.30g/m^2。狗牙根因低温休眠而褪色，可喷洒草坪着色剂来缓和，或交播冷季型草坪草来弥补。狗牙根常见的病有蠕虫病、褐斑病、钱斑病、锈病等。

4. 使用特点

狗牙根是暖季型草坪草中建坪最快的草坪草种之一，可以形成致密、整齐的优质草坪，用于温暖湿润和温暖半干旱地区的公园、公共场所、庭院等草坪。狗牙根极耐践踏，再生力极强，所以很适宜建植运动场草坪。

5. 品种及其特性

狗牙根常用引进品种及其特性见表5－18。

表 5－18　狗牙根引进品种及其特性

品种名称	叶颜色和质地	抗逆性	抗病性	品种特点
天堂草 Tilflawn	中等深绿色，中细质地	极抗旱和耐践踏，低温保绿性一般	易染螨虫菌病，较抗线虫	植株密度中等，低矮，生长和建坪速度快，再生能力强
普通（脱壳）Common（hulled）	中等绿色，中粗质地	耐寒性差，耐热性好，极耐践踏	抗病性强	中等密度，覆盖能力强，绿期较短
普通（未脱壳）Common	中等绿色，中粗质地	耐践踏，低温保绿性差，耐阴性极差	易染狗牙根螨虫病和钱斑病	中等密度，耐低养护管理水平
日盛 2 号 SunDevil Ⅱ	中等绿色，中粗质地	耐寒性强	抗病性强	抗旱能力强，耐低养护管理
杰克宝 Jackpot	色泽靓丽，质地细腻	耐阴、耐践踏性强	抗镰刀菌枯萎病	高密度，耐低养护管理和低修剪
金字塔 Pyramid	叶色深，质地细腻	抗逆性强	抗病虫能力好	能形成非常稠密的草坪，用于高尔夫球场发球台、球道和障碍区
百慕大 Barmuda	叶色深，质地细腻	抗热性极强，同时具有良好的抗寒性	综合抗病性强	低矮，耐低修剪，适应性强，广泛用于各种运动场
矮天堂 Tifdwarf	深绿色，质地细致	低温保绿性差，极耐寒	易受蚜蠕的伤害	植株低矮，生长缓慢耐低刈，用于果岭需中等栽培条件

（三）地毯草属

拉丁名：*Axonopus* Beauv.；英文名：Carpetgrass

本属约 40 种，分布于热带美洲。我国广东、广西、云南、贵州、台湾等地有种植。常用于草坪的有 2 个种：地毯草［*Axonopus compressus*（Swarty）Beauv.］、近缘地毯草（*A. affinis* Chase）。属较粗糙质地的草坪草，适宜低肥力土壤和稍粗放管理条件。

1. 地毯草

拉丁名：*Axonopus compressus*（Sw.）Beauv.；英文名：Tropical Carpetgrass；别名：热带地毯草、大叶油草

原产热带美洲，世界各热带、亚热带地区有引种栽培。我国广东、广西、云南、台湾有种植。坪用性状一般。

（1）形态特征 多年生草本，具长的匍匐茎。秆扁平，高15～20cm，节上密生灰白色柔毛。叶片扁平，质地柔薄，长5～10cm，宽8～12mm。总状花序2～5枚，长4～8cm，呈指状排列；小穗长圆状披针形，单生，第一颖缺。颖果长卵圆形。花果期7～10月。

（2）生态习性 地毯草适生于热带、亚热带地区。耐高温、湿润气候，耐寒性和抗旱性较差，稍耐阴，再生能力强，耐践踏。适宜在潮湿、酸性、低肥沙壤上生长。

（3）栽培与管理措施 地毯草通过种子或匍匐茎繁殖建植草坪，播种量10～15g/m^2，建坪速度中等。由于种子建坪容易，且花费少，较倾向于用种子直播建坪。地毯草耐低水平管理，草坪的修剪高度为2.5～5.0cm。由于垂直生长慢，故修剪频率比狗牙根和结缕草低。N肥需要量为每个生长月1～2g/m^2，应避免使用过多的肥力。芜枝层较少。

（4）使用特点 该种的匍匐茎蔓延迅速，植株平铺地面成毯状，形成的草坪粗糙、稠密、低矮，用于公园、庭园草坪和运动场草坪。由于它能耐酸性土壤及较贫瘠的土壤环境，常用作护坡固堤草坪及水土保持绿化地被。

2. 近缘地毯草

拉丁名：*A. affinis* Chase；英名：Common Carpetgrass；别名：长穗地毯草、普通地毯草、类地毯草

原产热带美洲中部和西印度群岛。我国20世纪80年代开始大面积引种作草坪。

（1）形态特征 多年生草本，具匍匐茎。秆扁平，高15～20cm。叶片条形，长10～20cm，宽3～5mm。总状花序2～4枚呈指状排列；小穗卵状披针形，第一颖缺。颖果椭圆状长圆形。花果期7～10月。

（2）生态习性 近缘地毯草耐高温、湿润气候，较耐阴，再生能力强，耐寒性强于地毯草。适宜在湿润、酸性的沙壤上生长，耐土壤贫瘠。

（3）栽培与管理措施 种子直播建坪，播种量为15～20g/m^2。草坪的修剪高度为2.5～5.0cm。N肥需要量为每生长月1～2g/m^2。

（4）使用特点 由于种子发芽迅速，建植快，主要用于固土护坡草坪，尤其用于陡坡。

（5）品种及其特性 CP1（Agricote）产自澳大利亚，极度抗热，耐践

踏，适用于热带地区。

（四）雀稗属

拉丁名：*Paspalum* L.；英文名：Paspalum

本属约300个种，分布于热带、亚热带地区，美洲最丰富。我国有7个种。作草坪使用的主要为巴哈雀稗（*Paspalum notatum* Flugge），属较粗糙质地草种，可在环境条件较差的地方建植草坪。

巴哈雀稗

拉丁名：*Paspalum notatum* Flugge；英文名：Bahiagrass；别名：百喜草、金冕草

原产南美洲东部的亚热带地区，我国甘肃、河北、广东、上海、重庆、云南等地引种用作水土保持草坪。巴哈雀稗是低养护强度下的优良暖季型草坪草。

1. 形态特征

多年生草本，根深而发达。具粗壮、木质、多节的根状茎。秆密丛生，高15～80cm。叶片扁平或对折，长20～30cm，宽3～8mm，叶缘有茸毛。总状花序长约15cm，2枚对生；小穗卵形，第二颖稍长于第一颖，顶端尖；第一外稃具3脉，第二外稃绿白色，顶端尖。颖果卵形。花果期6～10月。

2. 生态习性

适合在温暖湿润的地区生长。不耐寒，低温保绿性比钝叶草、假俭草和地毯草略好。耐高温，抗旱力和抗病虫害能力强，具有良好的耐阴性。它适应的土壤范围很广，从干旱沙壤到排水差的细壤，尤其适于海滨地区的干旱、粗质、贫瘠的沙地。耐盐碱，但耐淹性不好。耐践踏能力强。

3. 栽培与管理措施

巴哈雀稗盛产种子，主要通过种子直播建坪，播种量为20～30g/m^2。种子发芽率低，可用酸或热处理来提高发芽率，种子发芽后成坪速度快。一般在晚夏至仲秋和早春至仲春播种，播后5～10d可出苗。巴哈雀稗仅需低强度的管护水平，适宜修剪高度4～10cm，N肥需要量为每个生长月0.5～2g/m^2，秋季的N肥尤其重要。很少有芜枝层问题。病虫害问题

较少。

4. 使用特点

草质粗糙，叶片坚硬、较宽，形成的草坪稀疏、密度低，适用于机场、路旁、坡堤和类似的粗放管理、土壤贫瘠地区的草坪，也用于一般运动场草坪和庭院绿化草坪。

5. 品种及其特性

巴哈雀稗品种及其特性见表5－19。

表5－19　巴哈雀稗品种及其特性

品种名称	叶颜色和质地	抗逆性	抗病性	品种特点
太阳花 Sun fire	质地粗糙	抗旱、耐热、耐贫瘠	较抗钱斑病	耐低养护管理水平，用于道路护坡、绿地草坪建植
排骨 Riba	色泽深绿，叶片精细	侵占性强，耐阴，耐贫瘠	抗钱斑病	矮生型，土壤适应范围广，在低修剪时表现好

(五) 画眉草属

拉丁名：*Eragrostis* Beauv.；英文名：Lovegrass

本属100余种，分布于全世界的热带和温带地区。我国约19个种，仅极少数种能作草坪草。

弯叶画眉草

拉丁名：*Eragrostis curvula*（Shrad.）Nees；英文名：Weeping lovegrass

弯叶画眉草原产非洲，我国近年有引种，一般作为草坪草或水土保持植被，适于我国南亚热带或热带地区生长。

1. 形态特征

多年生草本。秆密丛生，高10～120cm，下部可分枝。叶片细长、粗糙、内卷，长达40cm。圆锥花序开展，分枝单生或基部近于轮生。花果期4～9月。

2. 生态习性

主要分布于热带及亚热带地区，耐热性、抗旱性都较强，具有很强的再生能力，因此较耐践踏。适应的土壤pH值5.0～7.0，抗盐碱能力一般。对土壤肥力要求较低，适合于各种贫瘠土壤。较耐水淹。

3. 栽培与管理措施

一般为种子繁殖，播种量 10～30g/m²。管理较粗放，雨季后生长迅速应适当增加修剪次数，以控制草坪高度。适合偏酸土壤，在肥力过高及 pH 值过高的土壤易死亡。N 肥需要量为每个生长月 0.1～1.94g/m²。抗病能力很强，但有时易染褐斑病及线虫病。

4. 使用特点

它可与狗牙根、巴哈雀稗等混播作护坡草坪或高速公路草坪，或作水土保持植被用于水土流失严重的地方，也可用于管理粗放的一般草坪。

5. 品种及其特性

弯叶画眉草常用品种及其特性见表 5－20。

表 5－20　弯叶画眉草常用品种及其特性

品种名称	叶颜色和质地	抗逆性	抗病性	品种特点
骄阳 Sunburst	叶片纤细下垂	耐热、抗旱、耐瘠薄	易染褐斑病及线虫病	早期生长旺盛，可在较短时间内迅速形成草被覆盖

（六）假俭草属

拉丁名：*Eremochloa* Buese；英文名：Centipedegrass；别名：蜈蚣草属

本属约 10 种，多产于亚洲热带和亚热带。我国有 3 种：假俭草（*Eremochloa ophiuroide*（Munro）Hack.）、马陆草（*E. zeylanic* Hack）和蜈蚣草（*E. ciliari*（Linn.）Merr.）。常用于草坪的只有假俭草。

假俭草

拉丁名：*Eremochloa ophiuroides*（Munro.）Hack.；英文名：Centipedegrass；别名：蜈蚣草

假俭草主要分布于我国的长江流域以南，其中江苏、浙江、四川等地有大面积分布，被称为中国草坪草，现已被世界各地广泛引种。假俭草是暖季型草坪草，它不如狗牙根、结缕草和钝叶草建植广泛。

1. 形态特征

多年生草本，具有发达的匍匐茎。秆向上斜生，高5～15cm。叶鞘扁平多密集生于匍匐茎和秆基部；叶片扁平，长3～9cm，宽3～5mm。总状花序一枚顶生，无柄小穗互相覆盖，生于穗轴一侧。颖果圆形。花果期6～10月。

2. 生态习性

适于温暖潮湿气候的地区。耐热性强，有一定的耐阴性，抗旱性、耐寒性差。较耐践踏，但弱于狗牙根和结缕草。适应的土壤范围相对较广，耐酸性土壤，在pH值4.0土壤也能生存，但其耐盐碱性差。

3. 栽培与管理措施

可通过营养繁殖或种子建植草坪。种子建坪的播种量为15～20g/m^2，由于种子建坪速度慢，所以靠小枝、草皮的营养繁殖更为常用。假俭草需要低强度的管理，修剪高度为2.5～5.0cm，植株低矮，垂直生长缓慢，故其修剪的频率比大多数暖季型草坪草少，可节约大量草坪养护费用，但也应保证一定修剪次数，因为假俭草很易结芜枝层。假俭草能在肥力较低的酸性土壤上生长，N肥需要量为每个生长月0.1～1.94g/m^2。假俭草缺铁症明显，常为黄色，尤其施过N肥后更明显，应施用铁肥。假俭草较耐病虫害。但在一定条件下，褐斑病、钱斑病和线虫可以引起很大的伤害。

4. 使用特点

假俭草为中国南方的优良草坪草。草质较粗糙，早春返青较慢，夏秋生长旺盛，与杂草竞争力强，铺覆地面效果好。适于用作庭园草坪和其他类似的践踏少、管理水平较低的草坪。在最少管理的情况下，可收到令人满意的质量。与结缕草混播可用于运动场草坪，也可用作堤岸水土保持工程草坪。

5. 品种及其特性

俄克发（Oklawn）其耐干旱性和耐寒性较强。金发（Common）免修剪，耐瘠薄土壤。近年商品化的品种还有田纳西州草（Tennessee Hardy）、佐治亚草（Georgia common）等。

（七）野牛草属

拉丁名：Buchloe Engelm.；英文名：Buffalograsses

野牛草属原产美洲，本属仅有1种即野牛草。野牛草最初用于放牧地，是草食动物的一种主要牧草，现在人们已逐渐把它用作风景秀丽而又不需过分维护的草坪。

野牛草

拉丁名：Buchloe dactyloides（Nutt.）Engelm.；英文名：Buffalograsses；别名：水牛草

野牛草生长于北美大平原半干旱、半潮湿地区；我国有引种。

1. 形态特征

多年生草本，具匍匐茎。植株纤细，高5~25cm。叶片线形，灰绿色，粗糙，长10~20cm，宽1~2mm，两面疏生白柔毛。雌雄同株或异株，雄花序有2~3枚总状排列的穗状花序，每小穗具2朵小花；雌小穗具1朵小花，3~5枚小穗簇生成头状，第一颖位于花序内侧，质薄，具小尖头，第二颖位于花序外侧，硬革质，先端有3个绿色裂片；外稃卵状披针形，具3脉，具3个绿色裂片，中间裂片特大；内稃约与外稃等长，下部宽广而上部卷折，具2脉。

2. 生态习性

野牛草适于生长在过渡地带、温暖半干旱和温暖半湿润地区。极耐热，与大多数暖季型草坪草相比较耐寒，春季返青和低温保绿性较好。野牛草的强抗旱性是它最突出的特征之一，在极端干旱时休眠。野牛草适宜的土壤范围较广，但最适宜的土壤为细壤。它耐盐碱，耐水淹，但不耐阴。

3. 栽培与管理措施

通过营养体或种子直播建坪，播种量20~30g/m^2。由于种子缺乏和昂贵，故常以营养体建坪为主要方式。建坪速度中等，但浇水可提高速度。野牛草种子硬实率较高，常通过冷冻和去壳来提高发芽率。修剪高度为2.5~5.0cm。由于垂直生长慢，故修剪间隔略长。野牛草需肥和需水量都较小，N肥需要量为每个生长月0.5~2g/m^2。很少结芜枝层。

4. 使用特点

野牛草最适合用于温暖和过渡地区的半干旱、半潮湿地带的公园、路旁、运动场草坪建植，是管理最为粗放的一种草坪草，非常适宜作固土护坡材料。

5. 品种及其特性

野牛草常用品种及其特性见表5-21。

表 5-21　野牛草常用品种及其特性

品种名称	叶颜色和质地	抗逆性	抗病性	品种特点
塔克拉玛 Tatanka	叶片中绿	极耐热、抗旱	抗病能力强	草坪致密，春季返青早
代码 Cody	灰绿色，中粗质地	耐热、抗旱	抗病能力强	垂直生长慢

(八) 钝叶草属

拉丁名：*Stenotaphrum* Trin.；英文名：Augustinegrass

本属约有8种。分布于太平洋各岛屿以及美洲和非洲。我国有两个种，产于广东、海南、云南等地。常用作草坪的草种有钝叶草（*Stenotaphrum secundatum*（Walt）Kuntze.）。

钝叶草

拉丁名：*Stentaphrum secundatum*（Walt）Kuntze.；英名：Augustinegrass

钝叶草原产印度，是一种使用较广泛的暖季型草坪草，近几年来在我国南方已有引种。

1. 形态特征

多年生草本，具匍匐茎。秆扁平，高10～40cm。叶片长5～17cm，宽4～10mm，顶端微钝，具短尖头，基部截平或近圆形，两面无毛。叶片和叶鞘相交处有一个明显的缢痕及扭转角度。花序主轴扁平呈叶状，具翼，长10～15cm，宽3～5mm，穗状花序嵌生于主轴一侧的凹穴内。穗轴三棱形，小穗互生。

2. 生态习性

钝叶草适于温暖潮湿、气候较热的地方生长，它是常用的暖季型草坪草中最不抗旱的草种。它在低温下褪色，变成棕黄色，休眠以度过整个冬天。在气候较热的地方，它可以全年保持绿色。钝叶草耐阴性好。适应的土壤范围很广，最适于在排水良好、沙质微酸性，有机质含量高的土壤上生长。

3. 栽培与管理措施

可用营养体建坪或种子直播，因为它产生的种子量少且活力低，主要以营养体建坪为主。钝叶草有很强的蔓生能力，建坪较快。耐践踏性不如狗牙根和结缕草，但再生性很好。钝叶草需要中等到中等偏下的养护水平。修剪高度为3.8～6.5cm。在沙壤和干旱气候下需要施肥和浇灌，N肥需要量为每个生长月2.5～5.0g/m²。钝叶草常缺铁，使叶子失绿变成黄色，可通过施用硫酸铁来调整。钝叶草易染褐斑病、钱斑病等。

4. 使用特点

钝叶草主要用于温暖潮湿地区的庭园草坪和要求不高的草坪，可广泛用于遮阴地。钝叶草还是用于商品草皮生产的最主要的暖季型草坪草之一，但不常用于运动场草坪。

5. 常用品种及其特性

钝叶草常用品种及其特性见表5－22。

表5－22　钝叶草常用品种及其特性

品种名称	叶颜色和质地	抗逆性	抗病性	品种特点
弗罗里丁 Floratine	蓝绿色，细叶	不耐寒、不耐旱	抗SAD病毒	植株矮小，低温保绿性好，耐低修剪，用于庭园草坪
佛罗里达 Florida	中等绿色，中粗质地	不耐践踏	易染SAD病毒	冬季保绿性较差

（九）马蹄金属

拉丁名：*Dichondra* Forst.

马蹄金属隶属旋花科，约8个种，主要产于美洲。我国只产马蹄金1个种。马蹄金是一种较好的观赏性草坪草。

马蹄金

拉丁名：*Dichondra repens* Forst.；英文名：Creeping Dichondra；别名：马蹄草、金钱草、九连环、黄胆草等。

马蹄金在我国长江以南各省区均有分布。是除禾本科、豆科、莎草科以外用得较多的草坪草种之一。

1. 植物学特征

多年生小草本。茎纤细，匍匐地面，节上生不定根。单叶互生，叶片马蹄状圆肾形，长4～11mm，宽4～25mm，基部宽心形，边缘圆；叶柄细长，为1～5cm。花小，通常单生于叶腋，花冠宽浅钟状，淡黄色。蒴果近球形。种子小，直径1.5mm，略呈扁球形，黄色至黄褐色，干燥后呈紫黑色。花期5～8月，果期9月。

2. 生态习性

马蹄金主要适于温暖潮湿气候带的较温暖地区。耐热和高湿，不耐寒，但耐阴、抗旱性一般，适于细质、偏酸、潮湿、肥力低的土壤，不耐紧实潮湿的土壤，不耐碱；具有匍匐茎可形成致密的草皮，有侵占性，耐践踏能力强。

3. 栽培与管理措施

可用种子建坪或营养体建坪，播种量为5～8g/m^2。马蹄金需要中等偏高的养护管理。在其适应范围和合理养护条件下，可形成致密整齐的草坪。修剪高度为1.3～2.5cm。N肥需要量为每个生长月2.5～5g/m^2，仲夏用量少些。马蹄金在有足够灌溉条件下生长很好。在某些低修剪的草坪上，易感叶斑病。在潮湿气候下，可能引起的虫害有跳甲、蠕虫、线虫和刺蛾。

4. 使用特点

可用于管理粗放的低质量草坪及公园的观赏草坪。

5. 品种及其特性

马蹄金品种及其特性见表5－23。

表5－23　马蹄金品种及其特性

品种名称	叶颜色	抗逆性	抗病性	品种特点
普通 Dichondra	深绿色	耐热、耐阴	易感叶斑病	低矮

现代生物技术的发展为草坪草育种工作奠定了良好的技术基础，在育种家的精心培育下，不断推出草坪草新品种。上述所列出的品种有些在国内已被使用，有些在国内虽然少见或没有，但在国外却使用的较多。

第六章　草坪草种子生产

种子生产就是采用最新技术繁育优良品种和杂交亲本的原种，保持和提高它们的种性；按照良种生产技术规程，迅速地生产市场需要的、质量合格的、生产上作为播种材料大量使用的种子、营养体播种材料。

在市场经济十分活跃的今天，种子生产行业面临的任务是相当艰巨的。它既要预测市场的需求量，生产出种类齐全、数量充足、质量上乘的优质种子，满足草坪建植的需要。又要防止生产过剩压库或市场营销失败压库。由于经济效益在自发拉动着种植业结构的调整，耕作制度的变化，必然影响种子生产的草坪草类别和品种种类，影响计划生产量。而在这个过程中，市场是敏感的，种子生产一般是滞后的。市场经济条件下的种子生产和经销企业需要用现代企业的管理方式进行生产管理。

一、种子生产地区的选择

种子生产对生产地区的要求与草坪建植截然不同，适合于草坪建植的地区并不完全适于种子生产。许多种子生产单位，因不了解种子对生产地区的特殊要求，往往造成巨大的经济损失。决定一个草坪草种或品种是否适于在某一地区生产种子，必须首先考虑气候条件，其次要考虑土地条件。

（一）种子生产对气候的要求

在种子生产过程中，气候条件是决定种子生产成败的首要条件，只有在最佳气候区进行种子生产，才能最大限度地提高种子产量和质量。种子生产对气候的要求为：适宜的生长温度，适宜开花的日照长度，开花成熟期具有稳定、晴朗的天气。生产冷季型草坪草，可在7月少雨，8～9月多雨的北方选地较好。而生产暖季型草坪草，应选择冬季可以延长生长的南方。

（二）种子生产对土地的要求

适宜的土壤类型、良好的土壤结构、适中的土壤肥力对获得优质高产的种子是非常必要的。用作生产种子的地段，要选择在开旷、通风、光照充足、土层深厚、排水良好、肥力适中、杂草较少地段。

二、种子生产基地

现代化的种子生产是商品化的生产，建立种子生产基地是保证专业化种子生产最重要的保证。现代种子生产基地要求规模化，才能生产出高质量、高产的种子。种子基地除自然条件较好外，应具备较好的农业生产条件和较高的农业生产水平。建立基地的地区应当是经济活跃、交通方便、信息来源和传递较快地区，同时具有较高水平的技术队伍。

三、田间管理

草坪草种类繁多，草种不同种子生产技术也不尽相同，这里以北方地区最常用的冷季型草坪草草地早熟禾为例，介绍其种子生产技术。

（一）苗床的准备

通过耕地、耙地、耱地、镇压，可以改善土壤的物理状况，调节土壤中水、肥、气、热等肥力因素，创造适合于种子萌发和根系发育的土壤条件，增加土壤的透水性、通气性，促进土壤微生物活动。苗床的准备为播种均匀及种子发芽出苗提供良好的土壤环境，而且还可避免杂草的侵染。多年生草坪草为了获得壮苗和提高繁殖系数，可设立育苗圃，为采种田培育壮苗。育苗圃的土壤和栽培条件要好，没有杂草，能保证种子出苗率并使苗期能健壮生长。

（二）播种

育苗圃的播种期可在当地化冻 15cm 即可播种，可适当的稀植以提高分蘖数。播种深度是种植成败的重要因素之一，土壤类型、土壤含水量等因素均对播种深度有影响，播种深度以 0.5～1cm 为宜。出苗后，人工拔除阔叶杂草和其他禾本科杂草。扎根后，可适当镇压促进分蘖。第二年 7 月下旬至 8 月份移栽到采种田内，为便于田间管理，可采用 30 cm 条栽平作。开沟后施入腐熟高质量的有机肥 $10t/hm^2$。要在移栽后立即灌水。缓苗后加强肥水管理，可施入化肥按 N：P：K＝50：20：20（kg/hm^2）。干旱地区要多次灌水，特别是必须灌好封冻水，防止母株冻干而死。要进行中耕除草，促进分蘖和生殖枝的形成，这样才能增加有效穗数和产量。

四、采种收获

翌年即播种后的第三年为采种始年，春季草地早熟禾返青后，应施入返青期肥，试验表明，此次施肥对提高种子产量十分重要，施肥的效益最好。应施入氮磷钾混合配方化肥，其比例和用量可 N：P：K＝60：40：40（kg/hm^2）。管理好的采种田植株健壮发达，其营养枝长度在 23～33cm，生殖枝 56～64cm；分蘖密度可达 1 800个/m^2，有效穗数可达到 1 000多个；穗长 9cm，小穗数 130 左右，小花数达 350 多，穗粒数可达 300 多，结实率在 86% 左右。一般在 6～7 月种子即可成熟收获，每公顷的产量可达 800kg。收获要及时，防止落粒损失。

（一）收获时间

确定种子的收获时间，需要考虑既能获得高产和品质优良的种子，又要减少因收获不当而造成的损失。因此，了解种子成熟过程中不同发育阶段的确定因素是非常重要的。

1. 种子含水量

研究表明，种子的含水量与种子的成熟度有着密切关系，随着种子的发育成熟，种子的含水量呈规律性降低，是确定种子收获时间的最可靠指标。

2. 种子胚乳的浓度

种子的成熟可以分为乳熟期、蜡熟期和完熟期。乳熟期的种子含水多，干燥后轻而不饱满，种子产量及发芽率都很低，绝大部分不具有种用价值。蜡熟期的种子呈蜡质状，种子很容易用指甲切断，至于完熟期的种子，已全部变干；种子的颜色已达正常状态。蜡熟期收获的种子，含水量稍高，千粒重及发芽率也稍低于完熟期的种子，但收获时种子的脱落损失较完熟期收获要少一些，一般用人工或简单机械收刈时，多在蜡熟期进行。

（二）收获方法

种子可以用康拜因联合收割机、割草机、人工收割进行收获。用康拜因收割，收获速度快，种子收获工作能在短期内完成，同时也可以省去普通方法收获时所必需的工作，如捆束、运输、晒干、脱粒等程序，不仅节省了劳力，而且种子损失也较少。

五、种子干燥

种子收获之后，含水量仍然较高，不利于保藏，而且种子含水量是影响贮藏种子质量和寿命的重要因素，种子安全贮藏的含水量一般要求不高于11%。因此，刚收获的种子必须立即进行干燥，使其含水量达到规定的标准，以达到减弱种子内部生理生化作用对营养物质的消耗，杀死或抑制有害微生物，加速种子的后熟，提高种子质量的目的。

种子的干燥方法有自然干燥和人工干燥两类。种子的自然干燥是利用日光暴晒、通风、摊晾等方法降低种子的含水量。用日光暴晒干燥时，晒场应选择四周空旷、通风而无高大建筑物的地方，晾晒场以水泥铺设的较好，中部应稍高于四周，并且在摊晒种子前应打扫干净，以保证种子的净度。种子在晒场上摊晒的厚度一般不宜超过4~5cm，而且以波浪形方式晾晒，一日之内要勤翻动，使种子均匀干燥。种子的人工干燥常用的干燥设备有火力滚动烘干机、烘干塔及蒸气干燥机。人工干燥时要注意干燥温度。

六、种子的清选

种子生产中所收获种子内混杂一些杂草种子、作物种子以及茎叶碎片、砂石、灰土、破损种子等，这些混杂物的存在使种子的质量受到影响，必须进行仔细的清选。种子的清选通常是利用种子的大小、外形、密度、表面结构等特性与混杂物物理特性的差异，通过专门的机械设备来完成。常用的种子清选方法是风筛清选、比重清选或二者的结合。风筛清选常用设备有气流筛选机，比重清选常用设备有比重清选机。

七、种子包装、贮藏和运输

（一）种子的包装

种子包装材料的选择与贮藏种子的数量、贮藏时间、贮藏温度、空气相对湿度、地理位置、运输工具、运输距离、种子检验等因素有关。大批量种子在从种植者运到加工厂时常贮藏在木制或钢制集装箱内，加工后用标准规格的麻袋、布袋或尼龙袋等来包装。

包装要避免散漏、受闷返潮、品种混杂和种子污染，并且要便于检查、搬运和装卸。种子袋内外都要有填写一致的种子标签，注明种子名称（中文名、学名）、质量级别、种子净重、生产单位、收获日期、经手人等项内容。填写标签要准确无误、字迹清晰、易于辨认。

（二）种子的贮藏

经干燥的种子可以入库进行贮藏。种子库要建在通风、干燥的地方，库房要用牢固、耐磨以及防潮、隔热的建筑材料，库房既要密闭，又要通风。在同一库房内堆放两个以上品种时，品种与品种之间要留出间隙。

种子贮藏期间要有专人管理，注意库房温度、湿度、种子含水量和种子发芽率的变化，出现任何不利于种子的情况要及时处理。

（三）种子的运输

种子的运输工具必须清洁、干燥、无毒害物，并有防风、防潮、防雨设备。大批量种子运输，应做到一车、一船或一机装运一个品种；少量多品种运输，要有明显的品种隔离标志，以防混杂错乱。

凡运输种子，应按每个批次（同品种、同等级）附有一份“种子品质检验单”和一份“种子检疫证”以及“发货明细表”，交承运部门或承运人员随种子同行，货到后交接收单位，作为验收种子的凭据。在运输期间如发生雨淋、受潮等事故，应随时取出，及时晾晒。

八、种子质量的分级标准

种子经干燥和清选后，根据种子的净度、发芽率、其他植物种子数和种子含水量分为不同的等级，一方面可以便于贮藏管理，另一方面也方便种子的贸易。净度是种子种用价值的主要依据，它不仅影响到种子的质量和播种量，而且是种子安全贮藏的主要因素之一；发芽率是衡量种子质量的主要指标，也是种子种用价值的主要因素；其他植物种子包括作物种子或杂草种子，其他植物种子存在容易造成机械及生物混杂，直接影响到产量和质量；种子含水量是种子安全贮藏的重要指标。

九、种子审定

种子审定是在种子扩繁生产过程中，保证植物种或品种基因纯度及坪用性状稳定、一致的一种制度或体系。它通过对种子生产收获、加工、检验、销售等各个重要环节的行政监督和技术检测检查，对种子生产和经营的全过程加以控制，从而保证优质草坪草种子的生产、销售和建植。

第七章　草坪建植技术

在草坪管理中遇到的许多问题常常与草坪建植过程中的失误或疏忽有关，如草坪中杂草、病害严重、排水不良、草坪退化等，有时是由场地准备或建坪步骤不当引起的。草坪建植包括场地准备、草种选择、草坪草的种子检验、种植和苗期养护5个阶段。

一、场地准备技术

建坪前，应对拟建立草坪的场地进行调查和测量，制定切实可行的实施方案。

建坪前坪床的准备工作包括地面清理、翻耕、平整、土壤改良、排灌系统的设置、施基肥等工作。

（一）地面清理

1. 树木清理

包括乔木、灌木以及树桩、树根。生长着的树木可以根据其美学价值和实用价值来决定是否移走。乔木和灌木可以增加草坪的美学价值，但只能起点缀的作用，数量太多，对草坪的生长和管护都不利。残存的树桩和树根要挖掉。一方面树桩、树根能萌发新枝或腐烂塌陷，而破坏草坪的一致性，另一方面裸露的树桩和树根可严重损坏剪草机。

2. 杂物清理

清理坪床表土以下35cm内的石块、瓦砾及建筑垃圾，若数量较多，可用网筛筛出。对不利于草坪草生长的白灰、水泥应彻底清除，回填植草层达30cm以上的耕作土。

3. 杂草清除和病虫害防治

经过清理的坪床，杂草根系和营养繁殖体大部分都已除去，但是杂草种子和部分营养繁殖体还埋在土内，在水分和温度适宜时，又会形成新的杂草植物体，对草坪形成危害。因此，必须在进行坪床准备时，对杂草及其根系进行彻底防除。防除方法有物理防除和化学防除。

(1) 物理防除　用手工或机械翻耕土壤的同时消除杂草。但一些具有地下根茎和块根的杂草很难一次除尽，可采用休闲的方法来防除杂草，即定期翻耕让植物的地下器官暴露在表层，使这些器官干燥脱水死亡。采用种子播种来建植草坪的地块，如果条件许可，休闲期应尽量延长；如果用草皮块铺植法建立草坪，则休闲期可相应缩短，因为在草皮块的覆盖下，可抑制一年生杂草的再生。

(2) 化学防除　是用熏蒸剂或用非选择性的内吸除草剂对坪床上的杂草及病虫害进行灭除的工作。若施工工期不紧的话，在该场地灌水可诱使杂草种子萌发，长至7~8cm高时，在对土壤翻耕前的7~10d施用非选择性、内吸型除草剂进行灭除。若工期较紧应采用土壤熏蒸法。土壤熏蒸法是进行土壤消毒的有效方法，该法是将高挥发性的农药（溴甲烷、三氯硝基甲烷等）施入土中，以杀伤和抑制杂草种子、杂草营养繁殖体及病虫害等。熏蒸前，要深翻土壤，以利熏蒸剂的气体在土壤中充分扩散。施药时土壤温度应在15℃以上，土壤应有一定的湿度，以保持熏蒸剂的活性。具体的操作方法是，在处理场地离地面30cm处支起塑料薄膜，用土密封覆膜边缘，将熏蒸剂放置在薄膜棚的蒸发皿中，使熏蒸剂充分蒸发，以达到熏杀的目的。待24~48h后撤出地膜，数天后再建植草坪。但是，土壤熏蒸法成本较高。

德国巴斯夫BASF公司生产的必速灭（Basamid）是一种广谱性土壤消毒剂，对土壤中的有害真菌、线虫、地下害虫、杂草根茎及块根等消毒非常彻底，且无残留，是一种理想的土壤熏蒸剂，能广泛用于草坪土壤处理(表7-1)。

表7-1　土壤消毒剂的施用

品牌	用途	包装规格(g/包)	使用量
必速灭(BASAMID)	广谱性土壤消毒剂	300	1包/20m²或1包/5m³基质

一般的土壤消毒是为了防治地下害虫，在播种前施撒呋喃等农药也可起到较好的效果。

(二) 草坪面积的测量

为了建植草坪，估计所需草坪草种子、土壤改良剂、、肥料等的数量，避免盲目购料引起物料的缺乏和过多浪费。草坪面积测量可用长卷尺，规则的场地可用公式来计算，如长方形面积 = 长 × 宽。不规则的场地应先划分出规则的部分，边缘不规则的地方可按最近似的规则形状来计算，如果面积较大，可采用 GPS 定位确定四到边界，计算面积。

（三）翻耕

翻耕是为了建植草坪对土壤进行的一系列耕作准备工作，使新建的草坪在地形上合乎设计要求，并为新建草坪创造良好的生长环境。新建草坪应尽可能创造肥沃的土壤表层，一般要求其表层应具有 30cm 厚度的疏松肥沃的表土。因此，在草坪建植前，对土壤进行一次全面翻耕是十分必要的，尤其是对于土壤质地黏重或曾受过重力碾压而紧实的场地，全面翻耕土壤更显得十分重要。

翻耕的深度一般不低于 30cm，以达到改善土壤的团粒结构和通气性，提高土壤的持水能力、减少草坪草根系伸入土壤的阻力等目的。在大面积的坪床上整地，可以运用机动机具作业。整地包括三个步骤，即犁地或圆盘耙耕地、耙地和平整土地。

犁地，是疏松土壤，提高土壤的通透性和保水保肥能力的重要措施。通过犁地既有利于植物残体翻入土壤深处增加土壤有机质，又可防止杂草的滋生。

耙地，在犁地后立即进行，有时为了促使有机质的分解，亦可间隔一定时间进行。耙地的目的是为了破碎土块、草垡和表壳，以及改善土壤的颗粒状况和促使表面的一致性。耙地一般使用机械牵引的圆盘耙进行。

对于面积较小的场地，可用旋耕机进行土壤处理，旋耕一两次也可达到同样效果。

翻耕作业最好在秋季和初冬较干燥的期间进行。因为这样可使翻耕过的土壤块在较长的冷冻作用下破碎，也有利于有机质的分解和减少虫害的危害。严禁雨后翻耕，雨后翻耕易形成大土块。

（四）土壤改良

土壤改良的目的在于调节坪床土壤的通透性和提高土壤的保水、保肥能力，保证草坪草的正常生长所需的土壤环境。常见的土壤改良措施如下。

1. 土壤质地改良

不论何种草坪草，壤土都是适宜的。根据土壤质地调查结果，若原土壤黏重或沙轻，都应进行改良。改良办法，黏土掺沙，沙土掺黏土，使得改良后的土壤质地成为壤土或在黏壤土至沙壤土范围内。

在生产中通常大量使用合成的土壤改良剂包括保水剂、疏松剂、泥炭等。如施用泥炭，其作用是降低重壤的黏性，分散土粒；在粗质土中提高保水、保肥的能力，对在已定植的草坪地上，则能改善土壤的回弹力，泥炭的施用量，一般情况以覆盖坪床面铺厚5cm或5kg/m²。现在国内市场已有大量的人工合成的保水剂，对土壤的保湿作用非常明显，可在有条件的干旱地区使用，保水剂使用的前途将非常大。目前草坪建植中普遍使用的土壤改良剂有德国巴斯夫BASF公司生产的产品Agrosil® LR，其主要成分为可逆可溶性硅酸盐、磷酸盐和硫酸盐。部分土壤改良剂施用情况见表7－2。

表7－2 土壤改良剂的施用

品牌	用途	施用量	施用深度(cm)
德国BASF Agrosil® LR	改善各种土壤的胶体性状、结构以及养分的释放能力，提高水分和养分的利用率，促进根系生长	0.07～0.15 kg/m²	10
泥炭	降低重壤的黏性，分散土粒；在粗质土中提高保水、保肥的能力	5 cm/m²	10～30

土壤质地的好坏很大程度上影响着土壤肥力的发挥，因此，只要经济上许可，还是改良为好。极度黏重或砂轻的土壤必须改良。

2. 调节土壤酸碱度

几乎所有草坪草在微酸至微碱（pH值6～8）的土壤中生长良好。若土壤偏酸（pH值5.5以下）、偏碱（pH值8.0以上），则应改良。

（1）改良酸性土　在我国南方高温多雨和长期施用硫酸铵、氯化铵等酸性盐肥料的地区，一般土壤呈酸性。施用石灰石粉（碳酸钙粉）等可改良酸性土壤，施用时越细越好（一般用325目和400目的就可以了，目数越大价格越贵），可增加土壤内的离子交换强度，以达到调节pH值的目的。石灰石粉的应用可在新建草坪整地时进行，也可在已建草坪上施用。已建草坪每次用量以244g/m²为宜，应撒布均匀，下次施用应间隔数月以上，否则会使表土碱性过高。施用时草坪要干燥，以便石灰石粉较快进入土壤缝隙中，施用后立即浇水，冲洗掉草叶上的细石灰石粉。

石灰石粉的施用量决定于施用地块的土壤 pH 值及面积。以下是施用量的一个推荐表 7－3。

表 7－3　提高土壤 pH 值的石灰石粉施用量（$kg/100m^2$）

土壤原始 pH 值	沙土	沙壤土	壤土	粉壤土	黏壤土和黏土
4.0	29.3	56.2	78.6	94.2	112.3
4.5	24.9	46.8	64.9	78.6	94.2
5.0	20.0	38.1	51.8	63.0	74.2
5.5	13.7	29.3	38.1	44.9	51.8
6.0	6.9	15.6	20.0	24.9	26.8

种植耐酸草坪草种是酸性土壤地区建植草坪的重要手段。在冷季型草坪草中，苇状羊茅、细弱翦股颖较耐酸性土壤；在暖季型草坪草中，地毯草、假俭草、狗牙根较耐酸性土壤。

（2）改良盐碱土　我国北方气候干燥、降水少的地区，土壤一般为偏碱性。施用石膏、硫黄等可改良盐碱土。过磷酸钙、硫酸铵是酸性肥料，对降低 pH 值也有一定作用。施用改良剂降低土壤 pH 值所需元素硫的量见表 7－4。

表 7－4　降低土壤 pH 值所需元素硫的量（$kg/100m^2$）

土壤原始 pH 值	沙土	沙壤土	壤土	粉壤土	黏壤土和黏土
8.5	22.5	24.9	27.9	30.8	33.7
8.0	13.7	15.2	16.6	19.5	22.5
7.5	5.3	6.9	8.8	9.8	11.2
7.0	1.0	1.1	1.9	2.5	3.4

在土壤盐渍化，又缺水的地区，采用水洗排盐碱办法改良坪床是比较困难的，这时可种植一些耐盐碱的草坪草种。在冷季型草坪草中，匍匐翦股颖、苇状羊茅、多年生黑麦草、碱茅等的耐盐碱性较强；在暖季型草坪草中，狗牙根、结缕草、钝叶草等较耐盐碱。

种植绿肥、增施有机肥等对改良酸性土壤和碱性土壤都有效。

3. 增加土壤有机质含量

增加土壤有机质含量是一项对任何土壤都行之有效的改良措施，达到改良土壤的作用也是多方面且长期的。施入畜粪、泥炭、锯屑、谷糠壳等有机物，可起到保水、保肥、改善土壤团粒结构的作用，在运动场施用泥炭等有机肥可改善坪床结构，增加草坪的弹性和耐践踏性。此外施有机肥，肥效缓释，使草坪草保持较长久的青绿，同时又不易造成土壤板结，但在运用过程要注意腐熟，在土壤中要混合均匀。多数草坪草在种植后，一旦形成草皮，最常用的一些有机肥都无法亦不该施用，所以，在场地准备时根据经济实力，尽量分层分批施足。若能配合施用分解缓慢的钙镁磷肥、磷矿粉等则更佳。

（五）施肥

天然存在土壤中的营养满足不了草坪草生长的需要，施肥是给草坪植物生长提供营养的措施。在有条件的地方，可以施入经过腐熟的厩肥、畜禽粪等作为基肥，施用量为37.5t/hm^{2}左右。在施有机肥作基肥时，最好还施入一定比例的无机肥，如磷酸二铵、复合肥等，施入量20～30g/m^2。

氮肥、磷肥、钾肥是草坪草茁壮成长的基本物质保证。施磷肥有助于草坪草根系的生长发育，钾肥有助于草坪草越冬，氮肥则使草坪草枝繁叶茂、叶色浓绿。氮、磷、钾三种元素可制成混合肥或复合肥，高磷、高钾、低氮的复合肥可做基肥使用。每平方米草坪地在建植前可施有效成分5～10g的硫酸铵、30g过磷酸钙、15g硫酸钾的混合肥做基肥，也可施40～50g的复合肥。

基肥的施用方法多采用全层施肥。首先把基肥均匀地撒在地表上，然后结合翻耕和整地，将肥埋入耕作层中。

基肥的施用量主要根据土壤的肥瘦和草坪草是否喜肥等因素来确定。如果土壤贫瘠而草坪草又喜肥，那就要大量施基肥，一般施1kg/m^{2}有机肥。如果用无机肥如过磷酸钙或复合肥，量就要少些。总之按实际情况增减基肥用量。

（六）平整

在建坪之初，应该按照草坪设计对地形的要求进行整地。如为自然式草坪，则应有适当的自然地形起状；如为规则式草坪，则要求地形平整。坪地的平整作业，应使表土细致平整，地面平滑，为草坪的建植和管护提供一个理想的环境。在地形平整中如移动的土方量较大，则应将表层土壤铲在一边，暂时堆置，然后取出底土或垫高地形后再将原表层土返回原地表。平整作业包括粗平整和细平整两类。

粗平整就是草坪床面的等高处理。在粗平整作业中要根据设计的标高要求，钉设标桩，按标桩标高的要求，把高处削低、低处填平，使整个坪床达到一个理想的水平面。对于填方的地方，应考虑填土的沉降因素，要适量加大填入的土方量，一般情况下，细质土通常下沉 15%（即每 100cm 厚的土下沉 12～15cm），在填方较深的地方，除要加大填方量外，还需要进行镇压或灌水，以加速沉降速度，在短时期内达到质量要求。考虑到地表排水的因素，自然式草坪由于其本身保持一定的自然地形起伏，可以自行排水。对于规则式草坪，为了有利于地表排水，应该设计 0.2% 的排水坡度。在建筑物附近的草坪，其排水坡度的方向总是要背向房屋。对于面积较大的绿地草坪和运动场草坪，应设计成中间高、四周低的地形。

为了避免在草坪建植过程中和草坪管护时遇到麻烦，应尽量避免陡坡设计。潜在的土壤侵蚀和种子、肥料的损失直接与坡度相关。同时，陡坡修剪也困难。在较为干旱的北方，地形有变化的草坪应配置喷灌系统，否则，灌水质量难以保证。鉴于上述问题，在不能避免出现陡坡时，建议修筑阻墙来限制草坪的坡度，或栽植其他地被植物。

细平整就是在粗平整的基础上，平滑坪床表面，为种植和以后的苗期作业管理准备优良的基础条件。在小面积的坪床上进行细平整，最好的办法是人工平整，也可以用半机械法，即用绳拉钢垫或板条，以拉平坪床表面，粉碎土块。对于面积较大的坪床，则需要借助整地的专用设备，如土壤犁刀、耙、重钢板、板条、钉齿耙等工具进行作业。细平整时应注意坪床土壤的湿度，过湿则会在坪床表土形成板结，有碍播种。细平整作业一般是在播种之前进行，否则时间一长，土壤表面会产生结壳，种植时仍需再整。

（七）排灌系统

如果降水量少的干旱地区，灌水系统就很重要；若降水量多并且集中的地区，排水设施就应该放在首位。是否安装地下排灌系统要根据当地的降雨情况、场地的用途、资金等条件决定。

当场地基础平整后，就要按照设计配置排灌系统。因为草坪植物的根系很浅，一般在地下 15cm 以内，尤其是幼苗期，其抗逆性较弱，场地一旦积水或干旱，就会造成生长不良，甚至会出现斑秃和成片的死亡。所以建立科学的排灌系统是保证草坪草茁壮生长的关键措施之一。

草坪地的排水系统可分为地表排水和非地表排水两类。地表排水通常是利用地形排水，在整地时建造中心稍高，向外微倾斜的坡度，排水坡度为 0.2%～0.3%，最大不宜超过 0.5%。非地表排水有暗管排水、鼠道排水等。暗管排水有主排水管和支排水管，主管与支管构成如肋骨形状的排水系统，排水管应铺设在地表下40～90cm处，保持0.5%或更大的坡度。在半干旱地带，为了防止地表水浅而造成表土盐渍化现象的发生，排水管应深埋些，可达2m。为防止淤塞，支管接入主管形成45°的水平角，支管间的距离依土壤质地而定，在紧实的黏土中，间隔5m；而在沙质土中，间距以20m为宜。埋设的暗管可采用管径为6.5～8cm的陶土管、水泥管或塑料管。塑料管重量轻，安装方便，近年来已广泛使用。埋管时，先开挖宽30～40cm，深40～90cm的沟，放下排水管后，在管上先铺一层石砾，然后填入碎石块，最后再铺上20cm的表土。鼠道排水法是一种经济的排水系统。它是采用一种钢质的弹筒状顶管，管顶端装有犁刀式的拔土机具，在一定深度下通过，并压缩周围土壤而留下管状隧道，形如鼠道。其排水出口应与总排水渠连接。另外，可设置沙槽地面排水系统，沙槽一般宽6cm，深25～35cm的沟，沟间距60～80cm，并与地下排水沟垂直，将细沙或中沙填满沟后，压实。

在草坪草的生长过程中，需要进行及时、适量的灌溉。喷灌是一种既省水、效果又好的灌溉方式。目前多采用土埋式的管道喷灌，并进行组合配置的喷灌系统。这种喷灌系统又有自动化喷灌和半自动化喷灌之分，自动化喷灌是配有计算机编制程序的自动控制器管理的定时、定量的自动喷灌；半自动化喷灌是需要由人工控制灌溉时间和灌溉水量。目前，我国一般都是半自动化的喷灌系统。

灌溉系统的设计，要综合考虑许多因素，如灌溉面积、供水量和水压、喷头类型、喷嘴的孔径、风向、风势、土壤的渗透系数、土壤的最大持水能力等因素。设计人员可以根据可用的水量和水压来决定草坪的灌溉片数和每片的喷头数量。喷头的间隔距离决定其覆盖面积，而决定覆盖面积又是由水压、喷嘴的孔径大小、喷头的大小以及风势等因素来决定。当风力成问题时，通常在设计时把喷头的间距设计得近些。设计喷头时，要注意到随着喷头间距的增加，喷到草坪上的水量就会减少；同时也要注意到随着喷水器覆盖半径的增加，水的分布交叠面也更大，喷水器洒布面积的叠盖，有助于水的均匀分布。通常设计的灌溉系统应叠盖70%～100%，喷头位置呈等边三角形的，喷水覆盖最均匀，但设计中也可以使用正方形间距，但易出现喷灌死角。在设计中要了解土壤的渗透系数和最大田间持水量，以决定每次的灌溉时间、灌溉水量和间隔时间等。

移动型地上灌溉系统，一般用于大型的开阔地草坪，随着灌溉车的轮子的慢慢转动，灌溉的引水管和喷头也随之移动进行草坪的灌溉。庭院草坪的灌溉，一般用软管引水，手扶喷头或接通在一支架上的喷头进行喷灌。

（八）固定边界

边界的固定是根据需要而定，一般要求不高的草坪不需要固定边界，而对于要求水平高的草坪如高尔夫球场草坪或设计一定图案的草坪要严格固定边界，边界的固定可用标桩作指示，划好边界，以保证所设计图案的完整与正确实施。

（九）滚压

坪床准备的最后步骤为滚压。滚压时土壤应潮湿（土在手中可捏成团，落地后散开即可），通常选用重100～200kg 磙子镇压，镇压应以垂直方向交叉进行。直到坪床几乎看不到脚印或脚印深度<5cm 为止。

二、草坪草种的选择技术

草种在草坪建植中的成本仅占到10%左右，但它却决定着90%的后期管理费用，选好草种就意味着成功的一半。所以，草坪草种的选择是建坪时需要考虑的首要问题，它不仅对草坪建植有重要影响，而且还将关系到未来养护管理的一系列问题。

影响草坪草种或品种选择的因素很多。首先要在了解各类草坪草种生态习性的基础上，再根据当地的气候、光照、草坪用途及管理水平等条件，进行综合考虑后加以选择。一般来说，需要考虑以下5个方面。

（一）对草坪的质量要求

它主要由草坪的使用目的决定，包括草坪的颜色、质地、均一性、绿色期、高度、密度、覆盖度、耐践踏性和再生力、成坪速度、耐低修剪等。

草坪草的茎、叶颜色的深浅和绿色期的长短是选择草坪草的重要指标，颜色美、绿期长是观赏草坪的必备条件。质地是指草坪的触感性、光滑度和硬度，草坪草的质地决定了草坪的观赏价值和耐践踏能力，观赏性草坪要选择生长低矮、纤细、质地柔软、光滑的草种。密度指单位面积内草坪草分蘖枝条的数量，运动场草坪出于运动需要，通常要求草坪密度高。覆盖度指草坪草的茎叶覆盖地面的能力，一般情况，具有根茎和匍匐茎的草种覆盖性好。耐践踏性是指草坪草在强烈践踏的条件下能迅速恢复或有再生能力，运动场草坪要求由耐磨和耐践踏的草坪草组成，并具有强的再生能力。不同草坪草忍受低修剪的能力不同，苇状羊茅当留茬5 cm以上时将形成完美的草坪，但修剪高度低于2.5cm时，将大大影响草坪的质量；匍匐翦股颖能忍受0.5cm的低修剪，但留茬高度大于2.5cm时则变得蓬松而不美观。

（二）各草坪草种的特性

要了解满足建坪质量要求或者草坪使用目的的候选草种（见草坪草种及品种部分）。

（三）草坪草的环境适应性

其中主要包括气候适应性和土壤适应性。前者主要指抗热、抗寒、抗旱、耐淹、耐阴等性能，后者主要指耐瘠薄、耐盐碱、抗酸性等性能。

气候条件是影响草坪草适应性最重要的生态因素。耐寒和抗旱性是我国北方寒冷少雨地区选择草坪草极重要的指标。冷季型和暖季型草坪草一般分别分布于我国北方和南方各自适宜的气候带中，但各个种忍耐极端低温和水分条件的能力仍有很大的差异。如同为冷季型草坪草的匍匐翦股颖与多年生黑麦草，在同一地区的相同条件下，前者比后者表现出极大的抗寒性。而紫羊茅则又较匍匐翦股颖和多年生黑麦草都抗旱。草地早熟禾是冷季型草坪草中抗寒性最强的草种之一。

暖季型草坪草的耐热性一般比冷季型草坪草大，但在冷季型草坪草中苇状羊茅则比多年生黑麦草耐热。暖季型草坪草中，狗牙根适宜在黄河以南的广大地区，但狗牙根各品种间抗寒性变异较大。结缕草是暖季型草坪草中抗寒性较强的草种，沈阳地区有天然结缕草的广泛分布。

草坪草的耐阴性依草种而异。一般来说，多年生黑麦草、草地早熟禾、狗牙根不耐阴，而钝叶草、羊茅、假俭草则适宜在树荫下生长。

对土壤盐碱的含量、pH值、肥力的高低的忍耐性，不同草坪草也差异较大，如匍匐翦股颖和苇状羊茅是十分耐盐碱的冷季型草坪草，狗牙根、结缕草、钝叶草则是耐盐碱的暖季型草坪草；羊茅和翦股颖比早熟禾和黑麦草更耐酸，地毯草和假俭草则是适应酸性土壤生长的暖季型草坪草；为获得令人满意的生长密度，匍匐翦股颖和狗牙根都必须供给充足的养料，而羊茅和巴哈雀稗则完全适应低肥力的土壤。

在河漫滩和接近水体坡地建植草坪时，因这些地方常会积水，应选择耐淹性强的草种，如匍匐翦股颖、苇状羊茅、狗牙根、巴哈雀稗等作为建植草坪的材料。

(四) 草坪草对病虫害的抗性

是指草坪草在正常环境条件下生长时抗病的能力。感病性的强弱也是选择草坪草时应注意的问题。易感病的草坪草必须经常用杀菌剂进行处理，以预防疾病的发生，否则，轻者使草皮出现枯黄的病斑，影响草坪的均一性和外观；重者，将导致草坪草的死亡，造成不可补救的经济损失。

(五) 所需的养护管理强度、预算

养护管理包括修剪、灌溉、排水、施肥、杂草控制、病虫害控制、生长调节剂使用、打孔通气、滚压、枯草层处理等许多措施，必须考虑所需的养护管理水平与现实的养护管理能力是否协调。

管理水平对草坪草种的选择也有很大影响。管理水平包括技术水平、设备条件和经济水平 3 个方面。许多草坪草在修剪低矮时需要较高的管理技术，同时需要用较高级的管理设备。例如，狗牙根在管理粗放时外观质量较差，但如果用于建植体育场，在修剪低矮、及时的条件下，可以形成档次较高的草坪。此时，需要有档次较高的滚刀式剪草机和较高的管理技术，还需要有足够的经费支持。又如，高尔夫球道草坪草是选择匍匐翦股颖、多年生黑麦草还是结缕草就完全取决于经费支持。匍匐翦股颖质地细，可形成致密的高档草坪，需要大型滚刀式剪草机、需要较多的肥料、及时灌溉和防治病虫害，因而养护费用也较高。而选用结缕草时，养护管理费用会大大降低。

对草坪的质量要求或者草坪的使用目的是草坪草种选择的出发点；而各草坪草种的特性，包括对病虫害的抗性是实现草坪使用目的的生物学前提；草坪草的环境适应性是其生态学前提；所需的养护管理强度、预算或者养护管理成本是实现草坪使用目的的经济基础。它们之间是相互影响、紧密联系的。科学的草坪草种选择必须将它们作为相互关联的统一体看待。

选择草坪草种首先要考虑草坪的用途。用于水土保持的草坪，要求草坪草速生，根系发达，能快速覆盖地面，以防止土壤流失，同时还要粗放管理。而运动场草坪草则要求有低修剪、耐践踏和再生能力强的特点。观赏性草坪则选择质地细腻、色泽明快、绿色期长的草坪草。高尔夫果岭必须选择能承受 0.5cm 以下的修剪高度。

近年来，草地早熟禾、苇状羊茅、多年生黑麦草、匍匐翦股颖、结缕

草、狗牙根等草坪草培育了很多新的品种，提高了草坪的抗病、耐阴、耐低修剪、耐踩踏等特性。但大量新草坪品种的问世和商业宣传也引起了某些混乱，使得人们眼花缭乱。为了明确确定每个新品种的环境适应性和栽培条件，需要大量的资料。

对于草坪草的生物学特性，国外的研究者进行了大量的研究，这些研究结果对草坪草种的选择有重要的参考价值。在进行我国的草坪草种选择时，对其生物学和生态学特性的了解，可以直接借鉴和引用这些研究成果。而对于草坪草对我国生态环境（气候、土壤）的适应性，则需要更多的试验研究，如引种、筛选以及品种评价等。

三、草坪草的种子检验技术

草坪草种子的质量检验，是运用科学的方法，对生产上准备使用的草坪草种子质量进行检测、鉴定和分析，以确定其使用价值。草坪草种子质量的优劣直接影响草坪的建设质量。优良的草坪草种子，可以为建成优质、美观的高标准草坪提供一个重要保证。为了保证草坪草种子的质量，必须按照国家有关种子检验规程，借助科学的手段，严格执行种子质量检验标准。目前，在有关草坪草种子检验标准还未正式公布前，可以先借用国家颁布的“牧草种子检验规程”，对草坪草进行种子质量检验。

（一）扦样

扦样又称取样、抽样。正确的扦样是作好种子质量检验的重要环节。抽取的种子样品是否有代表性，直接影响到种子质量检验的正确性。种子取样的扦样点要均匀分布在不同部位，如袋装的，可以按每袋的上、中、下各部位取样；散装的扦样点可按四个角加中心点抽取，高不足2m的分上、下层抽取，2~3m高的分上、中、下三层抽取。抽取的数量为：500kg以下的至少要扦取5个初次样品；501~3 000kg的，每300kg抽取一个初次样品，但不得少于5个；3 001~20 000kg的，每500kg扦取一个初次样品，但不得少于10个。把同一个种子批扦取的全部初次样品混合配制成混合样品，再从混合样品中用分样器或徒手法分取一定量的种子制成送检样品交于检验部门检验。小粒种子的最低检验样品重量为25g，大粒种子的最低检验样品可达1 000g。

（二）草坪草种子净度分析

草坪草种子净度是指从被检验种子样品中除去其他植物种子和杂质后，被检验种子样品中纯种子重量占样品总重量的百分比。

种子的纯净度是草坪草种子的重要质量标准之一，是衡量种子的利用价值和确定合理播种量的重要技术依据。

草坪草种子净度测定办法是用分样器或徒手法分出一定数量的被检样品，称重后，用人工（可借助放大镜）分别挑拣出杂质和其他植物种子，再次称重，用以下公式进行计算。

$$种子净度（\%）=\frac{净种子重量}{被检样品重量}\times 100$$

为了求得种子的正确净度，应进行3次重复，取其平均数即为该批种子的净度。

（三）种子发芽力的测定

种子的发芽力是指种子在适宜的条件下能正常发芽并能正常生长的能力。种子发芽力通常是用发芽率和发芽势的乘积来表示。不同草坪草种子的发芽势、发芽率的计算天数不一，按草坪草种子发芽试验技术规定的天数计算（表7－5）。

表7－5　常用草坪草种子克粒数、播种量及发芽试验技术规定

草坪草种	发芽试验温度（℃）	初次计数（d）	末次计数（d）	克粒数（粒/g）	参考播种量（g/m²）
草地早熟禾	20～30　15～25	10	28	4 405	15～20
粗茎早熟禾	20～30　15～25	7	21	5 595	10～15
一年生早熟禾	20～30　15～25	7	21	4 967	15～20
加拿大早熟禾	15～25　10～30	10	28	5 496	15～20
苇状羊茅	20～30　15～25	7	14	500	25～35
紫羊茅	10～30　15～25	7	21	1 203	15～20
羊茅	20～30　15～25	7	21	1 167	15～20
多年生黑麦草	20～30　15～25	5	14	500	30～40
一年生黑麦草	20～30　15～25	5	14	500	30～40
匍匐翦股颖	20～30　15～25	7	28	17 532	7～10
绒毛翦股颖	20～30　15～25	7	21	25 991	5～7
结缕草	25～35	10	28	3 015	20～25
狗牙根	20～35　20～30	7	21	3 936	10

（续表）

草坪草种	发芽试验温度（℃）	初次计数（d）	末次计数（d）	克粒数（粒/g）	参考播种量（g/m^2）
巴哈雀稗	20～35	7	28	365	20～30
地毯草	20～30	10	21	2 474	10～15

注：温度规定中，低温与高温间“～”连线者表示需变温发芽；低温时间为16h，高温时间为8h。

发芽势是指种子在发芽试验初期规定的天数内（初次计数时），正常发芽种子数占供试种子数的百分比。其计算公式为：

$$发芽势（\%）=\frac{发芽初期（规定日期内）正常发芽种子数}{供检种子数}\times 100$$

发芽率（实验室发芽率）是指种子发芽试验终期（规定日期内）全部正常发芽种子数占供试种子数的百分比。其计算公式为：

$$发芽率（\%）=\frac{发芽终期（规定日期内）全部正常发芽种子数}{供检种子数}\times 100$$

发芽势、发芽率以3次重复的平均数表示。

发芽势和发芽率是反映种子质量优劣的主要指标之一。在发芽率相同时，发芽势高的种子，说明种子生命力强，在场地的播种发芽率较高，播种后幼苗出土正常。所以，发芽势是计算播种量的因子之一。

净度和发芽率的乘积就是纯活种子百分率，用每千克种子的费用除以纯活种子百分率，然后再乘以100，则可得到每千克种子中纯活种子实际费用。利用这些计算可以比较种子的实际价格。

购买种子时要注意种子标签。附在包装袋上的标签对于评价种子质量具有非常重要的作用，标签上标明了袋内草种或品种的重量，种子纯净度与其他植物种子、杂质的百分数。消费者购到的是商品种子（审定种子、许可种子），只能用于草坪建植。

四、草坪草种子催芽技术

在草坪建植上，为了使草坪草种子能及时整齐萌发，以争取播种季节，凡处于休眠期的种子，都应预先采取措施破除休眠，然后进行播种，现介绍几种催芽措施。

（一）种子药剂处理

对小批量种子用赤霉素、双氧水、硝酸钾、氢氧化钠、氢氧化钾等直接处理种子，可以迅速打破种子休眠（表7-6）。

表7-6 常用草坪草种子打破休眠的方法

草坪草种	打破休眠的方法	草坪草种	打破休眠的方法
草地早熟禾	预先冷冻，KNO_3	一年生黑麦草	预先冷冻，KNO_3
粗茎早熟禾	预先冷冻，KNO_3	匍匐翦股颖	预先冷冻，KNO_3
一年生早熟禾	预先冷冻，KNO_3	绒毛翦股颖	预先冷冻，KNO_3
加拿大早熟禾	预先冷冻，KNO_3	结缕草	NaOH或KOH，赤霉素，双氧水
苇状羊茅	预先冷冻，KNO_3	狗牙根	预先冷冻，KNO_3，光照
紫羊茅	预先冷冻，KNO_3	巴哈雀稗	KNO_3
羊茅	预先冷冻，KNO_3	地毯草	KNO_3，光照
多年生黑麦草	预先冷冻，KNO_3		

（二）温度处理

1. 晒种

晒种的方法是将种子堆成5～7cm的厚度，晴天在阳光下曝晒4～6d，并每日翻动3～4次，阴天及夜间收回室内。这种方法在高寒阴湿地区极为有效。它是利用太阳的热能促进种子后熟，并改变种子的通透性，提高酶的活性，促进休眠解除，提高种子发芽率。

2. 变温处理

变温处理使种皮伸缩而受伤，水分得以进入，并增强酶活性，促进呼吸作用，使贮藏物质转变为可溶性，种子在低温条件下，呼吸作用减弱，但养分保留下来供胚生长需要，从而促进萌发。

（1）变温浸种　将硬实种子放入温水中浸泡，水温以不烫手为宜，浸泡一昼夜后捞出，白天放于阳光下曝晒，夜间移到凉处，并经常浇些水使种子保持湿润，经2～3d后，种皮开裂．当大部分种子吸水略有膨胀，即可趁墒播种。但此法比较适宜于用在土壤较湿润的土地上。当水温较高时，浸泡的时间可适当缩短。

变温浸种常用于豆科草坪草种子的处理。

（2）变温处理　将种子置于低温条件下萌发一定时间，然后再将其置于高温条件下继续萌发一定时间，在一昼夜内交替地先用低温（8～10℃）处理16～17h，后用高温（30～32℃）促进种子的萌发。

变温处理多用于禾本科草坪草种子的处理。

（三）沙藏处理

结缕草种子播后出苗需12～15d，如果采用种子催芽后播种，出苗时间可缩短为6～7d，大大节省苗期灌水劳力，又可减少种子流失。沙藏处理简单归纳“湿沙掺和，高温堆放”。掺沙可多可少，堆放温度必须高于28℃，最高40℃，由于种子混入湿沙中，温度略高则出苗更快，堆放时间3～4d，必须每天检查湿度、温度，防止过湿或过分干燥。在检查中如发现有个别种子尖端露出白点，此时应移放低温处降温，立即送往种植地播种。实践表明，应用催芽技术的播种地，最好提早一天将准备好的土地灌溉湿透，一般湿地播种，出苗更快。如将播期安排在雨季进行，对种子出苗更好。

（四）干燥处理

将种子进行干燥处理使水分降到5%～15%，能提高种子发芽率。特别是禾本科草坪草种子在干燥后能很快打破休眠。但在低温条件下干燥，会延缓干燥过程，从而延长休眠期。

除以上处理方法外，还有风化处理，即将种子播在土壤中经受寒冷或霜雪，能改变种皮透性，此即所谓寄籽播种法。

五、草坪建植技术

草坪的建植方法很多，有种子直播（播种法）建植草坪、营养体建植草坪等，其中播种法建植草坪是运用较多的方法。

（一）种子直播建植草坪技术

根据不同需要，播种法建植草坪又可分为单播（单一种植）、混合种植和混播。

1. 单播、混合种植和混播

单播指单一草坪草品种的草坪建植方式。在暖季型草种中，狗牙根、假俭草和结缕草等常用单播。在冷季型草种中，如苇状羊茅、草地早熟禾等也可用于单播。单播的优点是可以形成均匀一致的草坪，但适应能力较差，抗病虫害能力较弱。因此，在草坪建植上，比较少用，尽可能采用混合种植和混播。

混合种植即同一草坪草不同品种之间的混合建植草坪。混合种植不仅能克服单一品种对环境条件的要求单一，适应能力差，抗病虫害能力较弱的缺点，还能避免多元混播而造成草坪杂色的外观。当不同品种混合种植时，要选择对当地主要病害具有抗性的主栽品种；保证所选择的各品种间外表特征相近，如可能的话，竞争也要相近；至少要选择一种可适应于当地立地条件的栽培品种（如中度耐阴、耐碱性土壤等），最好3个品种予以混合。

混播是采用两个或两个以上的草坪草种的混合播种。在技术上，合理混播可以提高草坪的总体抗性，适应差异较大的环境条件，提高草坪的耐阴、耐践踏、耐低矮修剪等特性，还可延长绿期和草坪寿命、提高草坪受损后的恢复能力。生产上，在不了解草坪生态特性的情况下，采用混播可以实现草种间的优势互补，提高草坪建植的成功几率。近年来，我国草坪业发展很快，混播草坪越来越多。但是混播不易获得颜色纯一的草坪。在混播时，混播的草种包含目的草种和保护草种。保护草种一般是发芽迅速、生长快、生活期短的草种，其作用是为生长缓慢和柔弱的目的草种遮阴及抑制杂草，实现优势互补，使主要草种（目的草种）形成稳定和茁壮的草坪。目的草种可以是一个草种或几个草种，目的草种在混播的比例中应占多数。常用的保护草种有多年生黑麦草、紫羊茅等，其在混播比中不应超过20%，否则会把生长缓慢的主要草坪草排挤掉。

（1）草坪草混播原则　草坪草混播不是简单地把草种混在一起播种，在选择混播草种时应遵循下列原则。

①目的性：为了提高草坪的抗病性，常把对不同病害抗性较好的草坪草种或品种放在一起混播。如某些草地早熟禾品种抗褐斑病较好，但抗锈病能力差，秋季易发生锈病，可以选择另外的抗锈病品种混合建坪，这样可提高草坪的总体抗病性。再如，在疏林下建坪时，由于树木分布不匀，树冠大小、遮阴不同，单一草坪草种很难适应各种场合，因而可在某一主导草种内加入耐阴草种。例如，紫羊茅是常见的耐阴草坪草种，在草地早熟禾或多年生黑麦草内加入一定比例的紫羊茅可提高草坪耐阴性。

②兼容性：不同草坪草种混播后形成的草坪应该在色泽、质地、均一性、生长速度等方面相一致。即不同混合草种之间要有相互兼容的特性。例如，参与混播的草坪草种在叶片颜色上深浅要基本一致。从美国进口的大多数改良早熟禾品种颜色较深，与老的早熟禾品种如公园、新港的浅绿色很难一致，两者混合播种后，草坪草色泽深浅不一，影响观赏质量。

草坪草的叶片质地也有较大差异，如很粗与很细的草坪草混播则不适宜，特别是以细质地为主的草坪中有少数粗质地的草坪草，则粗质地草坪草在草坪中很像是杂草。

③生物学一致性：混播草坪的生态习性如生长速度、扩繁方式、分生能力应基本相同。有的草坪草分生能力很强，如翦股颖、沟叶结缕草、狗牙根等，与其他类型的草坪草如黑麦草、早熟禾混播，最后会出现斑块状分离现象，使草坪的总体质量下降。生长太快与生长太慢的草种混播也易产生参差不齐的感觉，使草坪的观赏性大大降低。

④主导性：在考虑草坪草混播时，应该首先确定最终目的是什么，得到的草坪应该以什么样的草坪草为主。一般情况下，早熟禾类草坪草发芽速度慢，建坪期间管理难度大。如果用少量的黑麦草混播，黑麦草先出苗、速生，可以起到保护作用，有利于早熟禾在草坪中的发芽出苗，但最终成坪应以早熟禾草坪草占主要比例。

所以，在确定混播草种时，一定要掌握各草种叶片的质地、色泽和生长习性以及主要优缺点，以便合理地混合。也就是要考虑：一是所选的草坪草种（品种）在外观上应是基本相似；二是在混播草种的品种中，至少有一个品种在当地条件下有较好的适应性，并有一定的抗病性。另外还要根据草坪的使用目的、环境条件以及草坪的养护水平选择两种或两种以上的草种混播，或选择同一种类而不同栽培品种的草种进行混合播种，建成一个多品种的群体。

（2）常见的混播配比　在温带，用于公园、庭园草坪的混播组合，一般是50%草地早熟禾+35%紫羊茅+15%多年生黑麦草。这种混播在光照充足的场地是草地早熟禾占优势地位，而在遮阴条件下则紫羊茅更为适应。在混播组合中多年生黑麦草因能迅速生长而起到早期保护作用。此外，小糠草和一年生黑麦草也常常当作保护草种。建植各种运动场或开放式草坪，可以采用80%黑麦草+20%粗茎早熟禾；50%苇状羊茅+50%草地早熟禾；70%草地早熟禾+20%多年生黑麦草+10%紫羊茅；80%苇状羊茅+20%草地早熟禾等多种配方。

在南方温暖湿润地方的草坪混播时，宜以狗牙根、地毯草或结缕草为主要草种，可混入多年生黑麦草作为保护草种，如采用70%的狗牙根+20%的地毯草或结缕草+10%的多年生黑麦草。

在酸性比较重的土壤上混播，不宜加入早熟禾类和三叶草类的草种，而要以翦股颖类或紫羊茅为主要草种比较适宜，并以小糠草或多年生黑麦草为保护草种。在碱性或中性土壤上，草地早熟禾常用于混播，作为主要草种，以小糠草和黑麦草为保护草种。

2. 播种期

冷季型草坪草适宜的播种时间是初春和晚夏，而暖季型草坪草最好是在春末和夏初之间播种。这主要考虑播种时的温度和播后2～3个月内的温度状况。

早春和仲春播种冷季型草坪草，能在仲夏到来之前产生良好的草坪。但因地温低，多风干旱，草坪早期通常也要比晚夏播种生长得慢，而其他杂草危害尤为严重，很有可能影响草坪建植的成功。另外，冷季型草坪草幼苗通过夏季胁迫期时，比健壮的成苗更易染病。但有树遮阴的地方建植草坪时，春播是可取的，当然，所选择的草种必须适于弱光照条件，否则，生长将受影响。

晚夏，土壤温度高，非常有利于种子的发芽。此时，冷季型草坪草发芽迅速，只要水、肥和光不受限制，幼苗就能旺盛生长。而且部分杂草也已枯黄，杂草种子已进入休眠期，此后秋季冷凉温度和霜冻会限制杂草的生长。如在夏初播种，冷季型草坪草幼苗因受热和干旱而不易存活。同时，有利于夏季一年生杂草的生长。反之，如播种推迟到晚秋，可能因温度低而不利于草坪草种子的发芽、生长及越冬。幼苗越冬时出现的发育不良及冬季的冻拔和严重脱水将引起部分植株的死亡。因而理想的播种时间，在冬季到来之前，新种植草已成坪，新生草坪草幼苗在冬季来临之前有充分的生长发育时间。所以，晚夏播种是冷季型草坪草的最佳播种时间。

暖季型草坪草最适生长温度高于冷季型草坪草。因此，春末夏初播种较为适宜，这样可为初生的幼苗提供一个温度足够的时期生长发育。夏季一年生杂草在新建草坪上可能萌发生长，但暖季型草坪草一旦成坪，杂草就再难以入侵。晚夏播种虽有利于暖季型草坪草种子的发芽，但形成完整草坪所需的时间往往不够，根系发育不完善，冬季常发生冻害。

当场地在秋末才完成时，在温带冷季型草坪草种可采用休眠播种，使种子在土壤中度过冬季低温的休眠期，来春温度、湿度适宜时再萌发生长。在这种情况下，种子可能因为风和水的作用而产生流失现象，因而需要敷设适当的覆盖物如农用地膜来稳定种子。

3. 播种量

草坪草种子的播种量取决于种子的质量、种子的混合组成以及土壤状况等因素。种子质量包含种子纯净度、种子的千粒重和种子发芽率。种子播种量过小，会降低成坪的速度和增加苗期管理的难度和支出；播种量过大，单株植物生长不良，发病率增高，也会因种子耗费过多而增加生产成本。

播种量确定的标准，是以足够数量的活种子确保单位面积上幼苗的额定株数，即10 000～20 000株/m²株幼苗。以草地早熟禾为例，其每克4 405粒种子，当活种子占72%（纯度为90%，发芽率80%），每平方米的理论播种量应为3.13～6.26g。

可以按照以下计算公式求出播种量。

$$播种量（g/m^2）=\frac{每平方米留苗数\times 千粒重}{1\ 000\times 种子纯度\times 发芽率}$$

以上计算出的播种量为理论播种量，然而幼苗的死亡率可达50%以上，实际操作时，还要加20%的损耗量。因此其实际播量应为15～20g/m²。

混播的播种量计算方法，首先要计算出混播草种各自单播的播种量，然后再按混播种子的各自的混播比例，计算出各草种的需播量。例如：要配制草地早熟禾（80%）+多年生黑麦草（20%）的混播组合的各草种的需播量，先计算出草地早熟禾的单播播种量为15g，多年生黑麦草的单播播种量为30g。

则：草地早熟禾的混播播种量为15g×80%＝12g；多年生黑麦草的混播播种量为30g×20%＝6g。

根据这个组合，每平方米需用草地早熟禾12g，多年生黑麦草6g。

影响草坪草播量的因素还有播种幼苗的活力、生长习性、要求的建坪速度、种子的价格、杂草的竞争力、潜在的病虫害和建坪后的管护强度等。

每个草坪草种的生长特性各不相同。匍匐茎型和根茎型草坪草一旦发育良好，其蔓伸能力将强于母体。因此，相对低的播种量也能够达到所要求的草坪密度，速度也要比种植丛生型草坪草形成草坪的速度快得多。

较大的种子易形成较强壮的幼苗。相同重量时，虽然大种子的粒数比小种子的粒数少，但在田间种植时，其幼苗的死亡率也小。大种子与小种子播种量相同时，大种子幼苗的生存力要比小种子的生存力强。

费用对播种量也是一个重要的影响因素。假俭草一般播种1.2～2.4g/m²，这与出苗10 000～20 000株/m²的要求相差甚远，但这类种子价格昂贵，播种量不能再高。

草坪的养护管理强度对播种量影响也很大。一般情况下，苇状羊茅草坪的播种量至少25g/m²。但是对于沿公路两侧的水土保持草坪，由于修剪高度较高，管理粗放，播同一品种，播种量仅需10g/m²或更少。在高尔夫球场上，在果岭和球道中播种相同的草坪草，由于果岭上的草坪超低矮修剪、要求枝条密度大，播种量要比球道高得多。

4. 播种

草坪播种通常用手摇式、手推式播种机或手工撒播。在播种时首先应要求种子均匀地覆盖在坪床上，播种是否均匀决定了草坪出苗的均一性。其次要使种子掺和到6mm深的表土中，如播得过深，幼苗无法出土而死亡；播得过浅，种子会被地表径流冲走，或发芽后干枯。因此，坪床需要一个疏松易于掺和种子的土壤表面。为了保证种子均匀播种在坪床内，可以把计划建坪地划分成若干等面积的地块，按照规定的播种量把准备的种子按划分的地块数分开。如采用手推式播种机，播种地块的宽度最好与播种机播幅宽相同。为了提高其播种的均匀度，可以将所需播种量的一半按照南北方向播种，另一半种子按东西方向进行播种。

采用某种混播方案播种时，如种子大小一致的，可按混合比将种子均匀混合后播种，如种粒大小不一致，则先播某一种种子，然后再播另一种。另外，可采用补播的方法播种，即先让某一草种基本出苗整齐，然后再在上面补播另外的草种。这种方法可以保证第一个草种在混播组合中占有显著的优势地位，特别是在两个草种的种子发芽速度差异较大的情况下，这种方法更为优越。

如果种子特别小，可掺杂沙粒或炒熟的牧草种子，这样做的目的是为了保持播种时的均匀性。由于所有的草坪用种的种子粒都很小，为了让种子幼芽顺利出土，播种草坪草种不能深播。对种子种粒越小，播种的深度应越浅。

无论用何种方法播种，播后都要立即覆土，如覆土困难，播种前先用耙子将坪床搂成深0.5～1cm的条状小沟，要一耙接一耙的，使小沟均匀分布，然后将种子均匀地撒播在坪床上，播种后用钉耙轻轻地将种子耙至土中，耙时要向同一方向，不能来回耙土，耙后用镇压器镇压地面，使种子和土壤充分接触。

大面积播种最好使用大型播种机。不但效率高、播种质量好，还能实现播种、滚压一次完成。

5. 覆盖

播种后，为了减少风和水对种子的吹、冲侵蚀，以及为种子的萌发、生长发育提供一个更适宜的小环境，需要有一定的覆盖材料覆盖坪床。覆盖材料很多，如稻草、无纺布、塑料薄膜和秸秆等。

播后覆盖可以抗风保湿和防止地表径流的侵蚀，稳定种子紧密接触土壤，调节地表温度，保护已萌发种子和幼苗免受温度波动而引发的危害；可以减少土壤水分的蒸发，提供一个比较湿润的小环境条件；可以减缓来自降水和喷灌水滴的冲击力，并且减少地面板结，使土壤保持较高的渗透力。

覆盖物不能太厚、太密，要保持一定的缝隙，促使播后的坪床透光、透气良好，有利于幼苗的出土。当幼苗基本出齐时，要及时撤去覆盖物，过迟撤除会损伤幼苗及影响正常发育。撤覆盖物的时间应在阴天或傍晚，切不能在烈日下进行，以免伤害幼苗。覆盖物撤除后，要及时均匀适量地灌水。

6. 加播种子

播种两周后，在裸露的和被水冲失的地方加播种子。

7. 苗期养护技术

在播种作业结束后，进行科学的和经常性的养护管理，是保证新建草坪保持旺盛生长的重要保证措施。其内容包括灌水、修剪、施肥、除杂草、病虫害防治以及地表覆土等养护管理措施。

对草坪养护管理的目的，就是要形成一个生长良好，均匀，覆盖度大、无裸露地面，无杂草、无病虫害，耐修剪、耐践踏，植株色泽正常，绿色期长的优质草坪。

（1）灌溉　在草坪建植后，要立即进行灌溉，保持土壤的湿润，满足种子发芽和幼苗正常生长所需的水分。不及时灌溉是引起草坪建植失败和草坪生长不良的主要原因之一。灌水时应做到：①适合使用喷灌强度较小的喷灌系统，以雾状喷灌为好，绝不能采用漫灌的形式进行灌溉，以免移动种子，造成出苗不匀。②灌水时灌水速度不应超过土壤有效的吸水速度，灌水深度是要使草坪草根系活动层范围内的土层保持湿润。在草坪幼苗期，一般灌水深度要使水渗透至土层的 3 ~ 5cm 处。随着草坪植株的不断生长发育，灌水次数可以逐渐减少，但每次的灌水量要逐渐加大，灌水深度达到 10 ~ 15cm。③要避免频繁和过量的灌水，不要使土壤过湿或处于饱和状态，如床面有积水或土壤过湿，要缓慢地排出积水。④灌水时间应在早晨进行。在强烈的阳光下灌溉，不仅会因蒸发而损失大量水，同时对植物不利，极容易引起叶片的灼伤；在晚间灌溉易引起病害的发生。在夏季高温季节的白天，地面高温极容易灼伤草坪幼苗，为适当地降低气温和地温，可以进行短暂喷水，但每次只能 2 ~ 3min。⑤为使已建成的草坪能安全越冬和翌年的返青，一般在初冬灌封冻水，灌水深度要达 20cm。早春灌返青水的灌水深度要到根系活动层以下。

（2）追肥　新建草坪在种植前如已适量施肥，就不应该存在苗期施肥的问题，因为在这样的情况下，即使不追施肥料，已有的肥料也能满足苗期对养分的需求。如果肥力不足，则必须追肥。当幼苗呈淡绿色，老叶呈褐色，这是缺肥的症状。此时可施N、P、K的比例为5∶3∶2的缓效化肥，施用量为5～7g/m^2。为防止化肥颗粒灼伤叶面，所以应在叶面没有露水，干燥时进行，施肥后立即灌水。如条件允许，肥料可溶于水中，用施肥机进行喷施。

新建的草坪，由于幼苗营养体很弱小，所以要采用少量多次的办法追肥。此时追肥，应该采用含氮量高，并含有一定量的磷、钾的复合肥料，也可以追施尿素，施量不宜多，否则抑制根和侧芽的生长。

追肥的施肥时间，对冷季型草坪，施肥时间在早春和早秋二次追肥。早春施肥可加速草坪草的返青速度。早秋施肥，可以延长绿期，并能促进第二年生长新的分蘖枝和根茎。暖季型草坪草的追肥时间，北方以春施追肥为主，南方以秋施追肥为主。

总体来说，追肥的次数依土壤质地和草坪草的生长状况而定，通常粗质土壤可溶性氮易淋失，因而施肥次数应较多，并以长效载体氮肥为主。

（3）修剪　当新建草坪的草坪草长到5～8cm高时，就要进行第一次修剪。每次修剪时，剪掉的叶片应小于叶片自然高度的1/3，即修剪的1/3规则。一般性草坪的留茬高度为3～5cm。

草坪修剪时，通常应在土壤较干时进行，剪草机的刀刃应锋利，修剪高度要调整适当，否则易将幼苗连根拔起或撕伤植物组织。苗期修剪草坪时，不要使用重型修剪设备，以避免损伤幼苗和压实土壤。为避免修剪对幼苗的伤害，修剪时草坪草应无露水，且以下午修剪为好。

（4）地表覆土　并非所有的新建草坪都需要覆土。这项措施主要是用来促进具匍匐茎的草坪草的生长。覆土有利于根的发育和促进由匍匐茎上长出的地上枝条的生长，覆土对形成光滑、平整的草坪表面起着非常重要的作用。

由于土壤沉实深度不同，常造成草坪表面不平整，对草坪美观、使用和修剪质量产生不利影响。不断地覆土具有填充凹坑的效果。

地表覆土要注意以下几点：①施用土壤的质地应与原坪床土壤的质地相同。否则，土壤会形成一个妨碍根区内空气、水和营养物质运动的分层现象。②施用土壤无杂草、无病虫等。③施用时先进行修剪，施表土后用锯刷拖平，避免过厚将草坪压在下面，形成秃斑。④表施后进行镇压，增加坪床平整度，促进根系的生长。

（5）防除杂草　在新建植的草坪中，杂草通常是最大的问题。因此在诸如播前的操作中，如种子纯度的选择，植物性覆盖材料的选用，甚至将坪床土壤和覆土进行熏蒸处理，夏季休闲等，均与防止杂草入侵新建草坪有关。然而，尽管如此，杂草终归或多或少地要侵入草坪。如何清除杂草一直是各草坪用户感到比较棘手的问题。如果劳力资源比较充足，可以用手工拔除的方法。这一方法对草坪的伤害小，但费时费力。最常用而且有效的方法是使用除莠剂。

在冷季型草坪草播种后，如立即施用萌前除莠剂环草隆，可有效地防治大部分夏季一年生单子叶杂草和某些阔叶性杂草。当草坪草基本出苗后，使用萌后除莠剂 2,4 – D，2 甲 4 氯和麦草畏等，可有效地杀死双子叶杂草。

大多数除莠剂对幼小的草坪草均有较强的毒害作用，因此，除莠剂的使用通常都推迟到绝对必要时才能施用，而且药剂减至正常施量的一半。

使用化学药剂除草，要选择气温较高，杂草正处于生长旺盛状态时使用，则能收到较好的效果。在使用除草剂时，一定要严格掌握使用剂量，并注意人身安全。

（6）病虫害防治　选用无病虫害的种子，或在播种前用杀菌剂处理种子；改善土壤的透气性，加强水肥管理，创造良好的排水条件，适度修剪，降低病菌的生存环境和发生的可能。

在草坪草发生病害时，要及时使用杀菌剂喷洒植株表面。常用的杀菌药剂有代森锰锌、多菌灵、百菌清、普力克、福美霜等。喷药次数要根据药液的残药期和发病情况而定。在使用杀菌剂时，要交替使用效果相似的各种杀菌剂，以防止产生抗药性。在新建草坪上，虫害不甚显著，在播种前用呋喃丹或辛硫磷撒施效果较好。

（二）营养体建植草坪技术

用种子播种的方法建植草坪的成本低，但从播种到成坪所需的时间较长，相对来说，养护管理的难度也比较大。而采用营养体繁殖的方法建植草坪，虽然建坪的成本要高些，但成坪的时间较短，管理难度也较低。而且在一年之中除冬季之外，其他时间都可建成“瞬时草坪”，因此常用此法来建应急草坪和补植及局部修整。

用营养体建植草坪就是用植物的营养器官繁殖草坪的方法，包括铺草皮块的密铺法、间铺法、条铺法，分株栽植法以及塞植法等。其中密铺法铺草皮块成本高，但建坪最快，能在短时间达到成坪的目的。除铺草皮块的密铺法繁殖草坪外，其余的几种方法只是用于具有发达匍匐茎和根状茎生长的草坪草种。能迅速形成草坪是营养繁殖法的优点，但是，要使草坪草旺盛生长则需要充足的水分和养分，与此同时还要有一个透气和排水良好的土壤条件。

1. 营养体建植草坪方法

(1) 草皮块铺植法（直接移栽铺设法） 草皮块铺植法是我国各地比较常用的铺设草坪方法，即将苗田地生长的优良健壮草坪，按照一定的大小规格，用平板铲或用起草皮机铲起，装车运至铺设地，在整平的场地上重新铺植，使之迅速形成新草坪。

①草皮块铲运。

铲取方法：一种是方形，另一种是长条形。切法是放一定宽度的木板在草皮上，沿木板边沿人工用平板草铲切取，切完后，再自草皮下铲起。最好两人合作，一人沿木板边沿用草铲切取，切完后，并将草皮自下面铲起，另一人将草皮卷起。可把草皮切成30cm×30cm的方形，或30cm×150cm的长条形，草皮块厚度为2~3cm，铲起的草皮卷重叠堆起，以利运输。在有条件情况下，为保存土壤和草皮块不破损，起出的草皮块放在胶合板制成的托板或编织袋上，或卷成草皮卷装车运到铺植地。用托板等更有利装卸和铺植。草皮块不宜过长，若过长，重量增加，操作困难。

在有条件的地方，可采用起草皮机进行起草皮，草皮块的质量将会大大提高，起草皮机作业不仅进度快，而且所起草皮厚度均一，容易铺装。通常起草皮机都具两把“L”形起草皮刀。当刀插入草皮后，依靠刀的往复运动而整齐地切起草皮。草皮的厚度决定于刀插入草皮的深度，通常控制在7.5cm左右。草皮的宽度决定于两把刀片垂直部分间的距离。小型起草皮机约30cm，大型机可达60cm。有的起草皮机还附加垂直刀片，可将切起的草皮条按需要的长度切断。还可用机器将切起的草皮掀起、卷捆和堆放。如没有附加垂直刀片的小型起草皮机，需要在起草皮的同时，人工采用锄刀将切起的草皮条按需要的长度切断。

草皮移植之前应提前24h修剪并喷水，保持土壤湿润而不粘，这样就较好起皮。草皮干燥时起皮难，容易松散。

②草皮块铺装。

铺装草皮块前要按设计要求进行平整场地，与此同时，场地要适度喷灌水，保持土壤湿润，利于草皮成活。铺装的方法通常有以下几种：密铺法、间铺法、条铺法等。

a. 密铺法：采用草皮块将地面完全覆盖。

草皮运到铺植地后，应立即进行铺植。运输过程要保持草块的完整。运至铺装现场后，在使用前要逐块检查，拔去杂草、弃去破碎的草块。如果草块一时不能用完，应一块一块地散开平放，若堆积起来会使叶色变黄。

铺植时，把运来的草皮块顺次平铺于已整好的土地上，草皮块与块之间应保留 1 ~2cm 的间隙，以防滚压后出现重叠或因草皮块在搬运途中干缩，遇水浸泡后，出现边缘重叠。在进行铺植作业时，应尽量避免过分地伸展和撕裂。草皮块铺平后，将隙缝之间填入细土，用 0.5 ~1.0t 重的滚筒压紧或压平，或可用水泥管，也可用人工脚踩，使草皮与土壤紧接，无空隙，这样易于生根，保证草皮成活。压紧后浇透水，一般在灌水后 2 ~3d 再次滚压，则能促进块与块之间的平整。每隔 3 ~4d 浇一次水，直到草皮生根时转入正常管理。新铺草坪中有时可能出现坑洼或高低不平，可用细土填平低凹处，或把草块铲起，填平后，重新把草块铺装好。狗牙根、结缕草由于匍匐枝发达，草皮密度大，铺植时可将草皮拉成网状，然后铺装覆土压紧，也可短期内成坪。

如在坡地铺装时，每块草皮应用桩钉加以固定。

用密铺法建植草坪高效、快速。但必须有专门的草皮生产基地，要求机械化程度高，成本相对较高，而且生产要上规模。目前国内除上海、天津和北京等地有大型生产基地外，各省市也有一些小的基地。

b. 间铺法：为了节省草皮材料，利用草坪草分蘖和匍匐茎、根状茎蔓延的特性，采用间铺法铺植草坪。此法成坪时间较长。

铺植方法：草皮块可切成正方形（12cm ×12cm）或长方形（12cm ×24cm），铺装时按照 3 ~6cm 的间距排列，也可按照品字形、各块相间排列。铺块式：铺面为总面积的 1/3；品字形：品字形状铺坪，铺面占总面积的 1/2。采用这种方法铺草皮时，要在平整好的地块上，按照草皮块的形状和草皮厚度，在计划铺草的地方挖去土壤，然后镶入草皮，一定要使草皮块铺下后与四周土面相平。草皮块铺好后滚压和灌水。经过一定时间后，匍匐茎、根状茎向四周蔓延直至完全接合，覆盖地面。

c. 条铺法：条铺是将草皮切成 6 ~12cm 宽的长条，以 20 ~30cm 的间距平行铺植。铺装时在平整好的地块上，按草皮的宽度和厚度，在计划铺草的地方挖去土壤，然后将草皮镶入，保持与四周土面相平。铺好后滚压和灌水，经半年后可全面郁闭。

（2）分株栽植　用分株繁殖铺装草坪较为简单，与草皮块铺植法相比，能大量节省草皮，一般一平方米的草皮块可以栽成5～10m^2或更多一些，而且可以大大减少运输费用。管理比较方便，对土地平整程度的要求都低于播种方法。

在早春草坪返青后，将草皮铲起，抖落根部附土，然后将植株从根状茎或匍匐茎切开，同时将这些分开的植株分栽到新的坪床。栽植方法可分条栽与穴栽。草皮丰富时可以用条栽，即在平整好的地面以一定的行距开沟，沟的深度4～6cm，以能容纳草根为宜。行距以草源的多少及覆盖地面的时间要求长短而定。草源多的，要求及早覆盖地面的行距可窄些；相反，就可宽些。一般约为20～30cm。沟开好后，把分开的草块成排放入沟中，然后填土，踩实，及时灌水。穴栽一般将铲起的草皮切成10cm^2大小的小方块，以株行距为20cm×30cm或30cm×30cm距离进行穴栽。每穴的用草量视草源多少而定，每穴的草量大，覆盖地面就快。栽好后，立即滚压浇水，以后必须经常保湿，并要及时除杂草，经一定时间后可全部覆盖地面。

栽植的株、行距大小及分栽的面积比例因草种而异，匍匐性能强，分蘖性好的草种株、行距大小及分栽比例大，反之则小。例如南方常用的细叶结缕草、沟叶结缕草、狗牙根，北方常用的野牛草、繭股颖等较大。而草地早熟禾、羊茅类等则小。另外，土质好、管护水平高，可加大株、行距大小及分栽比例。

为了提高成活率，缩短缓苗时间，移栽过程中要尽量随起草、随运、随栽，时间间隔越短成活率将越高，最长不要超过一天时间，否则就会影响成活率。为了使草皮及早覆盖地面，栽后要充分灌水，清除杂草。

（3）塞植法　塞植包括从草皮取得的小柱状草皮柱和利用环刀或机械取出的大草皮塞，插入坪床。顶部与表土面平行。其优点是节省草皮，分布较均匀。塞植法除可用来建立新草坪外，还可用来将新种引入已形成的草坪之中。其具体方法是：

①人工方法：将草皮塞（直径、高为5cm的柱状草皮柱）或草皮方块（即长、宽、高各为5cm的方块塞），以30～40cm的株、行距插入坪床。顶部与土表平齐。此法最适于结缕草，也适于匍匐茎或根状茎较发达的其他草种，如狗牙根、匍匐剪股颖等。

镇压平整，同时保持湿润，直到生根为止。

②机械方法：一般采用塞植机一次完成。目前国外很多国家都用专门的草坪塞植机作业。

草坪塞植机是一种自走式联合机械，它能将草皮划割、开沟、塞植、覆土、镇压工作结合起来，一次完成。该机前端具草皮块切取草皮塞的正方形小刀的旋转滚筒，把人工或机械挖取的草皮块条放入圆柱形滚筒的斜槽里，随滚筒的旋转会从草皮块条切下一个个草皮塞，然后将切下的草皮塞均匀塞植到机体前一个垂直犁刀开出的犁沟内，紧接着通过位于两个相邻犁沟间的“V”形钢部件的作用使表土填满犁沟，最后通过位于该机后面拖带的镇压器把移植坪床整平压实。

另外还有一种采用环刀人工挖取直径10～20cm，深3～4cm的草坪大塞，用于修补受危害的草坪地，如足球场球门地的修补。

（4）枝条和匍匐茎繁殖　枝条和匍匐茎是含有几个节的植株的一部分，节上可以长出新的植株。用这些材料建坪的草坪草主要有匍匐翦股颖、绒毛翦股颖、狗牙根、地毯草、结缕草、钝叶草等。起草皮时带的土越少越好，然后把草皮打碎或切碎得到枝条或匍匐茎。一个枝条和匍匐茎最少带有2～4个节。不带土的枝条和匍匐茎容易脱水，运输过程中要注意保水。将枝条和匍匐茎置于间距15～30cm，深5～8cm的沟内，然后覆土、镇压、浇水。在埋入沟时至少有1～2个节埋在地下，带有叶片的另一端露出地面，以保证地下生根和地上部分继续生长。此种方法繁殖也可用塞植机进行，只是把幼枝放入斜槽即可。此种方法简单，节省草皮材料，一般每平方米草皮可铺设30～50m^2，成本低、见效较快，还可用机械作业。

匍匐茎较强的草种如狗牙根、地毯草、结缕草和匍匐翦股颖还可以采用撒播方式进行嫩枝繁殖，具体方法是将草皮材料（嫩枝）在春季均匀地撒在湿润的土表，0.1～0.2kg/m^2，覆土或轻耙，使部分嫩枝插入土壤，此后尽快地镇压和浇水。此法不仅节省草皮材料，而且成坪速度较快。

2. 营养体建植草坪的时间

营养体铺设草坪，不论是冷季型还是暖季型草坪，都忌在冬季进行。因冬季禾草大部分停止生长，铺植后容易遭受冻害，风吹干枯，入春后，虽然有一部分仍能萌出新芽，但生长欠佳。最适宜的草皮块铺植时间是春末夏初，或者秋天进行。过早在返青以前铺植，因无草叶，以致在起草、装车运输的过程造成损失，种植后返青较慢；过晚将造成当年不能覆盖满地面；如果需要在夏季进行，则必须增加灌溉次数。

3. 新铺草坪的保护

新铺草坪养护期间，必须加强保护，防止人、畜入内践踏。靠近道旁、路口的地方，应适当设置临时性指示牌，减少和防止人为损坏。新铺草坪缓苗后，可增施一次尿素氮肥，每平方米施用量 15 ~20g。新铺草坪，当年冬季草坪休眠时，可适当施用有机肥，结合覆土进行。如干鸡粪（经过腐熟或高温烘干灭菌）结合覆土，对低洼处多加一些。促进新草坪迅速达到平整度。

（三）其他草坪建植技术

1. 塑料网种植法

三维植被网和平面草皮网已广泛用于各种护坡工程和草皮建植。

三维植被网系用聚乙烯制成的 3 ~4 层、网孔 6mm ×6mm、厚度 18mm、幅宽 1. 5m 的网状物，其网孔用于固定种子和土壤。平面网是幅宽 2. 0m，孔径 6mm ×6mm 或 12mm ×12mm 的单层塑料网，主要用于生产草皮卷。

三维植被网的施工方法是：

①修整坡面：预备铺设植被网的坡面要修整平并做降低坡度处理。

②预铺营养土：根据坡度和坡面的光滑度，铺上 5 ~10cm 厚的肥土或有一定肥力的自然土，修整平滑。

③固定三维植被网：将植被网置于坡面上，搭接宽度不少于 0. 1m。用专用固定钉沿网四周以 1. 0 ~1. 5m 间距固定。

④加固网的上下部：每幅网的上下部各留 1m 左右埋入深 25cm，宽 45cm 的沟内，回填土或用块石压紧。

⑤将种子撒入网内：可用手摇播种机或手工均匀地将草坪草种子播入网孔，必要时可用无齿耙轻耙使种子分布均匀。

⑥将营养土填入植被网：将配好的营养土（有机肥、保水剂、杀虫剂和肥土）覆盖植被网。

⑦轻压：用锹或长竹竿轻击植被网表面，使种子和土粒接触严密，便于种子吸水萌发。

植被网安装种植完后，需要喷水、补种、防虫等养护。植被网若松动滑脱要随时加固修复。需要施肥时也应追施肥料。

平面植被网是用于生产无切割草皮的材料。坪床准备好后，铺设平面网，上面均匀覆盖5～6cm厚的营养土，再播入草坪草种子或营养体（无性繁殖材料如狗牙根的茎段），镇压、喷水，成坪后修剪1～2次，使草根密集成交织状。

草皮卷在坡面铺设时，要将坡面土壤修整平，施足基肥，坡度不应超过45°，太陡时草皮卷必须固定，否则会滑脱和断裂。草皮铺设后应压实，坡面上可用木槌击打，使草皮与表土紧贴，不能悬空，否则不利草皮成活和生长。护坡草坪一般禁止修剪，枯草也不需清理，任其自然分解回归土壤。但发生虫鼠害时要及时消灭，尤其是鼠洞，最易造成滑坡。

2. 空心混凝土预制块种植法

空心混凝土预制块的形状有长方形、六棱形、圆形、正方形和椭圆形等多种。

空心块植草施工步骤：

①修整坡面，尽量降低坡度。若为路基则延伸坡脚，若是路侧高坡，剥削坡顶，延长坡面纵线。

②加固坡脚：用块石或毛石浆砌至一定高度，墙面上每隔一定距离要预留排水孔，以便排泄坡面多余的水。同时筑好坡顶和坡脚的排水沟。

③铺砌空心块：为使空心块整齐美观，应拉施工线，按设计严格施工。

④填充营养土：空心块内填充配有基肥的营养土至框高的1/3～3/4。

⑤播种或移栽草坪草：播种后覆以1～2cm细沙或营养土，以种子不露出土表为宜。移栽育好的草苗可呈梅花形分成5～7丛栽入。

⑥喷水保苗：根据当地降水量情况，要保证种子发芽的水分，待苗出齐后进入正常管理。

用空心混凝土预制块进行工程护坡，既节省了50%～70%的混凝土材料，又增加施工速度，降低工程投资。草坪草生长后，具有拦蓄雨水、降低地表径流的生态防护效益。空心材料的重量比实体材料轻，降低了坡面承重负荷，提高了护坡的稳定性和安全性。因此工程护坡与生物护坡紧密结合，会有广阔发展前景。

3. 植生带稻草帘覆盖技术

植生带稻草帘覆盖技术是选用稻草编织成帘状，将草坪草种子植生带缝制在草帘下，连接一体。施工时用绳将其固定在坡上即可，具有保湿、保温、防霜，避免强光照射的优点。只需适量喷水，即使在少雨的初春、深秋，也会长出茂密的草坪。

4. 枕状网袋技术

枕状网袋技术是将草坪草种子植生带缝制在用稻草编织的草袋上，袋内加入土壤，因种子与草袋均匀连为一体，浇水后草籽萌发形成绿色草堤，达到防滑坡、堵堤、护坝和绿化的双重效果。枕状网袋技术特别适用于无土地带的绿化、护堤及护坡等水土保持工程。

六、草坪追播技术

在亚热带地区，对暖季型草坪草在秋季用冷季型草坪草重播，以在暖季型草坪草休眠期获得一个良好的草坪外观和功能，还可减少践踏对草坪的伤害，在生产上把这一技术称“冬季追播”，也叫“覆播”或“交播”。其中以狗牙根草坪效果最好，也用于钝叶草、假俭草、结缕草等暖季型草坪。追播是快速改良草坪和延长草坪绿期行之有效的技术措施。

（一）播前准备

在追播冷季型草坪草之前，首先要对需追播的草坪进行枯草层清除、施肥控制、杂草控制等准备工作。一般在追播前50～60d应完成本年度最后一次的打孔、覆沙等除枯草层作业；追播前2～4周不能施肥，以控制暖季型草坪草的竞争，追播后再适量施肥；追播前50～90d用地散灵、氟草胺和拿草特等除草剂结合打孔覆土进行萌前除草。

（二）追播草种

追播草种多为一年生早熟禾或一年生黑麦草等短命草坪草，有时也用匍匐翦股颖或多年生黑麦草单独或与紫羊茅混播来追播狗牙根、钝叶草、假俭草等暖季型草坪，有时也用于结缕草草坪。追播草种的播种量为常规播种量的1/2。

（三）追播时间

选择适宜的追播时间可将暖季型草坪草的竞争降到最小，并利于冷季型草坪草的萌发和幼苗快速生长，以初霜前20～30d，当地午间气温降到23℃为宜。

（四）追播后的管理

追播后的主要问题是病害、暖季型草坪草的竞争和幼苗冻害。追播时用杀菌剂处理种子可有效控制病害发生；控制氮肥用量可有效控制暖季型草坪草的竞争；提高修剪高度可有效防止幼苗冻害。

（五）草坪追播技术的应用

结缕草草坪上，追播一年生早熟禾或一年生黑麦草。播期必须安排在结缕草枯黄前一个月，此时结缕草停止生长，一年生早熟禾或一年生黑麦草种子的萌芽期也是在低温下开始，因此两者必须密切配合。在我国一年生早熟禾或一年生黑麦草在亚热带地区的冬季绿色期约为 6 个月，即 11 月底前后至翌年 4 月，和结缕草的冬季休眠期大致相同。追播草种的播种量不宜过多，一般为常规播种量的 1/2。播种方法应掺和部分有机质疏松土、河沙、肥料。均匀撒种后应敲打草叶层使种子落下，如能提前修剪草叶层更有利于种子落下，此时要喷水、滚压草坪，则能促进追播草种种子的萌芽。冬季管理主要为喷水和施肥，不需要修剪。在结缕草春季返青后，将尚未枯黄的追播草坪草剪除，目的是除去黄叶、促进结缕草返青。

七、草坪密植技术

草坪密植技术是指种子用量比常规高出 1 倍以上。通过调查，结缕草播种量增加，种子实生根系深入土层为 25～30cm，它的最大特点是直生，比匍匐茎节萌出的不定根要壮。调查结果显示，实生苗根深叶茂、抗旱、耐践踏，这对球场来说十分有利。另外密集的实生苗，修剪后草茬平整，且具有弹性，因此甚受球员的喜爱，所以运动场的密植技术应予广泛推广应用。

八、草坪的修补与更新技术

草坪在使用过程中，由于严重的践踏、过度的使用、病害的发生、杀菌剂或除草剂等使用不当及其他意外事件等，常使草坪局部损坏或草坪严重的退化。在这种情况下，如果局部损坏可采用修补的方法，若大面积损坏或退化，得进行更新修复。

（一）草坪的修补

修补的方法有两种：

（1）当时间不紧迫时，可以采取补播种子的办法；

（2）时间紧，立即就要见效果的情况下，可采取重铺草皮方法，快速恢复草坪。

修补的方法是标出受损地方，利用镘铲（专门的修补铲）铲去被损坏的草皮，耙去其他杂物，露出土壤，然后翻土、施肥、平整、滚压、撒播种子，使种子均匀进入土壤。补播所用的种子应与原有草坪草一致，使得修复后的草坪色泽一致。播种前可采取浸种、催芽、拌肥、消毒等播前处理措施。

重铺草皮是一种成本较大的修补方法，但由于具有快速定植的优点，故常被采用。重铺时，先标出损害地块，铲去受害损皮，适当松土和施肥，压实、耙平后，即可铺设草皮，铺设的新草皮应与原有草坪草一致。用堆肥和沙填补满草皮间空隙，并进行镇压，使草皮紧贴坪面，同时保证坪面等高，利于今后管理。铺后应浇水，确保草皮不干，当草皮生根后（2～3 周），可以减少浇水次数，与原来草坪管理一致。

（二）草坪的更新

长期使用草坪会使表层土壤板结，影响根系生长，造成草坪退化；草坪中布满杂草；病虫害危害严重时，草坪会产生大面积秃斑；草坪质量差，草坪枯草层过厚；或者当以上情况都存在时，草坪更是退化严重。在这些情况下，草坪亟需改造。但是如果原草坪地形设计好，表层以下 5cm 土壤结构良好，而草坪等级又许可的情况下，则可以不通过正常的栽培措施，不耕翻原有草坪，只进行部分或完全更新就可以达到改良草坪的目的。

完全更新的第一步是在更新的地方喷洒草甘膦，杀灭所有植物，喷后 7 天清除枯草，播种、拖耙、滚压、浇水，直到草坪很好地建立起来为止。在大多数情况下，不能令人满意的草坪仅需要部分更新，部分更新不同完全更新，残存的草坪植物不必用草甘膦或其他非选择性除草剂杀死，若阔叶杂草是个问题可在播种前用杀阔叶杂草的除草剂进行处理，几周后，再进行播种。播种前要剪低草坪，播种量应比正常播种量大 5 倍，播后覆土滚压，以便同土壤良好的接触，最后一步是定期浇水，直到新草坪很好地建立起来。

（三）全部重建

若草坪严重退化，草坪覆盖面积仅50%或更少，并且出现大量无法控制的多年生禾本科杂草时，全部重建是最好的方法。在进行草坪重建时，首先要弄清草坪退化的原因，对症下药，有的放矢地提出改良措施。可能的原因有：草种选择不当；管理措施的误操作；原来建植草坪的种子中含有大量杂草种子，或者铺设的草皮中含有许多恶性杂草；没有采取适当的病虫害防治措施；误用农药等。在提出更新方案的同时，也要提出正确的养护方案，否则更新后的草坪会再次退化。

退化草坪的重建包括坪床准备、草种选择、建植和建成草坪管理等四个方面，和通常的建坪过程基本相同。

第八章　草坪养护技术

草坪养护是草坪可持续利用的重要保证。俗话说："三分种，七分管"，一块草坪建植完成后，为了保证效果，延长其使用寿命，还需要花费较多的人力、物力、财力和技术来进行管理，因此草坪的养护较建植还要难，还要重要。如何养护好一块草坪，使之经常保持较好的景观，除了需要一定的人力、物力、时间和经济投入外，正确的养护措施是十分重要的。一般来讲草坪的养护技术包括草坪的灌溉、修剪、施肥、滚压、表施土壤、通气等内容。

一、草坪灌溉技术

灌溉是保证适时、适量地满足草坪草生长发育所需水分的主要手段之一，是弥补大气降水不足的有效措施。尤其在干旱地区，蒸发量大于降水量，水分成为草坪草生长发育的最大限制性因素，解决草坪水分不足的最有效的方法就是灌溉。在夏季炎热气候条件下，适时灌溉能降低温度，防止草坪草高温灼伤。在冬季来临前进行冬灌，可以提高土温，防止冻害。草坪灌溉能增加草坪植物的竞争力，抑制杂草，延长其利用年限。另外，适时灌溉可以预防病虫害的发生。

在铺设草坪灌溉系统之前，必须考虑有多少资金能用于灌溉系统中。针对投资建设永久性自动喷灌系统的长期回报的问题引起很多争论，许多单位不愿意投入大量资金建设永久性灌溉系统。至于在草坪建植中长期使用的胶皮管浇水方式，看起来似乎很经济，其实从长远效果来看，不仅操作麻烦，花费劳力，而且皮管在草坪上的拖拉很容易损坏草坪，也很难控制灌溉的均匀度和强度，特别是面积很大的草坪，仅仅靠拉皮管来浇水，显然是远远不能满足要求的。所以在财力允许的情况下实现喷灌管道化、自动化是非常必要的。

（一）草坪灌水量的确定

草坪对水分的消耗主要表现在地表蒸发、植物蒸腾和土壤大孔隙排水三个方面。草坪对水分的消耗量取决于太阳辐射的强弱。当盛夏太阳辐射强时，草坪蒸发、蒸腾水分损失以最大速度进行。草坪草根系的深浅不同，对水分的要求也不同。根较深的草坪草其需水量相对较少，而根系浅的草坪草对土壤水分要求较高。草坪的耗水量还受草种及其品种、土壤类型、养护水平、降水频率及数量、干旱、气温等因素影响。

草坪灌水量可采用蒸散法来确定，即可安置蒸发皿来大致判断土壤蒸发的水量。除了大风区外，蒸发皿的失水量大体等于草坪地因蒸发而失去的水量。在生产中可以根据蒸发系数来表示草坪草的需水量。一般草坪的需水量为蒸发皿蒸发量的50%～80%。在生长季节，暖季型草坪草的蒸发系数为55%～65%，冷季型草坪草的蒸发系数为65%～85%。在没有测定蒸散条件的情况下，可依据一些经验数据来确定灌水量，作为一般规律，草坪通常每周灌水量应是2.5～4.0cm，以保持草坪葱绿。在炎热干旱的地区，每周可灌水5.1cm或更多。由于草坪根系主要分布在10～15cm以上的土层中，所以每次灌溉后应以土层湿润到10～15cm为标准。

在生产实际中，也可通过测定水分渗入土壤深度所需时间来控制灌水时间的长短，从而确定灌水量。

（二）灌溉时间

1. 灌溉时间的确定

灌溉时间的确定是草坪灌溉中的另一个重要环节，灌溉时间的确定需要丰富的管理经验，要求对草坪草和土壤条件进行细心的观察和认真评价。灌溉时间的确定有多种方法。

（1）植物观察法　当草坪缺水时，草坪草出现不同程度的萎蔫，进而失去光泽，此时就需要灌水了。

（2）土壤含水量测定法　用小刀或土壤钻分层取土，当土壤干到10～15cm的时候，草坪就需要浇水了。干土的颜色较湿土浅。

（3）仪器测定法　草坪土壤的水分状况可以用张力计来测量。张力计的底部是一个多孔的陶瓷杯，连接一个金属管，在另一端装有可计数的土壤水压真空表，张力计装满水后插入土壤中，当土壤干燥时，水从多孔杯吸出，张力计的真空指示器读数发生改变，从而根据真空指示器读数来确定灌水的恰当时间。

另外，现代草坪灌溉中利用多种机械和电子设备辅助确定灌水时间。有多种土壤电子探头可埋在土壤中，用于测定土壤水分含量，它的优点是可以用多个探头监测一大片草坪中不同区域的水分变化，获得的数据比张力计更有代表性，如ICT公司的MPS2土壤水分探头及配套的水分测定仪可依据土壤介电常数与含水量的相关性快速准确地测定土壤含水量。红外测温仪是另一种有前途的仪器，它可快速测定大范围草坪冠层的温度，借助温度与草坪需水量的相关性，可用来指导草坪灌溉，目前这一技术正在不断发展完善中。

2. 一天中的最佳灌溉时间

一天中最适合浇水的时间应该是无风、湿度高和温度较低的时候，这主要是为减少水分蒸发损失，夜间或清晨的条件可满足以上要求，灌溉的水分损失最少。而中午灌溉，水分可在到达地面前蒸发掉50%，而且易引起草坪的灼烧。但是草坪冠层湿度过大常导致病害的发生，夜间灌溉会使草坪草在几个小时甚至更长的时间内潮湿，在这种条件下，草坪植物体表的蜡质层等保护层变薄，病原菌和微生物易于趁虚而入，向植物组织扩散，所以综合考虑，许多草坪学家认为清晨是草坪灌溉的最佳时间。但有些时候灌水时间会受到限制，这时就要进行其他的补救措施，比如傍晚浇水后立即施用防治真菌的药剂。

草坪的使用是影响灌溉时间的又一重要因素。高尔夫球场管理者常说“不论何时，只要方便，就是一天中浇水的最好时间”。高尔夫球场在白天通常要进行比赛，所以多采用夜间灌溉，主要是为不影响白天场地的使用，由于高尔夫球场定期喷洒杀菌剂，所以夜间灌溉引起的病害并不严重。

在城市用水紧张时，草坪灌水应错开生活和生产用水高峰期。

（三）灌水次数

一般而言，草坪管理者可依据前面介绍的方法确定草坪需水量后，依据土壤类型和天气状况每周灌溉1~2次，如土壤保水能力好，可在根系层储存很多水，即可将每周需水量1次灌溉。在气候凉爽的天气，可以每隔10d左右灌水1次。保水能力较差的沙土应每周浇水2次，每3~4d浇每周需水量的一半，如1次用水量超过2.5cm，大量的水可能渗到根区下面，造成浪费。

对壤土和黏壤土，灌溉的基本原则是“一次浇透，干透再灌溉”，即每次灌溉时应使土壤湿润到根系层10~15cm，再次灌水时等土壤干燥到根系层深度。草坪草受到中等程度的干旱逆境，首先表现为萎蔫，接着叶片卷曲并且气孔关闭，这时是再次灌水的最佳时机。这种逆境的长期影响使草坪植物表皮加厚和促进根系向深处分布。应绝对避免每天浇水（高尔夫球场的果岭区除外，因为一方面要求有极高的草坪质量，另一方面由于低修剪造成了极浅的根系，抗旱力极差），因为经常湿润的土壤使草坪草的根系分布在很浅的土表，对各种不良环境缺乏抵抗力。

间断深灌并不是适用于所有情况，在沙土上将是一种水分浪费，因为水分会很快渗透到根系不能到达的土壤深处。渗透性不好的黏土也不适用这种方法，会引起地表积水。在这两种情况下，小水量多次灌溉更适合。

（四）草坪喷灌的主要质量指标

1. 喷灌强度

喷灌强度是指单位时间喷洒在草坪上的水深或喷洒在单位面积上的水量。一般是指组合喷灌强度，因为大多数情况下草坪喷灌为多个喷头组合起来同时工作，对喷灌强度的要求是水落下后能立即渗入土壤而不出现地面径流和积水，即要求喷头组合的喷灌强度必须小于或等于土壤的入渗速率。不同质地的土壤允许的喷灌强度（ρ 允许）是不同的（表 8－1）。

表 8－1 各类土壤的允许喷灌强度 （单位：mm/h）

土壤类型	沙土	壤沙土	沙壤土	壤土	黏土
允许喷灌强度	20	15	12	10	8

喷灌系统的组合喷灌强度（$\rho_{组合}$）一般要大于单喷头喷灌强度，其计算方法如下：

$$\rho_{组合} = q/A \leqslant \rho_{允许}$$

式中：q 为单喷头的流量；A 为单喷头的有效湿润面积，由设计情况而定，但一定小于等于以喷头射程为半径的圆面积。

2. 喷灌均匀度

喷灌均匀度影响草坪的生长质量，它是衡量喷灌质量的主要指标之一。喷头射程能够达到的地方，草长得整齐美观，而经常浇不到水或浇水少的地方会呈现出黄褐色，影响草坪的整体外观。与喷头距离不同的草坪长势有所差别，这是因为即使水量分布良好的喷头，水量分布规律也是近处多，远处少。依照这一规律进行喷点的合理布置设计，通过有效的组合重叠可保证较高的均匀度，防止喷水不匀或漏喷。

影响均匀度的因素除设计方面外，还有喷头本身旋转的均匀性、工作压力的稳定性、地面的坡度、风速和风向等。由于风是无法人为控制的，一般大于3级风时应停止喷灌，最好在无风的清晨或夜间灌溉。另外在设计时，支管走向应与主风向垂直，或用加密喷头来抗风。

3. 雾化度

雾化度是指喷射水舌在空中雾化粉碎的程度。由于草坪是比较粗放的植物，雾化程度要求低，雾化指标（工作水头与喷嘴直径的比值）为2 000～3 000均可。但在草坪苗期，喷洒水滴不宜过大。

（五）草坪喷灌系统的组成

一个完整的喷灌系统由水源、水泵、动力、管道系统、阀门、喷头和自动化系统中的控制中心构成。控制器通过一个遥控阀，在预定时间打开阀门，水压使喷头高出地面并开始自动喷水；预定时间结束时，阀门关闭，喷头又缩回地下。

1. 水源

在草坪的整个生长季节，应该有充足的水源供应。自来水、井、河流、湖泊、水库、池塘和其他质量合格、数量足够的水源都可用于草坪灌溉。

现在处理过的城市废水也开始用于草坪灌溉。城市废水是否适合灌溉，取决于水中所含物质（溶解物和悬浮物）类型和浓度，许多水中含有大量盐类、颗粒、微生物及其他物质，其中的一些物质对草坪有害。评价灌溉水质量的两个重要指标是总盐量及钠离子和其他阳离子相对浓度，总盐量或盐分浓度可用水的电导率（EC）来表示，EC低于250μs/cm为低盐度，排水良好时可用于灌溉；EC为250～750μs/cm，如有相当的淋洗条件也可用于灌溉；EC为750～2 250μs/cm，土壤排水不良时已不能用于灌溉；EC大于2 250μs/cm，一般不能用于灌溉。草地早熟禾、细弱翦股颖和紫羊茅对盐分高度敏感；苇状羊茅、多年生黑麦草不太敏感；狗牙根、钝叶草、匍匐翦股颖则相当耐盐。

钠吸收率（SAR）是用于估测灌溉用水中钠等阳离子危害程度的指标，土壤中的Ca^{2+}和Mg^{2+}起到抵消钠离子危害的积极作用，Ca^{2+}和Mg^{2+}含量越低，SAR越大，钠离子的危害越大。一般土壤中SAR含量在5～15可造成危害，具体造成危害的含量还与土壤结构有关。

硼（B）是重要的微量营养元素，但如灌溉水中硼的含量超过 1×10^{-6} 时则会对草坪有毒害作用。生活废水中常含有的铬、镍、汞、硒等也对草坪有毒害作用。

悬浮在水源中的各种颗粒使用前必须过滤掉，以避免危害灌溉系统部件，堵塞喷头，引起喷头不转等问题。粉砂和黏粒随水灌入土壤会封闭土壤孔隙，降低水分入渗速度。

2. 水泵

除非灌溉系统小或是直接分接在城镇总水管上，否则都需要一至几个水泵。从水源抽水的泵叫系统抽水泵，如系统中出现压力不足，可在压力管上安装增压泵（管道泵），以增加压力。这两种泵一般都是离心泵，泵壳内的助推器产生压力，旋转并将水压出排水口。以井或自然水体（河、湖、池等）为水源时，系统水泵多采用潜水泵。

3. 管道系统

包括干管、支管及各种连接管件。管道是草坪灌溉系统的基础，通过它把水输送到喷头而后喷洒到草坪上，因而管道的类型、规格和尺寸直接影响一个灌水系统的运作。管道多使用便宜、不腐蚀生锈、重量轻的塑料管材，有时总管道用水泥管、陶土管。

现用于灌溉系统的两种基本塑料管材是聚氯乙烯（PVC）和聚乙烯（PE），PVC 比 PE 管子更坚固耐用、更普及。这两种管道工作压力选择范围大，内壁光滑，水头损失小，移动安装方便，使用年限可达 15 年以上。PVC 管具有滑动套管或套节式的溶解焊接配件，很容易用溶剂黏合在一起。而 PE 管不能溶解焊接，因而增加了装配费用。在寒冷的冬天，塑料管中的水可能冻裂管道，所以管道必须埋入足够深的土中，或在冬天排除管道中的水。

4. 阀门和控制系统

所有灌溉系统都有一套阀门，以调节通过本系统的水流，自动化系统的遥控阀门是由控制器操作的。

控制器的基本部件包括一个定时器和称为端站的一系列终端。每个终端用电线或水管连接到一至多个遥控阀门，每个阀门依次操作一至多个喷头。终端控制的区域叫带。定时器上的表按预定时间旋转，定时器按顺序给一系列终端供电，这种依次自动接通各终端的过程叫一个循环。随各终端的接通，即可灌溉终端所覆盖的区域。通常由于水量和水压的限制，不能同时开启一个系统中的所有喷头，所以一次只能灌溉一个区域。

遥控阀门有两种主要类型——电控式和水控式。当接通控制器端点与阀门之间的电路时，电控阀门通电并打开。水控阀门靠管内的水压开或关。

较小的灌溉系统只有一个控制器，而大型设施，如高尔夫球场，则有一个能编程并能控制一系列附属田间控制器的中央控制器。更高级的控制器带有附件，如传感器，在下雨或系统内压力不正常时传感器能自动关闭灌溉系统。控制器也可连接在测量土壤水分的张力计或电极探头上，依据测得的土壤含水量，打开或关闭阀门。

5. 喷头

草坪用的喷头种类繁多，为喷灌系统的关键部分。不同喷头的工作压力、射程、流量及喷灌强度范围不同，一般在其工作压力范围内，其他几项指标随压力变化而变化，但变化范围不应很大。性能越好的喷头其变化范围应越小，这对简化设计工作及提高灌溉质量极为有利。适宜的工作压力是保证均匀喷水的关键所在，压力特别低的情况下，多数水分布在一个环内，这就是许多草坪喷头周围出现绿色的环，环外则是褐色或休眠草坪的原因。压力过高，雾化程度又太大，极易受风的影响而使喷水分布形状不规则。压力适合时喷出的水呈楔形，经喷头的适当交叉组合能获得较高的均匀度。喷头间隔是均匀的关键，常用的喷头排列方法有等边三角形和矩形两种，喷头选型及布点正确是喷灌效果好坏的关键。用于草坪的喷头可分为庭院式喷头、埋藏式（上喷式）喷头和摇臂式喷头三大类。

（1）庭院式喷头　庭院式喷头多数为低压喷头，以自来水为主要水源，适用于公园、机关、厂区绿化、街道绿地及庭院内的小片草坪的喷灌。

①手持式喷头：外形类似手枪，造型简单，能开关，通过快速接头与水管连接。大多集多种喷嘴一身。转换喷嘴可喷出不同水型。

②摇摆式喷头：主要由孔管、曲柄机构、水涡轮等构成，工作时水流驱动弧型喷臂摇摆。多孔射流，喷洒面多为矩形，可通过调整曲柄机构来控制喷管摆幅大小。

③旋转式喷头：主要有孔管式、甩片式等几种。孔管式喷头的每一孔管上有多个出水口，利用喷出水流的反作用力旋转，如 PK 孔管式和 252 式。甩片式喷头则是利用水流冲击力旋转，雾化效果好且价格便宜。

④固定散射式喷头：分地埋式和地上式两种。水呈膜状散射喷出，雾化效果好，具喷泉效果。有的角度可调（0～360°），可适应复杂不规则地形，

有的通过更换喷嘴可获得圆形或矩形喷洒面，其中矩形喷洒面的喷头对一些长条形绿化带的喷水极为适宜。

⑤花式喷头：集多种喷头于一身，通过旋转其外罩，对准不同的喷嘴，能喷出十余种喷型的水流，可适用更为复杂的不规则的小块草坪。

（2）埋藏式（上喷式）喷头　草坪专用，不用时喷头埋藏在地下，顶部与地面平齐，可承受人与剪草机碾压，便于管理和行动。工作时升降体在水压作用下自动升起，水流从升降体顶部喷嘴喷出。停水（失压）后，升降体在重力和弹簧恢复力作用下自动返回外壳。

①内水流驱动式：工作时升降体伸出，水流从升降体顶部喷嘴以射流状喷出，升降体边喷边自动旋转。旋转角从20°到360°，多数在45°～90°以整数变化，其射程及流量大都可调。该类喷头由内水流驱动，是欧美最流行的一类喷头，依其具体驱动方式可分为齿轮驱动式、滚球驱动式、水涡轮驱动式和活塞式，其中又以前两种居多。

a. 齿轮驱动式：喷头内设几组减速齿轮和换向机构，齿轮前端连接水涡轮，当压力水流冲击水涡轮时，齿轮也同时旋转并带动喷嘴按设定的喷洒角度旋转。通过调整换向机构的位置来控制喷嘴的旋转角度和喷洒范围。这种喷头结构紧凑，转动平稳，是埋地喷头中应用最广泛的一种。

b. 滚球驱动式：这是传动结构较为简单的一种，内有钢球旋转腔体和凸轮机构。工作时水流推动钢球转动并带动与腔体连接的喷嘴一起转动，通过凸轮机构可控制喷嘴喷洒方向和范围。有的喷头喷嘴无凸轮机构，压力水通过喷头底部的旋流板进入喷头体，水以较高的圆周速度旋转，带动钢球向上环绕喷头体底部的内壁旋转，随钢球的旋转，不断撞击喷嘴下部的支点，喷嘴得以旋转，这种喷头一般只能做全圆喷洒。

②埋藏摇臂式喷头：相当于在喷头外罩内安装了一个摇臂式喷头，喷头伸出地面后借助水流冲击摇臂撞击喷管转动，按即定角度喷洒，中小型摇臂喷头多由塑料制成，大射程摇臂喷头多由铜铝合金制成。该类喷头一般体积大，但结构简单，工作可靠，且价格便宜。

③散射式埋藏喷头：喷头升降体升出地面后并不旋转，水由喷嘴呈固有或设定好的喷洒角度散射出去。这类喷头射程一般5m以下，雾化效果较好，多用于小面积草坪喷灌，大面积使用能塑造出壮观的喷泉效果。该类喷嘴型号众多，有的型号可在0～360°内调整，还有的能喷出正方形或长方形。

（3）摇臂式喷头　转动机构是一个装有弹簧的摇臂，工作时摇臂在喷射水流的反作用下旋转一定角度，然后摇臂反弹，在其反作用力及切入水流后的切向附加力作用下，撞击喷管转动一定角度；然后进入第二个循环，不断重复。其转向机构可在20°~360°范围内调整，进行扇形喷洒，脱开转向机构可做360°全圆旋转，可适应各种复杂地形。当喷头布置在地块边缘时，为防止溅起的水花淋湿道路或建筑物，设计了专用精确喷管，如美国的35A—TNT系列。此外，喷头一般还有散水针或压水板用于调节喷头射程和雾化程度。常用的还有80B2系列喷头。

（六）喷灌系统的类型

喷灌系统按自动化程度可分为自动系统、半自动系统和人工系统；按主要组成和移动特点可分为固定式、移动式和半移动式。喷灌系统的选择要因地制宜，从经济、技术条件出发。

1. 固定式喷灌系统

所有管道系统及喷头在整个灌溉季节甚至常年都固定不动，水泵及动力构成固定的泵站，干管和支管多埋在地下，喷头靠竖管与支管连接。草坪固定喷灌系统专用喷头多数为埋藏式喷头，一般除检修外很少移动。少数非埋地喷头在非灌溉季节卸下。

虽然固定式喷灌系统需要大量管材，单位面积投资高，但运行管理方便，极为省工，运行成本低，工程占地少，地形适应性强，便于自动化控制，灌溉效率高，在经济发达地区劳动力紧张的情况下应首先采用。

2. 移动式喷灌系统

除水源外，动力、泵、管道及喷头都是移动的，最大优点是设备利用率高，从而可大大降低单位面积设备投资，另外，操作也比较灵活；缺点是管理强度大，工作时占地较多。草坪应用最多的移动式喷灌系统是绞盘卷管式，其工作原理是利用压力水驱动水涡轮旋转，通过变速机构带动绞盘旋转，随绞盘旋转，输水软管慢慢缠绕到绞盘上，喷头车随之移动进行喷洒作业。如常用的NAAN“迷你猫”系列120/43型自走式喷灌系统，性能可调，只需一人操作，整个行程可控制范围可达120m×40m，最高时速可达100m/h，速度及喷灌性能可调，并可自行停机。这类喷洒车适用于运动场、赛马场及大规模草坪场地的喷水，尤其适合已建成的大面积草坪。

3. 半固定式喷灌系统

动力、水泵及干管是固定的，支管与喷头是可移动的。干管上留有许多给水阀，喷水时把带有快速接头的支管接在干管上，喷头一般安装在支架上，通过竖管与支管连接。

（七）喷灌系统的设计

1. 收集基本资料

当地的气候、土壤条件；待建草坪的面积；预期的管理水平；水源的远近、高差、水压，电源情况；草坪单位经费支持能力。根据调查的资料和主管部门的希望和要求，进行全面分析，综合平衡。还应准备一张 1：500 或更详细的地形图作为设计底图。

2. 喷头选型与喷点布置

（1）影响喷头布局的因素　影响喷头的因素主要有风、水压、旋转速度、喷嘴和立管。其中风对喷灌布局的影响最大，因为风变化大，且不易控制。在吹风时，迎风面喷洒范围减小，水量增加，背风面相反。风速越大，这种作用越明显，这种现象可通过缩小喷头间距来解决。压力高于或低于设计压都不好，高压使喷头喷出的水过度雾化而缩小喷洒面积，并使喷头附近的水量增加。而低压不能使水充分雾化，使整个喷洒面积上的水量均减少。因此，应根据喷头说明书上所要求的压力和间隔布置喷头。旋转速度太高则有效喷洒面积减小，单位被喷面积的水量增加，当旋转速度不均匀时，则旋转慢的地方水多，快的部位水少。喷嘴必须与喷头设计间距及水压相一致，不论在最初安装时还是以后的维修等情况下，如果与设计标准不同会影响喷水效果。立管就是用来安装喷头的一段垂直水管，必须有足够的高度使喷头不致太低而影响喷水效果。立管还应具有足够大的直径以免因水的冲击或喷头旋转等造成的震动而影响喷头喷水。

（2）选型要点　按工作压力喷头可分为低、中、高压 3 种，小面积草坪或长条绿带及一些不规则草坪可选用短射程低压喷头；体育场、高尔夫球场和大型广场草坪可用中高压喷头。无论采用何种喷头，关键是组合后喷灌强度一定要小于或等于土壤的入渗强度。另外，同一工程应尽可能选用一种型号或性能相似的喷头，以便管理和控制灌溉均匀度。

（3）喷点的组合布置设计　喷点的组合布置包括喷点组合形式、支管走向、喷点沿支管间距、支管间距等内容，其设计合理与否直接关系到灌水质量。喷点组合形式有矩形、三角形、等边三角形和正方形，具体选择决定于地块形状和风速等，不规则地块一般分规则的几大块分别设计。草坪喷点设计以正方形最多。支管布置应考虑地形和当地主要风向。喷点间距依据喷头射程计算，通常喷头间距为相应射程的0.8～1.3倍。

3. 喷灌水力设计

喷灌水力设计主要包括以下几步：

(1) 初步确定干管与支管管径　管径决定了工程成本和流量是否足够。

(2) 管道水力损失（水头损失）计算　包括管道水头损失和局部水头损失。

(3) 支管水力设计　一般流程是：

喷头选型→确定布点及管长→确定支管流量→初设管径→计算水力损失→校核→调整管径、管长重复计算→确定管径、管长。

(4) 干管水力设计　类似于支管，总的要求是支管分流处的压力应满足支管的压力要求。

4. 水泵的选择

根据喷头工作压力、各级管道沿程水头损失、动水位平均高程与喷头高程之差，以及整个系统流量（系统内同时工作的喷头流量之和），选择流量和扬程合适的水泵，一般水泵设计流量和扬程应大于系统流量和所需压力的10%～20%，以避免实际运行时流量和扬程达不到设计要求。

目前常用的水泵有螺旋离心泵和垂直涡轮泵。一般用压力箱控制水泵效果最好。草坪供水系统通常由一个或多个主泵和一个副泵组成。水泵的功率应适宜，太大太小均不好。喷灌系统设计流量应大于全部同时工作的喷头流量之和。$Q=n\rho$（Q 为喷灌系统设计流量，ρ 为一个喷头的流量 mm^3/h，n 为喷头数量）。水泵选择中功率大小计算可采用下列公式：

$$N(kW)=\frac{9.81k}{\eta_{泵}\ \eta_{传动}}Q_{泵}\ H_{泵}$$

式中：N 为动力功率；k 为动力备用系数1.1～1.3；$\eta_{泵}$ 为水泵的效率；$\eta_{传动}$ 为传动效率0.8～0.95；$Q_{泵}$ 为水泵的流量（m^3/h）；$H_{泵}$ 为水泵扬程（m）。

在实际设计中，在水泵选定后，如果是与电机配套就可以直接从水泵上查出配套的电机的功率和型号。在电力不足的地区应考虑采用柴油机。

（八）其他喷灌设备和系统

1. 过滤设备

草坪喷头的出水口一般较小，抗堵塞能力较差，对水质要求较严格。如水中杂质太多，会引起出水口堵塞，严重者使喷头停转，系统瘫痪。

目前常用的过滤设备主要有旋流式分离器、沙过滤器、滤网过滤器和叠片过滤器等。旋流式分离器又叫离心式或旋流式水沙分离器，主要由进出水口、旋涡室、分离器、贮污室和排污口等几部分构成。当含沙量低于5%时，它能消除0.074mm以上泥沙的98%，而且能连续过滤，但不能消除灌溉水中比重小于1的有机污物，只能起到初级过滤的作用。沙过滤器由进出水口、过滤罐体、沙床和排污口等几部分组成，其沙床是三维过滤，具有较强的截获污物能力，是一种较理想的过滤设备。滤网过滤器的种类繁多，多由进出水口、滤网和排污口几部分构成，构造简单、价格便宜、使用最广泛，主要用于过滤水中的粉粒、沙和水垢等污物，但过滤效果不好，特别当压力较大、有机物较多时，污物甚至会穿过滤网而进入管道，在喷管压力较高时应采用不锈钢滤网，而不是尼龙网。叠片式过滤器是才发展的一种新型过滤器，灌溉水经叠片层层过滤，过滤面积大，周期长，过滤效果最好，价格也较高。

2. 滴灌系统

滴灌系统又叫地下灌溉，将有狭缝或小孔的小塑料管或陶器埋入根系层土壤中，灌溉水经过这些小孔进入土壤，因浇水时没有大气蒸发，所以地下灌溉系统非常节水，但技术要求和建设成本极高。为防止水分下渗，可在根系层下加塑料隔层。

（九）节约用水的措施

伴随社会经济水平的发展，城市水资源越发显得不足，我国是一个水资源紧缺的国家，而且水在地域上的分配极不均匀，所以每个草坪管理者必须密切关注并行动起来，节水灌溉是当务之急。

1. 草种选择

选择适应当地气候条件的草坪草种或品种是节约用水的一项重要措施。一些干旱地区倾向于用暖季型的野牛草代替冷季型草坪草，野牛草可在极端干旱条件下不进行灌溉，而大多数冷季型草坪草无灌溉则生长不良甚至死亡。南方用狗牙根比匍匐翦股颖节约更多的灌溉用水。

品种间的需水差异也很明显，在凉爽湿润的地区，有些草地早熟禾品种比改良品种更适应无灌溉的条件。有研究证明，同种草坪草的品种间的蒸散差别很大。

2. 修剪高度

提高草坪修剪高度，可使地上有更多的绿色组织通过光合作用合成更多的碳水化合物供根系生长所需，这样根系可变得更深广，可从更大范围土壤中吸收水分，就能更有效地利用水分。提高修剪高度后，更厚的冠层可减少蒸发而减低蒸散，同时还能促进根系发育并保护草坪草基部分生组织不受高温伤害。

3. 施肥

水分管理的一个重要方面是维持恰当的养分平衡，一块多年不施肥的草坪根系分布很浅，在干旱逆境下很快会进入休眠状态而变成枯黄，所以正确的施肥可提高草坪的用水效率。但过多的施肥，特别是氮肥，会导致草坪草地上部分过分生长，而且叶片表皮薄且多汁，会因大量蒸腾而损失过多的水分，伴随蒸散的增高，草坪对水分的利用率和对干旱的抗性开始下降。在干旱时期应控制氮肥用量，应使用富含磷、钾的肥料，因为这两种元素能增加草坪草的抗旱性。

4. 清除枯草层和打孔

枯草层能降低水分利用效率，它是水分渗入土壤的障碍，常引起水分在地表流动，进而因蒸发而损失，还会导致植物根系分布变浅，所以打孔通气可打破枯草层并加快其分解，改善土壤的渗透性，降低土壤紧实度并促进根系向更深的土层分布。在草坪面临逆境时应避免进行打孔通气操作，因为这将增加蒸发而使草坪面临更严重的逆境。夏末秋初是冷季型草坪草的最适打孔通气时间，暖季型草坪草在盛夏逆境到来之前打孔通气最有好处。

5. 其他管理措施

减少剪草次数并使用锋利的刀片也可有效地节约用水，剪草的伤口水分损失显著，剪草次数越多，伤口张开的时间越长；钝刀片剪草的伤口粗糙，愈合的时间较长。少用除草剂，因为某些除草剂会伤害草坪植物的根系。建植草坪时使用有机肥和土壤改良剂，可提高草坪土壤的保水能力。

6. 化学药剂

蒸腾抑制剂可减少蒸腾水分损失，它们通过包裹在植物表面而起作用，蒸腾抑制剂对乔木和灌木很有效，由于草坪生长季节的旺盛生长和不断有一部分组织被剪掉，所以在使用上受到限制；有时他们被用于休眠草坪以防止干燥。

植物生长调节剂具有降低草坪草水分损失的潜力，如抑长灵（Embark）可降低狗牙根的水分消耗率35%。

湿润剂可使水形成水滴，减少水与固体或其他液体间的张力，草坪上使用可增加土壤的湿润度，特别适用于一些难于湿润的疏水土壤，也可使根系层湿润得更均匀，但这些化学药品如使用不当，能伤害草坪，使用后应立即浇水。

（十）灌溉注意事项

1. 幼坪灌溉

最理想的灌水方式为微喷灌。在出苗前每天浇水两次，土壤湿润层的厚度为5~10cm。随着幼苗的逐渐变得茁壮，逐渐减少灌水的次数和灌水量。

2. 灌溉与施肥时间

一般施肥后应及时浇水，以避免可能出现的烧苗现象。

3. 封冻水量

在冬季寒冷的地区，入冬之前应对草坪浇灌封冻水。封冻水应在地表刚刚冻结时进行，灌水量应比较大，充分湿润表层的30cm的土壤。以漫灌为宜，但要防止“水盖”的发生。

4. 返青水

在春季土地开始解冻之前，草坪开始萌动时，应该及时地浇灌返青水。如果有霜，应该在霜冻融化之后再进行浇水，否则，草坪草会像开水烫过一样萎蔫死亡。

二、草坪修剪技术

修剪，又称剪草，是指为了维护草坪的整齐、美观及充分发挥草坪的坪用功能，使草坪保持一定高度而进行的定期剪除草坪地上一部分生长的枝叶。它是保证草坪质量的重要措施。通常情况下，草坪应定期修剪。在草坪草能忍受的修剪范围内，草坪修剪得越短，草坪越显得均一、平整和美观。草坪若不修剪，长高的草坪草失去观赏价值，对于运动场草坪则干扰运动的进行，使草坪失去坪用价值。适当的修剪，可促进草坪草的分蘖，有利于匍匐茎的伸长，增大草坪的密度。修剪会使叶片的宽度变窄，提高草坪的质地，使草坪更加美观。另外，定期修剪还能抑制杂草的入侵，防止杂草种子的形成，减少杂草的种源。然而，大部分草坪草忍受修剪的能力是有限的，不适当修剪也会给草坪带来不良影响。剪除过多茎叶减少了光合面积，植物储存的营养物质减少，根系量减少、根系分布变浅，植株再生能力降低，伤口易侵入病菌，这会对草坪生长产生不利影响。

（一）修剪原则

草坪修剪的基本原则为每次修剪的高度不能超过草坪草茎叶自然高度的1/3，即草坪修剪必须遵守的1/3原则，否则会因地上茎叶生长与地下根系生长不平衡而影响草坪草的正常生长。例如，若草坪需要修剪的高度为2cm（剪草机的刀片置于2cm的修剪高度），那么当草坪草高度达到修剪高度的1.5倍时，即长至3cm高时就应进行修剪，剪掉1cm。

新建草坪由于草坪草比较娇嫩，根系较浅，修剪时应高于维持高度的1/3，最好在草坪高于修剪高度后修剪，并逐渐降低修剪高度，直到达到要求高度，同时应避免使用钝刀片，以防将小草从土中拔出。

（二）修剪高度

修剪高度也叫留茬高度。修剪高度是修剪后草坪茎叶的高度，适宜的修剪高度常受草种及其品种本身的特性、草坪质量要求、草坪用途、环境条件、发育阶段等因素的影响。

草坪草种及其品种不同，修剪时的留茬高度也不同。每一草坪草种及其品种根据其生长特性，都有它适宜的修剪高度范围（表8－2），在范围内修剪可获得令人满意的草坪质量。留茬过高，草坪变得稀疏、蓬松，出现抽茎、起草丘、黄茬和枯枝叶积累等不良现象，草坪质量低下。修剪过低，草坪草贮存养分减少、根系生长量降低，从而使草坪草耐受不利环境和抵抗病虫害的能力减弱，特别是当实行“齐地剪”时表现尤为明显。尽管草坪草可通过增加密度来补偿组织的损失，但这需要时间，如果修剪高度是逐渐降低的，经过几个星期草坪草可适应这一高度。如果修剪高度下降太快，造成齐根剪，草坪没有机会适应这种变化，在逆境下，对草坪造成严重伤害，甚至毁掉草坪。但在一些特殊情况下可采取一定程度的齐地剪，当草地早熟禾草坪春季返青时，齐根剪可去除死亡组织，使阳光直接照射到新生植株上；齐地剪对结缕草草坪特别有用，在结缕草从休眠中恢复前剪去50%～75%的组织有助于防止结缕草草坪变得蓬松，维持其生长季节的良好草坪质量。

草坪的质量要求和用途是影响修剪高度的最重要因素，草坪质量要求越高，修剪高度就越低。高质量要求的草坪，如高尔夫球场的果领区，为了获得一个最佳的击球表面，常常将修剪高度控制在0.3～0.64cm；观赏草坪适宜的留茬高度为3～4cm；而粗放管理的草坪，如高尔夫球场的高草区草坪可允许留茬高度为7.6～12.7cm；护坡和水土保持绿地甚至可以不修剪。

草坪所处的环境条件是决定草坪修剪高度的重要因素。潮湿多雨季节或地下水位较高的地方，留茬宜高，以利加强蒸腾耗水；干旱少雨季节应低修剪，以利节约用水和提高植物的抗旱性。当草坪草在某一时期处于逆境时，应提高修剪高度，如在夏季高温时，提高冷季型草坪草的修剪高度，以增强其耐热、抗旱性。而早春和晚秋低温时，提高暖季型草坪草的修剪高度，同样可以增强其耐寒性。对病虫害和践踏等损害较严重的草坪，可暂缓修剪或提高留茬高度。生长在遮阴条件下的草坪，无论是冷季型还是暖季型草坪草，修剪高度都应比正常情况下高1.5～2.0cm，使叶面积增大，以利于光合产物的形成。一般进入冬季的草坪修剪高度应高于正常情况，以使草坪冬季绿期加长，春季返青提早。在草坪处于等其他逆境胁迫下时也应适当提高修剪高度，以提高草坪抗逆性。

表8－2　常见草坪草参考修剪高度

冷季性草坪草种	修剪高度（cm）	暖季性草坪草种	修剪高度（cm）
草地早熟禾	2.5～5.0	结缕草	1.3～5.0
粗茎早熟禾	3.8～5.0	沟叶结缕草	1.5～3.5
一年生早熟禾	2.5	细叶结缕草	2.0～6.0
加拿大早熟禾	7.5～10.0	狗牙根	1.3～3.8
苇状羊茅	4.3～5.6	巴哈雀稗	4.0～10.0
紫羊茅	2.5～6.3	地毯草	2.5～5.0
羊茅	1.5～5.0	野牛草	2.5～5.0
多年生黑麦草	3.8～5.0	假俭草	2.5～5.0
一年生黑麦草	3.8～5.0	钝叶草	3.8～6.5
匍匐翦股颖	0.5～1.8	马蹄金	1.3～2.5
细弱翦股颖	1.3～2.5		
绒毛翦股颖	0.5～2.0		

草坪草发育阶段的特性是确定草坪修剪高度的重要因子之一。在休眠期和生长期开始前，可将枯黄的草坪草剪得很低，并清除草屑，对草坪进行全面清理，以减少土表遮阴，达到提高土壤温度、降低病虫害侵染的机会，促进草坪提前返青和健康生长。

利用强度也是影响草坪修剪高度的主要因素。此时首先应考虑草坪承受的创伤破坏力，其次考虑草坪高频率利用时的美观和使用要求。像足球场、橄榄球场受强烈践踏的运动场草坪，修剪高度可适当提高。对于像高尔夫球场、保龄球场等轻型运动的草坪而言，为保证运动成绩，必须严格控制修剪高度，以形成光滑的坪面质量。

草坪草的形态结构在修剪高度方面也起着重要的作用，因为草坪草茎和叶形态特征决定其在某一修剪高度下的耐剪能力。低矮匍匐型的草种如匍匐翦股颖和狗牙根比高大直立丛生型的苇状羊茅、多年生黑麦草和早熟禾耐低修剪。

综上所述，确定草坪修剪高度应综合考虑各种因素，但主要考虑草坪草种类、草坪类型和修剪前草层的高度。另外，修剪时要注意的是，短茬修剪必然增加修剪次数，增加养护成本。

另外，在许多情况下，草坪的实际修剪高度与剪草机设置的高度不同。因为剪草机工作时行走在草坪茎叶上，致使剪草机被垫得稍高，实际修剪高度就高于设置高度；而在有些情况下，当地面松软，有枯草层时，剪草机可能下沉，实际修剪高度又低于设定高度。所以，在剪草时可结合测量剪草后的实际高度，在一个坚硬的平面上测量和调整剪草机刀片与地面的高度来调节设定剪草高度。

（三）修剪时间和频率

草坪修剪的时间与草坪草的生育期直接相关，因此，必须掌握草坪草的季节生长规律。为获得优质草坪，在草坪草生长旺盛时期高频率修剪是必要的。如暖季型草坪草日本结缕草在气温25～30℃时生长量最高，15℃时生长量显著下降。而冷季型草坪草翦股颖和草地早熟禾在20～25℃时生长量最大。

一般来说，为了维持良好的草坪质量，在草坪草的整个生长季节都需要修剪。对于冷季型草坪而言，修剪主要集中在生长旺盛的春（4～6月）、秋（8～10月）两季；而暖季型草坪则主要在夏季（6～9月）。新建植的草坪初次修剪在草高达到计划留茬高度的1.5倍时进行，例如留茬高度为6cm，当草坪长到9cm时修剪。

草坪修剪的频率是指一定时期内草坪修剪的次数。草坪修剪频率决定于草坪草的种类、生长速度、草坪的用途、质量、养护水平等因素。多年生黑麦草、苇状羊茅等生长量较大，修剪频率高；一些生长较缓慢的草种如假俭草等则需要较低的修剪频率；草坪草的生长速度快，修剪频率高，反之则低；用于运动场和观赏的草坪，质量要求高，修剪高度低，修剪频率高，而一般绿化和水土保持草坪质量要求低，修剪高度高，修剪频率低；大量施肥、灌溉多的草坪生长较快，修剪频率比粗放养护的草坪要高。

春秋两季温度和降雨等条件适合冷季型草坪草生长，每周可修剪 2 次，而在夏季，气候条件对冷季型草生长不利，每 2 周修剪 1 次就可满足要求。暖季型草坪草夏季生长旺盛，需要经常修剪，其他季节气温较低，草坪草生长缓慢，修剪的频率要适当降低。

修剪频率也决定于草坪的修剪高度，修剪高度越低则修剪频率越高，如某一草坪草假定每天生长 0. 25cm，留茬高度为 1cm，草高 1. 5cm 时就要修剪，即平均 2 天剪 1 次。如果留茬高度为 3cm 时，当草长到 4. 5cm 时才需要修剪，也就是大约 6d 剪 1 次。

如果草坪草长得过高，不要 1 次将草坪修剪到正常的留茬高度，否则将使草坪草的根系在一定时期内生长停止；修剪量超过 40%，草坪根系会停止生长 6d 至 2 周。正确的做法是，定期间隔剪草，增加修剪次数，逐渐将草坪降到要求的高度。例如，草坪高度为 12cm，要求修剪到 4cm，首先把草坪剪到 8cm，经过 1 ~ 2 次修剪后，降到 6cm，最后再过一段时间剪到 4cm。这样做显然比较费时、费工，但能够保持良好的草坪质量。对质量要求不高的粗放管理草坪，可不依照 1/3 原则，仅在整个生长季修剪几次或根本不修剪，但必须是耐粗放管理的一些草种。

（四）修剪机械

草坪剪草机，主要用于草坪的定期修剪，是草坪养护管理的常用设备。随着草坪业的发展，剪草机的技术也得到了长足的发展。目前，草坪剪草机种类繁多，性能各异，能适应不同用途的草坪，操作方便。但最常用的有 2 个主要基本类型：滚刀式（滚筒式）剪草机和旋刀式剪草机。

滚刀式（滚筒式）剪草机主要由旋转的滚刀和固定的刀床两部分组成。当卷轴旋转时，叶片被卷进锋利的刀床并被切断。滚刀式剪草机比旋刀式剪草机有更好的修剪性能，能将草坪修剪得十分干净，是高质量草坪最通用的机型，但滚刀式剪草机价格较高，并要求严格的保养，因此，最常用的还是旋刀式剪草机。

旋刀式剪草机占草坪用剪草机总量的 98%。旋刀式剪草机以高速水平旋转的刀片把草割下，剪草性能常不能满足高养护水平的草坪要求，尽管如此，如果保持刀片锋利，还可以达到满意的效果，因此，在成本投入比较低的大部分绿地和低养护草坪可用旋刀式剪草机。

除了上述2个主要基本类型外，还有连枷式剪草机和甩绳式剪草机，不同用途的草坪应采用相应的剪草机械（表8－3）。

表8－3　不同类型剪草机适应范围

类型	剪草高度（cm）	留茬高度（cm）	适应性
滚刀式	0.3～9.5	0.2～6.5	需要管理水平较高、低修剪的运动场草坪，如高尔夫球场果岭。修剪的草坪平整干净
旋刀式	3～18	2～12	一般的草坪，修剪的草坪较平整
连枷式	自然	3～5	杂草和细灌木丛生的绿地，如公路两侧和河堤的绿地，修剪的质量差
甩绳式	自然	5～8	杂草和细灌木丛生的绿地，修剪的质量很差

对于一块具体的草坪来说，欲选择最佳剪草机的类型往往要考虑许多因素，如草坪要求修剪质量、草坪面积、修剪高度、草坪草的种类及品种、剪草机的修剪幅宽、经济条件等。小面积草坪可选用幅宽46～53cm的剪草机，大型运动场等草坪可选用旋刀式或滚刀式剪草机组，9筒的机组幅宽可在6m以上。但总的原则是在达到修剪草坪质量要求的前提下，选择经济实用的机型。

（五）修剪方式

草坪的修剪应按照一定的式样来操作，以保证不漏剪并能创造良好的外观。由于修剪方向的不同，草坪草茎叶倾斜方向也不同，导致茎叶对光线的反射方向发生变化，在视觉上就产生像许多体育场草坪见到的明暗相间的条带，这可以增加草坪美学效果。如用滚刀式剪草机按直角方向两次修剪可获得像国际象棋盘一样的图案。

同一草坪，每次修剪应变换行进方向，要避免在同一地点、同一方向的多次重复修剪，否则易使草叶向剪草方向倾斜生长，形成谷穗状纹理，导致草坪修剪不平整，出现层痕。变换修剪方向还可避免剪草机轮子在同一地方反复走过对草坪的重压，形成压槽和土壤板结。因此，修剪时应尽可能地改变修剪方向，最好每次修剪时都采用与上次不同的样式。

（六）草屑处理

草屑即剪草机修剪下的草坪草组织。如果剪下的草叶较短，可直接将其留在草坪内分解，将大量营养返回到土壤中，减少施肥。研究表明，草屑中含有3%～5%的氮、1%的磷和1%～3%的钾，特别是施肥后前3次修剪的草屑中含有60% ~70%的有效成分。但是，这时遵守1/3原则就很重要，因为剪下的茎叶越短越容易落到土壤表面，不影响美观，草屑还能迅速分解，不会加厚枯草层。有一种特殊的旋刀式剪草机称为覆盖式剪草机，可将修剪物切成很细小的段，加快草屑分解。

如果草屑较长，草叶容易留在草坪表面，影响草坪的美观，同时影响下面草坪草的光合作用，滋生病害，可将草叶收集在附带在剪草机上的收集器或袋内运出草坪。

发生病害的草坪，剪下的草屑应清除出草坪并焚烧处理。

高尔夫球场、足球场等运动场草坪，由于运动的需要，必须清除草屑。

(七) 修剪的注意事项

1. 剪草机

在草皮较干和土壤较硬时进行修剪，剪草机刀刃要锋利，调整要适当。因为剪草机一般都比较大，比较重，如果土壤太湿，剪草机会在地上留下较深的辙印，将会对草坪质量造成损害。另外，剪草机刀刃不锋利，也会增加修剪作业的难度，未被切断但受到磨损的叶片会很快变干，呈现褐色，叶片生长速度也明显变慢，这样就会严重影响草坪的质量。

2. 修剪质量

避免在直射光（如正午炎热时）下或草皮结露水时修剪。如遇有露水，应等到露水消退后再进行修剪，或者是阴天露水迟迟不消时，人为用棒子打去叶片上的露水，然后再进行修剪。若是用以上方法仍不能除去露水而又急需修剪时，工作人员应随时停下来清理粘在剪草机轮子和用于控制修剪高度的滚轴上的草屑，否则，粘上的草屑太多，不仅会影响剪草机车轮和滚轴的转动，而且会影响修剪质量。清理下的草屑要及时移走，因其容易粘结在一起形成草块，不及时从草坪清理出去，压在草块下面的草皮几天就会死亡。

3. 其他事项

一是要避免剪完后立即浇水或运动，防止病害传播；二是要修剪前后不能立即喷施化肥或农药；三是要草坪修剪前，特别是幼苗期的第一次修剪时，要注意清理草坪的表面，除去妨碍修剪的杂物；四是要初春返青期、盛夏休眠期、深秋枯黄前一个月，严禁过重修剪，一般是不修剪；五是要草皮在出现传染病害后，一般不宜修剪。

三、草坪施肥技术

草坪植物的正常生长发育，除了需要充足的阳光、温度、空气和水分外，还必须有充足的营养供应。施肥是草坪养护管理的一项重要措施，合理施肥可为草坪草生长提供所需的营养物质，还可增强草坪草的抗逆性，延长绿色期，维持草坪应有的功能。氮肥能刺激草坪草的茎叶生长，增加绿色；磷肥可促进草坪草根系生长，提高抗病性；钾肥可增加草坪的抗性，协调氮磷作用。一般情况下，要获得优质的草坪，了解草坪所必需的营养元素，掌握正确的施肥时间和施肥量，科学合理地进行施肥是非常重要的。

（一）草坪缺少营养的症状

1. 氮缺乏症状

缺氮草坪植物生长缓慢，分蘖少，茎短而纤细，叶色渐黄。缺氮症状首先出现在下部老叶，逐渐向上部发展。如果氮素继续缺乏，出现枝叶过早枯死的早衰现象。但是，氮素过多则草坪植物徒长，茎秆柔软，易倒伏，易形成枯草层，降低了草坪植物的抗逆性，容易引起病虫害。同时由于草坪密度过大造成荫蔽，影响光合作用的进行。另外，过多的氮肥还会造成草坪修剪工作量的激增，增加管理成本。

2. 磷缺乏症状

草坪草缺磷，植株矮小，不分蘖或分蘖少而且延迟；叶片窄细，稍呈环状卷曲，叶色暗绿苍老。缺磷症状首先出现在老叶，叶片先呈暗绿，然后呈紫色或红色。

3. 钾缺乏症状

草坪草缺钾，叶片柔弱并卷曲，叶色暗，无光泽，特别是老叶的叶尖、叶缘及叶脉间变黄，再变成棕色以至枯死，叶片呈枯焦状。

4. 钙缺乏症状

草坪缺钙，植株幼叶叶尖、叶缘或老叶脉间变为红棕色；缺钙时茎和根的生长点以及幼叶凋萎甚至坏死，植株早衰。

5. 镁缺乏症状

草坪草缺镁，最明显的症状是草坪失绿；叶片脉间缺绿，呈带状红色。

较老的叶片先显现病症。

6. 硫缺乏症状

缺硫草坪植株老叶先出现病症，叶片由灰绿转为黄绿，最后整个叶片枯萎死亡。

7. 铁缺乏症状

草坪草缺铁的最明显症状是草坪失绿。新叶脉间变黄失绿，如继续缺铁，叶片变白。

8. 硼缺乏症状

缺硼，草坪植物生长点易坏死，植株生长缓慢，叶片脉间失绿、变红。

9. 锰缺乏症状

缺锰草坪新叶发黄先显病症，叶片脉间缺绿，有坏死斑点，继续缺锰，整个叶片失绿、萎蔫、卷曲。

10. 锌缺乏症状

缺锌草坪生长迟缓，叶薄而皱褶，状如脱水。

11. 铜缺乏症状

缺铜草坪草新叶失绿，叶尖发白卷曲，出现坏死斑。

（二）决定草坪合理施肥的主要因素

一般说来，草坪施肥是否合理以及效果的好坏，不但取决于肥料本身，更主要的是取决于肥料的施用技术。如何进行草坪合理施肥应全面考虑以下几项因素。

1. 养分的供求状况

主要是指草坪草对养分的需求和土壤可供给养分的状况，这是判断草坪草是否需要肥料和施用何种肥料的基础。主要包括植株诊断和土壤测试，实践中常将 2 项结合起来应用。

植株诊断在氮肥的应用上是非常重要的技术，然而，在应用中还必须了解有些特征并非总是由于养分缺乏所致，不可忽略一些相关因素的可能性，如病害、虫害、土壤紧实或积水、盐害以及其他一些不适宜植株生长的环境条件，如温度、水分胁迫等。将这些因素排除之后，才可根据植株的表现症状来判断某种养分的丰缺。

土壤测试在确定肥料的某些养分构成、元素间的适宜比例和肥料施用量时常起决定作用。尤其是磷、钾肥料的施用主要取决于土壤中的有效水平。但当与氮肥同时施用或组合含3种元素的混合肥料时，保证营养元素间适宜的比例和平衡至关重要，这样可保证所施用养分的最大限度吸收和在草坪上达到最理想的效果，尤其是氮和钾之间的平衡。因此，定期进行的土壤测试可帮助草坪管理者逐步完善其施肥计划。

2. 草坪草对养分的需求特性

草坪草种类或品种不同对养分需求也常存在一定的差异，此差异尤其表现在对氮素的需求。在保持理想草坪质量时，有的草种需氮量中等或较高，也有一些草种可耐受的肥力水平较宽。例如紫羊茅对氮需求较低，高氮水平下草坪密度和质量反而下降。结缕草虽然在高肥力下表现更好，但也能够耐受低肥力。狗牙根尤其是一些改良品种，对氮需求较高，而假俭草、地毯草、巴哈雀稗生长量较低，对肥力要求也低。同一草种的不同品种间也存在差异。对于需肥少的品种如过量施肥则不但会影响草坪质量，还会使肥料投入成本以及草坪管理费用提高。此外，草坪草品种间在根系深度、根生长特性和根分布范围等方面的差异也会影响到它们从土壤中吸收各种养分的能力。

3. 环境条件

当环境条件适宜草坪草快速生长时，要有充足的养分供应满足其生长需要。此时，充足的氮、磷、钾供应对植株的抗旱、抗寒、抗胁迫十分必要。但在胁迫到来之前或胁迫期间，要控制肥料的施用或谨慎施用。当环境胁迫除去之后，应该保证一定的养分供应，以利于伤害后的草坪草迅速恢复。如夏季高温来临前冷季型草坪的氮肥施用要相当谨慎，氮素促进草坪草生长、组织含水量增加，却降低了对高温、干旱胁迫和病害的抵抗能力，夏季氮肥用量过高常伴随严重的草坪病害发生。

土壤的水分直接影响草坪施肥，土壤水分过多或过少，都影响草坪草对养分的吸收。在北方等干旱地区，施肥要结合灌溉或降水，一般每追一次肥相应灌水一次，这样可以保证肥效的充分发挥，也防止肥料烧伤草坪草。

4. 草坪质量要求

对草坪质量的要求决定肥料的施用量和施用次数。如高尔夫球场果领的草坪和作为观赏用草坪对质量要求和施肥水平均比一般绿地要高得多。

5. 肥料成本

在考虑肥料成本时，人们不应该仅看购买每吨肥料的价格，还要核算一下每单位养分的价格，另外也要考虑其他相关因素。如肥料对草坪草叶片的灼烧力大小、残效期长短、造粒特性是否易于撒施等，这几项因素对于没有太多施肥经验的草坪管理人员来说更应注意。

6. 草坪草生长速度

在选择供肥水平时，尤其是氮肥水平，主要取决于当时的目的是为了维持现有高质量的草坪，还是为促进草坪生长改善其质量，或是为受损后的草坪快速恢复。如是前者，则选择较低的供氮水平。相反，如若使密度较低、长势较弱或由于环境胁迫、病虫侵害的草坪尽快得到改善，则需要较高的氮水平。此外，新建草坪所需要的氮较成坪的草坪往往要高。

7. 土壤的物理性状

土壤质地和养分状况对施肥种类和数量影响很大。一般黏重土壤保水保肥性能好，肥效较慢，则前期多施用速效肥，但用量不能过多，以免后期草坪草徒长。颗粒粗的砂质土壤持肥能力差，易于通过渗漏淋失，施肥时应该采用少量多次的方式或施用缓释肥料，以提高肥料的利用效率。基肥应多施用有机肥。

8. 采用的栽培管理措施

主要包括草屑是否移出草坪以及草坪灌溉量的大小。草屑的残留可减少草坪30%的施肥量。对于草屑移出的草地早熟禾草坪（品种为Merion），在草坪生长季内氮需求量每月要增加0.9～1.5g/m^2。频繁的灌溉也会增加草坪对肥料的需求。

（三）选择肥料时要注意的几个问题

合适的肥料选择是制定高效施肥计划所要考虑的重要内容之一。一般来说，选择肥料要注意以下几个方面：一是养分含量与比例；二是撒施性能；三是水溶性；四是灼烧潜力；五是施入后见效时间；六是残效长短；七是对土壤的影响；八是肥料价格；九是贮藏运输性能；十是安全性。例如，肥料的物理特性好，不易结块且颗粒均一，则容易施用均匀。肥料水溶性大小对产生叶片灼烧的可能性高低和施用后草坪反应的快慢也影响很大。缓释肥肥效较长，每单位氮的成本较高，然而高出的成本往往可以通过减少肥料施用次数以节约用工费用和保持平稳的草坪质量效果来得以补偿。因此，随着人们对草坪质量要求的提高，缓效肥在草坪上的应用市场愈加广阔。此外，在进行草坪施肥时，肥料对土壤性状产生的影响不容忽视，尤其对土壤 pH 值、养分有效性和土壤微生物群体的影响等。有些肥料长期施用后会使土壤 pH 值降低或提高，从而影响土壤中其他养分的有效性和草坪草根系的生长发育等。综上所述，在具体情况下选择肥料时，必须将肥料各特性综合起来考虑，才能达到高效施肥的目的。

（四）施肥计划的制定

草坪施肥首先要制订一个施肥计划，即在一个生长季节中准备施用的肥料总量。首先是氮肥的用量，接着是氮磷钾比例的确定，确定后即可计算出对应的磷钾肥的施用量；施肥计划的第二步是确定施肥的时间和每次使用的肥料种类和数量。一个理想的施肥计划应该在整个生长季保证草坪草均匀一致的生长。尽管这一理想会由于温度和水分的波动难以达到，但是人们可以通过合理地选择肥料类型，制定适宜的施肥量和施用次数、施肥时间，采用正确的施肥方法等关键技术，使计划趋向于理想施肥。

1. 施肥量的确定

适宜的施肥量对草坪是非常有益的，过多或过少均会导致一系列问题。确定草坪施肥量应主要考虑下列因素：一是草种类型和所要求的草坪质量水平；二是气候状况如温度、降雨等；三是生长季长短；四是土壤特性如质地、结构、紧实度、pH 值、有效养分等；五是提供的灌溉量；六是草屑是否移出；七是草坪用途等。

草坪施肥量确定方法通常采用植物营养诊断法、土壤测定法和植物组织测试法。

植物营养诊断法，可用外观诊断法，即当植物不能从土壤中得到足够营养元素时，它们的外表和生长状况会发生变化，依据其特定的缺素症即可判断出可能缺乏的营养元素。而依据实践经验来进行大致的判断，这就需要诊断者的经验特别丰富，否则对各种营养元素缺素症与因气候、土壤、病虫害等引起的症状不易加以区分，如低温可引起草叶呈紫红色，类似缺磷或缺氮；干旱可引起生长受抑，并叶缘内卷，类似缺钾；风害也会使草坪叶缘内卷，类似缺钾；排水不良可引起叶片变黄，呈红紫色，也类似缺氮磷或铁锰等。更确切的方法是依据植物组织测试的方法进行诊断，但现在的问题是缺乏一套准确适用的草坪植物营养诊断所必需的数量化的诊断标准。

土壤测定法，在草坪上一般每3～5年测定1次，由于土壤营养缺乏和pH值等调节需更频繁的测定。土壤测定一般测试pH值、磷、钾水平，而氮的水平通常是根据草坪草的生长状况而不是通过土壤测试结果来诊断。取土样时，随机在草坪上选取15～20个样点，齐地面剪掉植物，用土钻钻取0～30cm深的土壤，把所取15～20个样在塑料桶中彻底混合，去除植扬组织阴干，而后化验分析。

氮是草坪施肥首要考虑的营养元素。一般说来，每个生长季冷季型草坪草的需氮量为20～30g/m^2，改良的草地早熟禾品种与多年生黑麦草需氮量较此值稍高，而苇状羊茅和羊茅略低些。暖季型草坪草较冷季型草坪草的需氮范围要宽，改良的狗牙根品种需氮量最高，通常为20～40g/m^2，而假俭草、地毯草和巴哈雀稗平均需要10～20g/m^2，结缕草和钝叶草居中。施肥时如选用的是速效氮肥，则应少量多次，提高肥料利用效率并避免短期内施肥过量，一般每次用量以不超过5g/m^2为宜，并且要施肥后立即灌水。但如果选用缓效氮肥，一次用量则可高达15g/m^2。草坪使用目的和强度也会影响施用量。运动场草坪较庭院草坪需要更多的肥料，尤其是高尔夫球场的匍匐翦股颖和狗牙根等需求量更高，如高质量的狗牙根草坪施肥量可高达50～80g/m^2。对于低要求养护管理的草坪，每年施肥量要低得多，有的草坪每年仅施5g/m^2。

表8－4列出了草坪的建议施氮量与施用时间以供参考。在某块特定的草坪上应用时必须考虑具体情况，结合前面提到的诸多因素再做适当的调整。在草坪施肥中，钾肥和磷肥的施用量也常根据土壤测试来确定。在一般情况下，推荐施肥中N：K_20之比经常选用2：1的比例，除非测试结果表明土壤富钾。也有一些管理者为了增强草坪草抗性，有时甚至采用1：1的比例。磷肥（以P_20_5计）的施用对于众多成熟草坪来说，每年施入5g/m^2即可满足需要。但是对于即将建植草坪的土壤来说，可根据土壤测试结果适当提高磷肥用量，以满足草坪草苗期根系生长发育的需要，以利于快速成坪。微量元素肥料在土壤测试未发现缺乏时很少施用（除铁外），但在碱性、砂性或有机质含量高的土壤上易发生缺铁。草坪缺铁可以喷施3%$FeS0_4$溶液，每1～2周喷施1次。如滥用微量元素化肥即使用量不大也会引起毒害，因为施用过多会影响其他营养元素的吸收和活性。通常，防止微量元素缺乏的较好方式是保持适宜的土壤pH值范围，合理掌握石灰、磷酸盐的施用量等措施。

至今为止，还没有一种肥料具有草坪需要的所有理想特性，它们往往具有某些优点，同时又有某些不足。这就需要草坪养护人员在草坪生长季作施肥计划时，要根据草坪养护管理中的经验和肥料用量的几项影响因素，将几种不同类型的肥料或不同肥源结合起来应用才能达到满意的效果。

表 8-4　不同草坪草种建议施氮量

冷季型草种	每生长季需氮量（g/m²）	暖季型草种	每生长季需氮量（g/m²）
草地早熟禾	12.0~30.0	结缕草	15.0~24.0
粗茎早熟禾	12.0~30.0	沟叶结缕草	15.0~24.0
苇状羊茅	12.0~30.0	狗牙根	15.0~30.0
紫羊茅	3.0~12.0	巴哈雀稗	3.0~12.0
羊茅	3.0~12.0	地毯草	3.0~12.0
多年生黑麦草	12.0~30.0	野牛草	3.0~12.0
一年生黑麦草	12.0~30.0	假俭草	3.0~9.0
匍匐翦股颖	15.0~39.0	钝叶草	15.0~30.0
细弱翦股颖	15.0~30.0	格兰马草	3.0~9.0
1/3 仲春；1/3 初秋；1/3 仲秋		1/3 早春；1/3 晚春；1/3 仲夏	
冷季型草坪建议用 2-1-1~3-1-2 或相近比例的肥料		暖季型草坪建议用 4-1-2~4-1-3 或相近比例的肥料	

2. 施肥时间

对于草坪适宜的施肥时间，有人说是春天，也有人推荐秋天，还有人认为在草坪草生长季内每个月均可。究竟哪个确切，可以说这几种说法都对也都不对。因为合理的施肥时间与许多因素相关联，例如草坪草生长的具体环境条件、草种类型以及以何种质量的草坪为目的等。在实际中没有一个统一的模式可循。

根据多年的实践经验，当温度和水分状况均适宜草坪草生长的初期或期间是最佳的施肥时间，而当有环境胁迫或病害胁迫时应避免施肥。因此，对于冷季型草坪草而言，春、秋季施肥较为适宜，仲夏应少施肥或干脆不施。晚春施用速效肥应十分小心，这时速效氮肥虽促进了草坪草快速生长，但有时会导致草坪抗性下降而不利于越夏，这时如选用适宜释放速度的缓效肥可能会帮助草坪草经受住夏季的胁迫。对于暖季型草坪草来说，在打破春季休眠之后，以晚春和仲夏时节施肥较为适宜。第 1 次施肥可选用速效肥，但夏末秋初施肥要谨慎，以防止寒冷来临时草坪草受到冻害。

3. 施肥次数

理想的施肥方案应该是在草坪的整个生长季节根据草坪对施肥的反应，及时调整肥料的施用。实践中，草坪施肥的次数常取决于草坪养护管理水平。

（1）对于每年只施用 1 次肥料的低养护管理草坪，冷季型草坪草于每年秋季施用，暖季型草坪草在初夏施用。

(2) 对于中等养护管理的草坪，冷季型草坪草在春季与秋季各施肥 1 次，暖季型草坪草在春季、仲夏、秋初各施用 1 次。

(3) 对于高养护管理的草坪，在草坪草快速生长的季节，无论是冷季型草坪草还是暖季型草坪草最好每月施肥 1 次。当施用缓效肥时，施肥次数可根据肥料缓效程度及草坪反应作适当调整。

4. *施肥方法*

施肥计划制定好后，施肥中最重要的是均匀问题，施肥不均匀，会破坏草坪的均一性，减低草坪质量和使用价值，肥多处草色深，因生长快而草面高出，肥少处则叶色浅低矮，无肥处草色枯黄稀疏，更有甚者还会在大量肥料聚集处造成肥料“烧死”草坪草，形成秃斑。一旦形成以上情况，需花很大气力才能纠正，所以最好正确地掌握施肥方法。

根据肥料的剂型和草坪草的需要情况，施用肥料的方法主要有颗粒撒施、叶面喷施和灌溉施肥 3 种方式。应根据草坪草品种、施肥季节及肥料种类等来选择适宜的施肥方法，以达到科学施肥、充分发挥肥效的目的。

(1) 颗粒撒施　复合肥是常见的颗粒肥，可以用手工或机械施用。一般小面积草坪采用手工施肥，大面积草坪一般采用施肥机进行。手工撒施肥料或机械施肥通常将肥料两等份，横向施一半，纵向施一半。在肥料量少时还可用沙拌肥，使肥料更均匀。常用的施肥机械有下落式或旋转式施肥机，在使用下落式施肥机时，料斗中的化肥颗粒可以通过基部一列小孔下落到草坪上，孔的大小可根据施用量的大小来调整。对于颗粒大小不匀的肥料应用此机具较为理想，并能很好控制用量。但由于机具的施肥宽度受限，因而工作效率较低。旋转式施肥机的操作是随着人员行走，肥料下落到料斗下面的小盘上，通过离心力将肥料撒到半圆范围内；在控制好来回重复的范围时，此方式可以得到满意的效果，尤其对于大面积草坪，工作效率较高；但当施用颗粒不匀的肥料时，较重和较轻的颗粒被甩出的距离远近不一致，将会影响施肥效果。

(2) 叶面喷施　将可溶性好的一些肥料制成浓度较低的肥料溶液或将肥料与农药一起混施时，可采用叶面喷施的方法。叶面施肥是用喷洒器施肥，是近几年来发展起来的施肥新技术，一方面节省肥料，另一方面又可提高肥效。但溶解性差的肥料或缓释肥料则不宜采用。

(3) 喷灌施肥　经过喷灌系统将肥料与灌溉水同时经过喷头喷施到草坪上。目前仅在高养护管理水平，如高尔夫球场上有时用到。

5. 施肥举例

芭田缓释复合肥施肥情况见表8－5。

表8－5　芭田缓释复合肥施肥情况

草坪类型		施用次数	施用量（g/m^2）	施用方法
运动场草坪		每2个月施一次	3035	
观赏草坪		每3～4个月施一次	2530	
	发球台	每1～2个月施一次	2030	机械或人工撒施
高尔夫球场草坪	球道	每2～3个月施一次	2535	
	果岭	每1.5～2个月施一次	1520	

（五）草坪肥料

由于草坪对养分的需求向均衡、专用化方向发展，草坪肥料的应用已由过去的使用有机肥和单质化肥过渡到草坪全价肥料阶段，在这一阶段，肥料的施用不仅考虑到某种单一和混播草坪营养平衡问题，同时考虑施肥与土壤结构及环境条件的改善和保护，把土壤—草坪—人类从可持续发展的角度有机结合。

1. 草坪专用复合肥

所谓草坪专用复合肥是指根据草坪草生长习性和规律所研制的专用型肥料，它是含有氮磷钾三要素中一种以上养分的多养分肥料，具有多元素、平衡营养等特性，在发达国家广泛使用。

草坪专用复合肥根据其养分释放速率分为速效肥和缓释肥2大类型，其中缓释肥以其良好的作用效果日益受到草坪使用者的青睐。

2. 草坪专用缓释肥

草坪专用缓释肥是指肥料施于土壤后，以某种调控机制或措施预先设定肥料在草坪草生长季节的释放模式，养分缓慢释放出来，使养分的释放规律与植物养分吸收相同步，从而达到提高肥料利用率的目的。

（1）草坪专用缓释肥的特点

①草坪专用缓释肥养分释放和供应的时间长，满足了草坪草持续吸收养分的特性，使草坪生长一致，产生良好的地面覆盖及浓绿的草坪颜色，增加可观赏草坪质量的天数；

②降低了氮肥的渗漏与挥发损失，避免了施肥对环境的污染和对人体的

潜在危害；

③一次施用量较大而不产生肥料灼烧，减少了施肥次数；

④避免草坪疯长，减少刈割次数和病虫害的发生；

⑤节约用工，降低成本。

（2）包膜技术和包膜材料　近几年来，在草坪专用肥中应用最为广泛的是Polyon技术，这一技术的主旨是通过特殊的包膜加工过程，将一种超薄聚合体同尿素采用化学方法结合起来形成可以达到完全缓释目的的颗粒。Polyon的养分释放主要由渗透作用调节，包膜材料的分解与土壤温度有关，而不受土壤湿度和pH值的影响。养分释放包括3个过程：①吸收水分，施用后第一周聚合体薄膜缓慢吸收土壤水分，当吸收的水分能够浸润养分时，养分开始溶解，但不释放；②养分溶解后在渗透压的作用下开始缓慢连续地释放；③包膜内的养分完全释放后，超薄聚合体分解，无环境污染。

（六）国内外草坪肥料发展概况与前景

1. 国外草坪肥料的发展概况

西方发达国家草坪肥料的发展时间几乎与农业用肥的发展时间相差无几，它随着草坪业的发展而迅猛发展，草坪肥料的生产已基本实现了复合化、专用化和缓释化。

草坪专用肥随着复合肥的大量生产而问世，后缓释肥研制成功，目前已生产出大量优质的草坪专用肥，如美国J. R. Simplot（辛普劳）公司生产的BEST®、APEX®、POLYON®系列草坪专用肥、加拿大VIGORO®系列草坪专用肥、德国BASF®系列草坪专用肥。

（1）丰富的品种使肥料的专用性增强

①肥料类型多：一般复合肥如BEST® Turf Supreme™16－6－8、绿冠系列；缓释肥如BEST® Golden Turf Supreme™ 27－3－7、GOLDEN VIGORO®草坪肥料24－4－8、芭田®控释复合肥；叶面肥如BEST® Paragonn 28－6－18；草坪除杂草肥料如GOLDEN VIGORO® 24－4－8；新建草坪肥料VIGORO® 18－24－12。

②适用于草坪生长的不同时期：用于播种前的如BEST® 6－20－20XB；用于春末夏初的如BEST－Tabs® 20－10－5、绿冠2号、nu－gro20－2－20春季草坪养护肥；用于秋季的如BEST® ProPrill 12－6－16、绿冠4号、nu－gro12－8－16夏秋草坪专用肥。

③适用于不同用途的草坪：以高尔夫球场为例：果岭区如 BEST® Mini Turf16－8－8；球道如 BEST® Turf Supreme™ 15－5－7。

④适用于不同类型的草坪土壤：碱性土壤如 BEST® Super－Iron9－9－9；酸性土壤如1－2－0；低肥力土壤如 BEST®　GreenKote16－2－16。

（2）颗粒均匀　精良的制造工艺使肥料颗粒均匀，施用方便，易与其他肥料混合。

（3）回报率高　良好的经济效益使草坪经营者得到较高的回报率。草坪专用肥多数具有3～6个月的缓释效果，因此减少了肥料施用次数；养分释放缓慢可以控制草坪疯长，减少了修剪次数。若计入肥料施用和修剪的人工费、机时费，那么施用草坪专用肥的成本低于普通复合肥，草坪经营者将获得较高的经济效益。

2. 国内草坪肥料的发展概况

我国草坪业起步较晚，与之相关的草坪肥料的研制和生产仍落后于发达国家。从肥料的生产上看，我国用于草坪的专用复合肥品种不多，国产缓释肥产品的施用效果与国外同类产品相比尚有较大差距；从肥料的应用上看，据统计有44%的草坪管理者在肥料品种的选择上仍以农用复合肥为主，而使用草坪专用肥的草坪管理者只有16%，缓释肥的施用仅局限于部分高尔夫球场和城市公园绿化草坪。

据专家预测，随着我国草坪业的迅猛发展以及人们环保意识的不断提高，缓释肥在我国草坪上的应用市场和应用前景会越来越广。

3. 草坪肥料发展前景

纵观化肥的历史和现状，面对二次加工复合化和肥料的专用化、缓释化，依据草坪草的生物学特性及其对营养需求的特殊性，草坪肥料的发展趋势将是多元素、多功能化，即生产肥料、杀虫剂、杀菌剂、除草剂为一体的复合物，达到节约劳动力、减少成本的目的；可控缓释化，即通过研制新型包膜材料，使肥料的释放速率能够人为控制，从而提高肥料利用率，减少环境污染。

四、草坪其他养护技术

一般情况下，如草坪草种及品种选择适宜，通过修剪、施肥与灌溉措施就可以获得观赏价值较高的优良草坪。然而，随着草坪生长年限的延长，草坪中会形成过厚的枯草层，草坪土壤板结，草坪内出现秃斑，这些都需要特殊的更新扶壮措施如滚压、表施土壤、打孔通气及草坪更新等来加以校正。

（一）草坪滚压技术

1. 草坪滚压的作用

滚压是草坪管理中一项重要的特殊管理措施，通过滚压可改善草坪表面的平整度，但也会带来土壤紧实等问题，因此要根据不同的情况慎重考虑，具体情况具体分析。

在草坪建植时，对耕翻、平整后的坪床进行滚压，可使坪床表面平整、结实。播种后进行滚压可使得种子与土壤紧密接触，出苗整齐。播种后滚压常采用带细棱的压轮，使得坪床表面产生细微的凹凸，在凹处形成一个湿润的小环境，有利于种子发芽。草皮铺设后进行滚压既可使坪面平整，又可使草皮根系与坪面接触良好，保证根系正常生长。

在寒冷的冬季，冻融交替可使草坪表面高低不平，滚压可将凸出的草坪压回原处，以防修剪时草层会被整块揭起或因干燥而死亡。蚯蚓、蚂蚁等在土壤中的活动虽然可以疏松土壤，有利于草坪草生长，但也堆土于草坪上，既影响草坪的平整，也直接影响草坪质量，可通过滚压来进行修复。

滚压广泛用于运动场草坪的管理中，以提供一个结实、平整的表面，使得运动过程中被拉出根的草坪草复位。在进行草皮生产时，也常进行滚压，以获得厚度均匀一致的高质量草皮；同时也可以减少草皮厚度，降低土壤损失，延长土地使用年限；还可以降低草皮重量减少运输费用。在有机质含量高的人工基质上，滚压是最有效的方法，可以最大限度地改善表面平整度。

2. 滚压的方法

滚压可用人力推动或机械牵引。手推滚轮重 60～200kg，滚压幅宽为 0.6～1m；专用草坪滚压机有手扶式和乘坐式两种，滚轮重 80～500kg，滚压幅宽可达 2m。滚轮常为空心的铁轮，可充水或充砂，通过调节水量、砂量来调整重量。滚压重量必须依据具体情况合理控制，避免强度过大造成土壤板结，或强度不够达不到预期效果。

滚压的重量依滚压的次数和目的而定，如为了修整床面宜少次重压（200kg），播种后使种子与土壤接触宜轻压（50～60kg），出苗后的首次滚压则宜轻压（50～60kg）。

同修剪一样，不能每次滚压都在同一起点，不能按同一方向、同一路线进行，否则会出现纹理。

3. 滚压时间

（1）草坪建植坪床准备的最后工序为滚压，使草坪坪面平整；播种后若使草坪种子与坪床紧密接触时采用滚压；草皮铺植后，为使草皮与地表充分接触，也要实施滚压；起草皮前需进行滚压。这时滚压的时期应随各种作业实施的时期而定。

（2）运动场草坪一般在比赛前后进行滚压。

（3）一般成坪的草坪，宜在草坪草的生长季进行，可使草坪致密、平整。

（4）有土壤冻层的地区，一般在春季解冻后进行，滚压可将凸出部分压回原处。

（5）对冷季型草坪草而言，镇压应在春、秋草坪草生长旺盛的季节进行，而暖季型草坪草则宜在夏季进行。而从利用的角度出发，则应在草坪建坪后不久、早春开始修剪后进行。

4. 滚压注意事项

（1）滚压也给草坪带来副作用，当土壤硬度超过242kg，草坪种子不能发芽、生根。所以经常滚压的草坪应定期进行梳耙、打孔通气，改善表层土壤的紧实状况，使草坪草生长在良好的土壤环境。地面修整也可采用表施土壤来代替滚压。

（2）在潮湿的土壤上，应避免高强度的滚压，以免土壤板结，影响草坪草生长。在过于干燥的土壤上，也要避免重压，防止草坪草地上部受伤。

（3）草坪弱小时不宜滚压。

（二）表施土壤技术

草坪表施土壤是将沙、土壤和有机质适当混合，均匀施入草坪坪床表面的作业。表施土壤在草坪建植和管理中用途较为广泛。

1. 表施土壤的作用

在草坪建植过程中，表施土壤可以覆盖和固定种子、枝条等繁殖材料，有利于出苗。在建成草坪上，则可以改善草坪土壤结构，控制枯草层，防止草坪草徒长，有利于草坪更新。对凹凸不平的坪床可起到补低、拉平，使坪床平整的作用。冬前表施土壤还可以为草坪草越冬提供保护。有时，还可以将肥料混合在土壤中施入草坪，促进草坪草生长；将农药混入，以杀灭地下害虫和土传病原物。在对退化草坪进行修补或更新时，常将种子掺入表施的土壤中，在覆土的过程中完成播种作业。

2. 表施土壤的材料

表施土壤的材料要与原有的草坪坪床土壤相似，是沙、土壤、有机质等的混合物，比例为沙：土：有机质为2：1：1或4：1：1。现在多倾向于全部用沙，效果良好。但长期用沙，会出现沙层，导致表面较硬，可能会出现局部干燥。表施材料中的有机质应是腐熟的有机质或良好的泥炭土，所采用的沙子应为质地均一，粒径小的河沙。为了取得最好的效果，应在施用前对表施材料过筛（Ø＝0.6cm）、消毒，而且表施材料要保持干燥，以便于能均匀地施入草坪。

3. 表施土壤的时间

表施土壤的时间应在草坪草萌芽期或生长季节进行最好。冷季型草坪草通常在春季（3～6月）和秋季（9～11月），而暖季型草坪草通常在春末至夏初（4～7月）和初秋（9月）。

4. 表施土壤的次数和数量

表施土壤不是一项日常的管理措施，只是出于控制枯草层或平整坪面等需要时才进行。表施土壤的次数与数量应根据草坪利用目的和草坪草生育特点而异。水土保持草坪可一次都不需要，庭园、公园等一般的草坪通常一年1次，运动场草坪则一年需要2～3次或更多。一般草坪1次施用量可大，施用次数可减少，而运动场草坪则需要少量多次。一般情况下，少量、多次进行表施，比偶尔进行重施要有效得多。

草坪表施土壤的量取决于表施的目的。每立方米沙土可在1 000m^2的草坪上覆土约1mm厚，如果是为了改造大范围的凹凸不平，或者是为了改变根层土壤组成，需要较大的覆土量。原有草坪土壤吸收表施土壤的能力也影响表施土壤的用量和次数。过多覆土会影响叶片的受光状况，影响光合作用，从而影响草坪草生长。

5. 表施土壤的方法

随着覆土机械、粉碎机、过筛机、搅拌机、拖耙机等开发和利用，使得表施土壤这一过程全部实现了机械化，这一管理措施也普遍被草坪管理者采用。表施后常进行拖耙，将施入的土或沙耙入草坪中，否则会影响修剪等管理措施。当表面不平整时，拖耙也可以使表施的土壤重新分布，去高补低，填平低洼处。这一措施也可以用刷子、扫帚等其他工具来完成。

草坪打孔后不清除芯土，而是通过拖耙来破碎芯土，使之重回草坪，其效果与表施土壤相同，而且破碎的芯土其质地和组成与原草坪土壤相同，不会产生层次。由于打孔时的土壤湿度较高，因此对于黏性土壤，不能在打孔后立即进行拖耙，应稍晾干后进行，否则不仅不能耙碎芯土，反而易形成黏条状，并涂污草坪；但也不能太干，太干则形成硬块，也不易耙碎。在很多场合，打孔后常进行表施作业，此时覆土的量应与打孔带走的芯土的量相等。

（三）草坪通气技术

草坪在使用一段时间后，由于滚压、浇水、践踏等使草坪表面坚硬，同时由于草坪枯草层的累积，使草坪草严重缺氧，生活力下降。在这种情况下，通常采用打孔、垂直修剪、划条与穿刺、松耙等作业之一，增加土壤的通气性，加快草坪枯草层的分解，促进草坪草的生长发育。

1. 打孔

打孔是用打孔机械在草坪上打许多孔洞，孔的直径在0.6～2.0cm，孔距一般为5cm、11cm、13cm和15cm，孔的深度随打孔机类型、土壤紧实度和土壤湿度的不同而不同，最深可达8～11cm。

打孔增加了土壤表面积，提高了土壤的通气性、吸水性和透水性，利于水肥的进入，刺激草坪根系的生长，控制枯草层的发生。打孔结合覆土效果更佳。但是，打孔可使草坪外观暂时受到影响；由于亚表层草坪组织外露，增加了草坪干枯的可能性；利于杂草萌发，增加了杂草侵入的机会；增加地老虎和其他喜居孔内害虫的发生几率。

（1）打孔时间　打孔的最佳时间是在草坪生长旺盛、恢复力强且没有逆境胁迫时进行，打孔后应进行灌溉。夏季由于天气炎热干燥，打孔会使草坪草产生严重的脱水现象，一般避免打孔。冷季型草坪最适合夏末秋初，暖季型草坪最好在春末夏初进行。打孔时注意土壤湿度。土壤太干，则不易穿透土壤，且机械易老化；太湿时，则会形成一个光滑而结实的洞壁，不利于草坪草根系生长。

（2）打孔机械　打孔有专门的草坪打孔机，包括手工打孔机和动力打孔机。手工打孔机主要用于一般动力打孔机作业不到的地方，如树根附近、花坛周围及运动场球门杆周围等。动力打孔机一般有垂直运动式打孔机和滚动式打孔机两种机型。

垂直运动式打孔机具有许多空心管，排列在轴上，工作时对草坪造成的扰动较小，深度较大。由于兼具水平运动和垂直运动，所以工作速度较慢，每 100m^{2}草坪约需 10min。调节打孔机的前进速度或空心管的垂直运动速度可改变孔距。这种机械常用于低修剪和打孔质量要求很高的草坪。

滚动型打孔机具有一圆形滚筒或卷轴，其上装有空心管或半开放式的小铲，通过滚筒或卷轴的滚动完成打孔作业。除了去除部分芯土外，还具有松土的作用。孔距由滚筒上或卷轴上安装的小铲或空心管的数目和间距决定。同垂直运动型打孔机相比，工作速度较快，效率较高，但对草坪表面的破坏性也较大，但孔要浅一些。该种打孔机常用于使用频度高和大面积草坪的打孔通气养护作业，如运动场和操场等。

（3）打孔后的处理　通常情况下，草坪打孔后或打孔时伴随着覆土或覆沙作业，否则灌溉和践踏导致两侧土壤移动，填埋打出的孔洞。打孔带来的优势很快会消失。所以一般草坪不清除打孔产生的芯土，而是通过拖耙或垂直修剪等措施将芯土原地破碎，这样一部分土壤回到孔内，留下的土壤与草坪表面的枯草层混合，加快其分解。

2. 垂直修剪

一般草坪修剪是横向的剪平草坪，而垂直修剪则是指用安装在横轴上的一系列纵向排列的刀片来切割或划破草坪。垂直修剪是清除草坪表面枯草层或改进草皮表层通透性为目的的一种养护手段。垂直修剪机的刀片在机械上的安装分上、中和下三位，如将刀片安装在上位时，刀片刚好接触草坪，可减去地上匍匐茎和叶片。当刀片安装在中位时，可破碎打孔留下的土条，使土壤重新混合。当刀片安装在下位时，可以去除大部分枯草层。此外，还可调节刀片深度，使之刺入枯草层以下，改善表层土壤的通透性。

在去除枯草层的同时，不可避免地会去除一些浅层根系，会对草坪草造成一定的伤害，对浅根系的草坪伤害可能会更严重，所以垂直修剪的时期非常重要。垂直修剪后需要 30 天的恢复期，因此最好在草坪草进入最适生长季节前进行，利于草坪草快速恢复。冷季型草坪是夏末秋初，暖季型草坪在春末夏初。同样，早春草坪草返青前也是垂直修剪的适宜时期，通过垂直修剪，可以去除大量冬季累积的枯草层，使得草坪草提前返青。

垂直修剪应在土壤和枯草层干燥时进行，这样可使草坪受到的破坏最小，也便于垂直修剪后的管理。垂直修剪的碎屑应立即清除，最好使用带有集草箱的垂直修剪机。

深层垂直修剪常随草坪更新一起进行，几次垂直修剪后，为覆播创造了良好的苗床。太厚的枯草层垂直修剪也没有明显的效果，唯一的解决办法是用起草皮机清除草坪和枯草层，调整地面高度后，重新铺栽除去枯草层的草皮。

3. 划条与穿刺

划条是利用圆盘耙上的“V”形刀片将草皮划破，一般划深7～10cm。穿刺是用刀片或实心锥对草坪表面进行穿刺，浅穿刺深度2～3cm，深穿刺可达10cm。划条与穿刺和打孔相似，也可用来改善土壤通透条件，特别是在践踏和土壤板结严重的地方。但划条与穿刺不移出土壤，而且对草坪破坏性小，不会产生草坪草脱水现象，因此可以经常进行。划条与穿刺可以切断草坪草匍匐茎或根茎，有助于草坪草根系和枝条的生长。

（四）修边

修边是用切边机将草坪的边缘修齐，使之线条清晰，增加景观效应。在观赏草坪，高养护草坪，尤其是纪念碑、雕像等四周的草坪，修边无疑是一项重要的管理措施。修边通常在草坪生长旺季进行，由于边行效应，草坪边缘的草坪草生长旺盛，需要修边以保持草坪形状。修边的同时还可以结合清除杂草，这些杂草是侵入源。修边用的切边机在其前侧面有一组垂直刀片装在轴上，刀片突出草坪边缘，作业时推动切边机沿草坪边缘前进，刀片高速旋转将草坪垂直切割，达到修边目的。修边深度通过升降前后行走轮实现。修边时注意刀片不能与石头相撞，否则机器会突然跳起，易发生事故。

（五）草坪花纹装饰技术

在运动场草坪中，为了使草坪景观更美，常常进行草坪花纹的装饰。装饰的方法是：在剪草时，用滚筒按不同的方向进行滚压，通过光线反射使草坪的色泽出现不同的花纹。有的滚刀式剪草机本身就带有滚筒，因此剪草时花纹的装饰也就同时完成。足球场、高尔夫球场草坪均可用此方法，一些企事业单位有形状比较规则的观赏草坪，在节庆时为了增加节日气氛，也可进行花纹的装饰。花纹的形状可根据不同的需求选择，有条线、网格状、或各种图形等。

五、草坪养护管理新技术

随着科学技术的不断发展，经过广大科技人员的不懈努力，在草坪养护管理领域，近几年来不断地引进了许多新技术，如保水剂的应用、草坪的生长调节以及草坪染色技术等。这些新技术的广泛应用，给草坪业带来了一场新的革命，从而提高了草坪的养护管理水平。

（一）草坪保水剂的应用

保水剂是一种不溶于水的高分子聚合物，能吸收自身重量200倍左右的水分。由于分子结构交联，分子网络中所吸附的水不能被简单物理方法挤出，故具有很强的保水性。它好似微型水库，除供种子和植物根部缓慢吸收，本身可以反复释放和吸附水分外，如果与农药、肥料和植物生长调节剂等成分结合使用，它们可以缓慢释放，起到缓释剂的作用，从而提高农药和肥料等的利用率。

保水剂的使用方法有拌土法和拌种法，以M、L型保水剂为主，对直播草坪或铺草皮，作业层一般可掺入25～100g/m^{2}保水剂；采用液压喷播机喷播草坪时，也可以混入保水剂。

保水剂的使用有利于草坪后期的养护管理。拌土法使用保水剂可节水50%～70%，节肥30%。M、L型保水剂还可提高土壤的通透性，改良土壤结构和抗板结，并有一定的保温效果，返青期提前5～7d，绿期延长约10d。采用保水剂的最大直观效果是植株粗壮，色泽浓绿。

保水剂首次使用时一定要浇足水，北方少雨地区以后还要补水，含盐较高的地区，保水剂吸水能力会有所下降。各地区根据土质、草坪草特点和雨水情况科学使用，也可配合肥料、农药、微量元素和植物生长调节剂等成分及沙子一起使用。

草坪保水剂已广泛用于干旱地区的草坪建植中，作为土壤的改良剂。保水剂是一种以聚丙烯酰胺为主要材料的高分子树脂，pH值为中性。当施入到土壤或其他介质中时，它可以吸收和保持大量的水分和养分，同时可大大减少因淋水和蒸发造成的水分和养分损失，并把水分和养分保持在植物根区附近，为植物生长提供最适宜的环境条件。此产品的主要作用表现在以下几点：

①使用后几年内提高土壤中水分的蓄积量；

②在极端的土壤和气候条件下可进行耕作；

③为植物提供适宜的土壤湿度；

④在降水稀少的地方，使植物生长发育良好；

⑤改善土壤的通透性；

⑥减少浇水次数1/2；

⑦减少1/3的养分流失；

⑧可抵御干旱、水土流失、荒漠化、水污染，达到美化环境的目的。

（二）草坪湿润剂的应用

草坪湿润剂是一种特别的表面活性剂，施入土中可以改善土壤的可湿性，减少蒸发带来的水分损失，减少降雨后的地表径流，减少土壤侵蚀，防止干旱和冻害发生，提高土壤水分和养分的有效性，促进草坪草生长。另外还能减少露水发生，减少病害。但如果施用量过多，热胁迫或潮湿等异常天气下施用，湿润剂可能会粘在叶片上而未进入土壤，从而对草坪草造成伤害。由于不同的草坪草对湿润剂的敏感性不同，因此在新草坪上施用时，要先进行小面积的试验，以保证安全。

湿润剂用量随土壤类型的不同而有所不同，一般在疏水性土壤中，湿润剂浓度达到30～400mg/kg就可以了。考虑到土壤微生物降解作用，土壤中的湿润剂浓度会逐渐降低，有效期因此缩短，所以每个生长季节都须施2次或更多的湿润剂。

（三）草坪增绿剂的应用

草坪增绿剂是具有不同用途和不同颜色的染料。草坪增绿剂主要用于夏季休眠的暖季型草坪的染色，也可用于冬季越冬的冷季型草坪，使草坪保持绿色。也用于磨损、破坏的草坪；受病害、虫害的草坪；缺肥缺微量元素，发育不良的草坪；受旱发黄的草坪；新移植的草坪；草坪标记等。根据增绿剂的特性、施用量和施用次数的不同，可使草坪呈现出蓝绿色到鲜绿色的色彩变化。草坪处理前的色泽也会影响施用后的草坪颜色。处理得好可使着色草坪像真草坪一样。

草坪增绿剂应尽量喷洒均匀，要求喷雾器压力足、喷雾细。喷洒时应倒退行进，避免施后践踏。应在雨后进行，而不应在临雨前进行，以免雨水冲刷而影响附着。在草坪干燥、气温6℃以上喷洒效果最好，干燥后多数增绿剂可以保持一个冬季。在每种增绿剂使用前，也要进行小面积的试验，以确定最佳的施用量。

当草坪由于病害、利用过度等原因而褪色时，除了对草坪进行修复外，还可以采取喷增绿剂的方法进行暂时的补救，使草坪草的颜色在草坪恢复期变得合乎人们的要求。在高尔夫球场和其他运动场上也常用喷增绿剂的方法进行装饰，以达到所需的特殊效果。但喷增绿剂不能代替良好的管理，一个退化了的草坪，除了在叶色上与管理良好的草坪不同外，在草坪的盖度、整齐度及使用效果上更有着天壤之别。因此增绿剂的效果只是暂时的，而良好的管理则是需要持之以恒的。

近几年，染色剂广泛地应用于喷播建植草坪中，将染色剂与草种、纤维素、保水剂等混合，可以指示喷播的均匀性，避免漏喷。

草坪增绿技术在世界各地已广泛应用，我国园林绿化中也开始使用，草坪被喷洒了草坪增绿剂，在冬日里仍然一片翠绿，享受到了只有夏季才能看到的景色，得到了用户和市民的一致好评。

1. 产品特点

（1）草坪建植者和养护者快速展现草坪绿地美化观念的全新产品；

（2）草坪增绿剂对人、野生动植物安全无害，使用后无环境污染，对植物生长无影响；

（3）可与各类植物材料、沙土亲和，并有效固着，着色可持续10～14周；

（4）经济有效，使用简单；

（5）使休眠、损坏、遭受病虫害、受旱发黄、营养缺乏的草坪显示自然绿色；

（6）使用后其着色不会被雨水冲掉。

2. 使用方法、建议用量

（1）使用前，最好先修剪草坪，以减少增绿剂的施用量（表8-6、表8-7）；

（2）秋季应在草坪完全休眠之前施用；

（3）秋、冬季节，北方地区气候干燥，草坪上会有大量尘土附着，常会影响增绿剂的着色效果，施用前，应先将其冲洗掉；

（4）作业时，以低压、低浓度喷雾为宜。喷雾作业两次，效果更佳；

（5）环境温度越高，增绿剂的着色效果越好；当环境温度低于3℃时，建议不要使用；

（6）完全枯黄的草坪，每升喷施200m^2，超过200m^{2}将会影响着色的饱满度；

（7）其他季节使用增绿剂时，可根据当时的草坪色泽状况和目的，适当调整增绿剂的浓度。一般情况下，每升处理面积可达500～700m^2。

表8－6 草坪增绿剂建议用量

使用比例	处理面积（m^2）	水（L）	增绿剂（L）
春夏季使用比例	1 900～2 600	56～76	3.8
秋冬季使用比例	1 140～760	26～46	3.8
泥沙着色比例	0.45	0.177	0.177

表8－7 草坪增绿剂价格及成本

商品特性	保持时（周）	规格	处理面积（m^2/L）
液体	10～14	1L、5L 1L、9.5L	完全枯黄的草坪200m^2，一般草坪可达500～700m^2

3. 注意事项

（1）喷雾作业时，避免将增绿剂喷在水泥、砖石或其他不需要颜色的物体上，否则干燥后很难清除；

（2）喷雾作业时，如不慎喷在非目标物上，应在其干燥以前用水冲洗；

（3）作业完成后，应立即彻底清洗喷雾器、喷头和滤网等器械。

（四）草坪标线标图剂的应用

草坪标线标图剂可在各类草坪上标识出明显的线或需要的标识符号和图案。

1. 草坪标线标图剂特性

（1）使草坪亮丽、持续时间长。

（2）根据温度和湿度的不同，在30～60min即可干燥附着；材料具有亲水性，使用后容易清洁。

（3）不含有害的化学药品、重金属和其他可能对草坪产生危害的惰性成分。

（4）浓缩的产品可降低运输成本。

（5）草坪标线标图剂有白色、红色、金黄色和蓝色。

2. 使用说明

（1）与水按1∶1稀释，充分搅匀混合物。

（2）应用于干草坪，使用前对草坪进行修剪。

（3）为得到好的染色效果，可优先选用白色染料，每升标线标图剂可

喷施 $4m^2$ 草坪。

3. 注意事项

（1）本品远离小孩和宠物，避免进入体内，如接触眼睛，应用大量清水冲洗；误服，用水或牛奶稀释。

（2）避免将本品喷在水泥、砖石或其他不需要颜色的物体上，如意外喷上，在干燥之前用水清洗，否则可能产生永久的痕迹，使用后应立即用水彻底冲洗喷雾器、喷头和滤网。

（五）化学药剂修剪技术

在草坪养护管理的费用开支上，修剪所占的比重最大，而且剪草机价格昂贵。目前，部分地方使用化学试剂来延缓草坪草的生长，减少草坪修剪次数，降低养护成本。

植物生长调节剂可通过阻止细胞分裂来抑制植物生长，但是它在抑制草坪茎叶生长的同时，也抑制了根系、根茎的生长以及分蘖的形成，当草坪草的所有生长都减弱或停止后，它的抗逆能力也大大降低，草坪受损后的恢复时间也将延长，最终导致草坪品质下降；混播草坪由于不同草种对植物生长调节剂的反应不同，常破坏草坪的均一性；这些问题有待于进一步解决。

目前，植物生长调节剂主要用于粗放管理的草坪和剪草困难的地方如路边、河堤等。生长调节剂使用1次可延缓草坪草生长5～10周，可使修剪次数比平时减少50%。因此，某些地方恰当使用生长调节剂可能是一种良好的选择。

常用的植物生长调节剂有：嘧啶醇、乙烯利、矮化磷（CBBP）、青鲜素（马来酰肼MH）、丁酰肼（B9）、多效唑（PP333）、矮壮素（CCC）、抑长灵（Embark）、trinexapac－ethyl（商品名Cutless）等。

草坪生长调节剂的施用方法：生长调节剂的施用方法有喷施和土施两种（表8－8）。喷施生长调节剂方便快捷，但操作时务必均匀，对一些喷施易引起叶片变形等不良作用的药物采用土施。不同草坪草种使用的调节剂种类不同，同种草坪草在不同生长时期对药物的反应也不同。浓度和用药均匀是施用成败的关键。

表8－8　几种草坪生长调节剂施用方法

草坪生长调节剂	施用方法	草坪生长调节剂	施用方法
乙烯利	喷施	矮壮素（CCC）	喷施
青鲜素（马来酰肼MH）	喷施或土施	抑长灵（Embark）	喷施

（续表）

草坪生长调节剂	施用方法	草坪生长调节剂	施用方法
丁酰肼（B9）	喷施	trinexapac - ethyl	喷施
多效唑（PP333）	土施	嘧啶醇	土施

草坪生长调节剂使用的基本原则是：不要在草坪苗期使用；在草坪生长旺盛的季节使用，冷季型草坪草在春秋两季，暖季型草坪草在夏季，以达到最好效果；不连续施用以防草坪退化；施用前修剪草坪，以保证草坪外观质量。为弥补一种药品的不足，可考虑适宜的药品混用，如乙烯利和2,4 - D按一定比例混合施用可以抑制草坪草生长，同时，又防治阔叶杂草。

植物生长调节剂自1950年问世以来，在国外已经得到广泛的应用，据统计，美国在2000年，用于草坪上的生长调节剂达3 100t。我国草坪业刚刚起步，植物生长调节剂的应用研究需要深入。应用植物生长调节剂控制草坪草生长，可以减少劳动力、燃料和设备费用的开支，在我国有广泛的发展潜力和市场。

六、草坪养护管理的市场化运作

草坪建植后，业主必须考虑草坪是自己养护还是由承建公司或专门的养护公司负责草坪的日常养护工作。业主自行养护存在的问题较多，因为草坪的养护涉及的内容很广，需要很多专业知识，购买必要的养护机械、农药、化肥、染色剂等，配备专门的养护管理人员，养护管理人员要有丰富的专业知识。而专门的养护公司可解决上述问题。业主可和养护公司根据草坪类型(一般绿地草坪还是特殊草坪即高尔夫球场草坪、足球场草坪)、养护水平及业主的要求签订合同。草坪养护可按一次或一年进行养护，如果是按一次来养护可根据业主的养护要求进行收费，如果整年养护则根据面积、要求养护的质量及养护的连续性进行收费。

第九章　草皮卷生产技术及铺植技术

草皮卷（sod）是建植草坪绿地的重要材料之一，特点是能够快速建成并实现绿色覆盖。近期随着我国草坪绿化事业的发展，草皮生产的规模在逐年扩大，成为快速建成草坪绿地的重要手段。

一、普通草皮生产

选择交通方便、便于运输，土壤肥沃，灌溉条件充足的苗圃地或农耕地作为普通草皮的生产基地。

将土地翻耕、平整、压实。播前灌水，当土地不粘脚时，疏松表土，用手工撒播或用手摇播种机播种。播后用粗铁丝耙子再耙一遍，使种子和土壤充分接触，并起到覆土作用，平整镇压。根据天气情况适当喷水，保持土壤潮湿。草地早熟禾各品种一般 8 ~ 12d 出苗，苇状羊茅、多年生黑麦草 6 ~ 8d 出苗。苗期首要的问题是及时清除杂草，一般 45 ~ 55d 可成坪出圃。普通草皮出圃多采用平底铁锹铲苗，也可用起草皮机起成宽 30 ~ 50cm，任意长，厚 2 ~ 3cm 的草皮层，卷成草皮卷，装车运至栽苗现场，经 1 个生长季节，可形成较好的覆盖。

普通草皮生产由于播种的草种、播种作业和苗期管理等的一致性，便于规模较大的生产作业，形成草皮生产基地。但是它的不足之处在于：普通草皮生产需要占用较好立地条件的生产地和起草皮需要带走一定厚度的表土。普通草皮含杂草多，纯度低，起草皮块花时费工，伤根系甚多，而且厚薄不一，造成铺装时凸凹不平，铺设后除杂草工作量大，养护时间较长。

二、地毯式草皮卷生产技术

早在 20 世纪 80 年代初期，美国、荷兰、加拿大等国家已开始应用地毯式草皮卷。地毯式草皮从平整土地、播种、草皮铲起成卷到装在运输车上，整个过程全部机械化。生产、铺植已达到科学化、规格化、商品化。规格一致，质量上乘，供应及时，产、供、销一条龙，已成为草坪产业中的重要经营项目之一。

地毯式草皮卷生产除在选择交通方便的育苗地这一点与普通草皮卷生产相同外，其他方面地毯式草皮卷更优越于普通草皮生产。首先地毯式草皮卷生产可不与农业争地，对立地条件要求不严格，只要阳光充足，有水源供应即可；地毯式草皮卷投产容易，生产期较短，出圃快，在育苗期由于根系的向地性受阻隔，只能横向生长，互相交织成网，形成根团，有利于成卷出圃；草块完整，使用率高，而且起苗、运输、铺装方便，起草皮时像地毯一样卷起，运到栽植地铺装后即见成效；地毯式草皮纯度高，由于根系交织成网，能有效地抑制杂草的生长；在应用上不受季节的限制，甚至在草苗生长抑制期仍可应用于绿化工程；由于地毯式草皮卷的根系保持完整，容易使草苗恢复生机；地毯式草皮卷生产成本较低，技术措施并不复杂，利于推广。因此地毯式草皮卷在今后很有发展前途。

（一）地毯式草皮卷生产的方法

地毯式草皮卷生产，就是以适合于当地生长的草坪草种子或其根茎，撒种在采用无纺布、塑料薄膜、聚丙烯编织片及其他材料作垫基（隔离层）的种植床上，经过培育形成草卷出圃。

1. 草种的选择

用于生产草皮的草种应该具有扩展性的根状茎或匍匐茎，其根状茎或匍匐茎越强，形成草皮的团聚力就越强，在相对较短的时间内形成良好的草毯层。冷季型草坪草主要用于生产草皮的草种有草地早熟禾和匍匐翦股颖。草地早熟禾根状茎强，能紧密盘结在一起；匍匐翦股颖有致密盘结的匍匐茎。其他草种如多年生黑麦草、羊茅等为丛生型，通常不用于草皮生产，只有当与草地早熟禾混播或在生产草皮时加网时用。苇状羊茅具有短根茎，生产苇状羊茅草皮时多数也要加网或延长出圃时间。暖季型草坪草大多数都能用于生产草皮；狗牙根是应用最广泛的一种，因为它具有较强的根状茎或匍匐茎；结缕草、钝叶草、假俭草和地毯草均可用于草皮生产。

另外，要选择适应当地气候条件和市场需要的草坪草种，同时要注意种子的净度和发芽率等种子的质量条件。如采用根茎、匍匐枝种植，播种前，首先采集具有2～3节间的健壮的匍匐枝和根状茎。

2. 机械设备

草皮生产一般需要的设备应包括修剪机械、起草皮机、镇压器和喷灌设施。要想有高质量的草皮，就需要高质量的养护管理，这就需要有先进的机械设备。

3. 隔离层材料

生产地毯式草皮卷，首先要正确选用隔离层材料。隔离层材料有无纺布、塑料薄膜、聚丙烯编织片、尼龙网、纱布、牛皮纸、炉渣、沙子、珍珠岩、锯末、稻壳、碎石等。

不管是什么材料，最主要的是选用成本低，透气、渗水好，有利于幼苗的生长，形成草卷的时间快。经过许多科研和生产单位的实践，目前比较理想的隔离层材料有：

（1）无纺布（平铺一层） 通气性、透水性好，有利于幼苗生长，成毯好，不能再利用。

（2）聚丙烯编织片 编织片的纵横条之间有一定缝隙，草苗的一部分根系可以穿过缝隙扎入土层中，另一部分根系扎到编织片以上基质中，这些根系会横向平展生长，盘结在一起。通气性、透水性好，可再利用。

（3）塑料地膜 能使草坪草在坪床上形成草毯，能防止草根下扎，促其横向生长，盘根形成网状。但塑料地膜通气性、透水性差，妨碍幼苗生长。

（4）尼龙网（40 目、50 目、60 目） 通气性、透水性好，有利于幼苗生长，可再利用。目数高，根系的扎入量减少，成毯效果好，但成本高。

（5）牛皮纸（平铺一层） 通气性、透水性好，成毯好，不可再利用。

（6）精编布（平铺一层） 通气性、透水性好，有利于幼苗生长，成毯好，可再利用。

（7）碎石（直径 1 ~ 2cm、厚 5cm） 通气性、透水性好，有利于幼苗生长，成毯较好，可再利用。

（8）蛭石、珍珠岩（直径 0.5 ~ 1cm、厚 5cm） 通气性、透水性好，有利于幼苗生长，成毯较好，可再利用。

以聚丙烯编织片、尼龙网、塑料地膜为隔离层的草皮卷在移至异地栽植时，隔离层要取下，不能埋入土里，一方面可再利用，另一方面会造成环境污染。

4. 营养土的配制

在隔离层材料上培育草皮卷必须使用一定厚度的营养土，一是可固定草根和匍匐茎，二是提供草坪草生长所必需的养分。

配制营养土的原则是：①因土制宜，就地取材，成本低廉；②保水、保肥，具有良好通透性；③重量要轻，含有一定的肥力；④没有杂菌污染，不含杂草种子。

目前我国采用的营养土的配方有以下几种：一是取细碎的塘泥或心土1份和腐熟的木糠或蔗渣糠1份，再加入腐熟的猪粪干（其用量为塘泥体积的1/3）。在1t混合土中加尿素1kg、过磷酸钙5kg混合，根据草坪草种要求不同，配制pH值为5.5～6.8；二是河泥80%，垃圾土15%，鸡粪复合肥及其他辅助材料5%；三是草炭、细沙，有机肥料和可作种肥的化肥，配成质地疏松、肥力适中的种床基质；四是木屑、珍珠岩、煤渣等加园田土混合；五是垃圾土加园田土。

在取土时切忌用表土和田泥，虽然这层土壤有一定肥力，但其中多含有杂草种子和草根。

5. 坪床的准备

通常是将圃地建成宽30～50cm、长50～100cm的下凹式床面，大面积生产时也可做一个大床，然后用砖或木板做长、宽间的分离带，或当出圃时用划破机切割成任意的大小。用无纺布或用已打好孔的聚氯乙烯农用地膜、聚丙烯编织片等隔离层材料铺在平整的床面上，在上铺施营养土，以备播种。营养土要求厚度2.0～3.0cm，床土一定要覆盖均匀一致，平整。

从事大面积的草皮卷生产，必须高质量、高水平地平整土地，才能保证播种质量及灌水的均匀以及草皮卷的整齐均一。

6. 播种

播种之前，必须进行种子消毒灭菌，特别是灭除真菌性病害。可选用多菌灵或百菌清等杀菌剂。使用时用50%多菌灵可湿性粉剂，配成0.5%溶液，或70%百菌清可湿性粉剂，配成0.3%溶液，浸泡种子24h后捞出，沥水后播种。不但可杀菌除病，而且可使其出苗提前。

播种方法及播种量。可以采用单一品种播种、多品种混合播种，采用人工播种或播种机进行播种。为使种子撒的均匀，首先要划出一定面积的区域，按面积确定播种量，撒种时先沿坪床纵向播一遍，而后再横向播一遍，使草种分布均匀。播种量要根据草种纯净度、发芽率等确定。播量过大，影响长势和幼苗分蘖，促使真菌病的发生，也会因种子耗费过多而增加建坪成本和造成浪费；播种量小，形成的草卷稀疏，根系不能交织成网状，草皮卷质量降低，在短时间内不能成坪出圃。一般草地早熟禾以15～18g/m^2，苇状羊茅以25～30g/m^{2}为宜。播后将筛过的细土均匀撒在坪床上，然后压实。

如采用根、茎等营养体建植，播种前，首先采集具有2~3节间的健壮匍匐枝和根茎，放在荫凉处备用，温度高时，应喷水防止干枯。用量为500~700g/m²，将匍匐枝或根茎均匀地撒在隔离层材料上，并及时盖上2cm厚的营养土。覆盖营养土时，防止将匍匐枝全部埋于土下，要有1/3左右的草茎叶露出营养土，盖土后用木板轻拍压实，增加匍匐枝和根茎与营养土的接触面。

为了减少侵蚀和为种子萌发、幼苗生长提供一个较湿润的小生境，减少地面板结，对床面用稻草、草帘、秸秆等材料覆盖，但不能过厚，要保持有一定透光性。

7. 苗期的养护管理

现代化地毯式草皮卷生产需要较高水平的养护：

(1) 浇水　播后灌水是培育地毯式草皮卷的关键措施之一。播种后，及时浇水保持床面湿润，防止落干。因营养土和土壤之间有隔离层间隔，地下水的补给能力差，需要进行上方补水。适合使用喷灌强度较小的喷灌系统，以雾状喷灌为好，经常保持营养土的湿润状态，以利草坪草种子的萌发，提高发芽率，从而达到苗齐根壮的目的。但是，水量也不能过大，要防止由于长期水淹而造成烂种和烂苗的现象。前期灌水的原则少量多次，随着草坪草的发育，草苗在三叶期以后，灌水的次数逐渐减少，但每次的灌水量则增大，水分管理上要求见干见湿。

(2) 适时揭除覆盖物　当草苗基本出齐后，就要及时揭去覆盖物，为防止烈日将幼苗晒枯，应在阴天或在傍晚揭除覆盖物。

(3) 追肥　基于快速繁根的目的，应有效地增施磷肥。一般在草坪播种15~20d以后，及时施用离乳肥，离乳肥以氮肥为主，每隔5~7d叶面喷施0.5%~1%尿素或硫酸铵溶液。追施氮肥可以促进草坪茎叶等地上部分的生长，促进植株的光合作用和提早分蘖，从而加速草坪的郁闭。草坪植株分蘖以后，应加大磷肥及其他促进根系生长的微量元素肥料的施用。最好每隔7~10d叶面喷施1%~1.5%加氮磷酸二氢钾。在播种30~35d后，应增施一次0.05%~0.1%的硫酸锰及硫酸锌的混合液。植株茎叶吸收磷肥和微量元素以后，可以加速根系的生长，促进不定根等次生根的再生。繁茂的根系相互交织，能促进草坪提早出圃，而且草坪卷不易松散，有利于起草坪机的作业，并保证运输及铺设过程中草坪卷的质量。

(4) 防除杂草　在地毯式草坪生产过程中，防除杂草是一项重要任务。

手工拔除费工费时，而且在拔除杂草的同时，容易拔除很多草坪植株，人为地降低了单位面积上的草坪株数，不利于草皮卷的快速生产。草坪杂草的防除应采用人工拔除与化学防除相结合的方法。草坪植株3叶期，采用二甲四氯或阔叶净或百草敌等化学除草剂，防除大部分影响草坪生长的单、双子叶杂草。

（5）修剪　草坪只有经过修剪，才能保持草皮卷商品整洁的外观，提高品质。由于采取了密集施肥的方法，草坪植株地上部分生长很快，适时、恰当的修剪可改善草坪的通气性，防止植株下部枯黄，减轻病虫害的发生，有效抑制生长点较高的阔叶杂草，使杂草不能形成花果，减少杂草种子的来源。很重要一点是通过修剪，促进草坪植株的分蘖，有利于形成发达的根系，进而形成致密的草皮卷。一般在草坪植株超过10cm高时进行修剪，每次修剪量为3～5cm。每次修剪之后，应及时喷灌补水和进行叶面追肥。

在地毯式草坪的生产过程中，不应使用生长调节物质来减少草坪的修剪次数。因为植物生长调节物质或抑制剂是通过阻止细胞分裂来抑制植物生长，但在其抑制草苗生长的同时，也抑制了根系、根茎生长和分蘖。

（6）防治病虫害　在生产地毯式草坪的过程中，病虫害防治是一个重要环节。病虫害的发生容易造成缺苗，严重时造成秃斑或草坪成片枯死。缺苗不利于草坪根系的交织，就延长了地毯式草坪的生产周期。防治病虫害首先要合理排灌，科学施肥，保持草坪清洁，并在早期采用化学杀菌剂及时防治。

（二）地毯式草皮卷的收获

当坪床上的草坪草的覆盖率达95%以上时，一般在播种后40～50d，用手掀开草坪，白根已连成片，草坪根茎已盘根错节，形成网状，隔离层上已形成草毯，此时即可移坪。草卷收获前要修剪一次，使草均一亮洁，美观平整。机械收获时更应注意草坪床区土壤湿度，若表土干燥，草卷易破损，表土过度潮湿，不宜收获。移坪时，由两人操作，掀起草坪草使之搬运和运输，草毯每卷为1m²。

如用机械收获，可采用下列机械进行起草皮卷。

小型草卷　收获小型草卷有两种机械，小面积收获草卷采用手推式卷草机，一人操作，切割后人工卷成草卷。供园林绿化等大面积应用的拖拉机带动的卷草机，3人操作（1人驾驶，1人接下传送的草卷，1人码放在拖盘中），用叉车将草卷码放整齐，用托盘将草卷装到汽车上，小型草卷的规格为250cm×40cm。

大型草卷　供足球场等更大面积使用时应用大型草卷，采用大马力拖拉机带动的卷草机，大型草卷的规格为5.7m×1.2m，机械铺设，营建草坪速度快，效率更高，铺后2d就能进行足球比赛。

（三）地毯式草皮卷的铺植

用地毯式草皮卷铺建草坪，一定要有优质合格的草皮卷，而且要有正确的铺建方法，不然将造成草坪草持续稳定性差，达不到预期效果。

1. 优质合格的草皮卷

在地毯式草皮卷起坪前一天需浇水，一方面有利于起卷作业，同时也保证草皮卷中有足够的水分，不易破损，不至于在运输过程中失水。草皮卷起坪厚度均匀一致，厚度2cm左右，草卷的宽度一般在30cm和40cm两种，长度在0.5~1m，易于装卸。草卷最好在当天铺建完，如不能及时铺完，应卸车后散放，避免堆放发热，最好用遮阴网覆盖，时间不可长于48h，否则成活率受到影响。

2. 铺建时间

根据不同草种根系生长发育的适宜温度来定。一般冷季型草坪，在北方春季至初夏（5月上旬至6月上旬），夏末至晚秋（8月下旬至10月上旬）。太早草皮卷不易出圃，同时新草根尚未形成，不易起卷，如果太晚，天气冷温度低，不利草坪安全越冬。在夏季，高温时，冷季型草坪草处于半休眠状态，扎根缓慢，草坪生长弱，抗病性弱，所以在高温季节的7~8月不适宜铺建，如果因为工程的需要，一定在夏季进行，则必须增加灌溉次数。

3. 铺建

在铺建前一定对待铺地深翻耕30cm，清除场地上的石砾及其他一切杂物，耙平，使种植地的土质疏松、平整，并增施基肥，更重要的是对排水坡度的处理。面积较大的绿地，则做成龟背形，使水向四周排。铺草前应进行1~2次镇压，将松软之土压实。如有埋设地下管线的回填土地段，需用灌水沉降，再用细土填平低洼处，以免以后坪床下沉积水。理想的铺草地土壤，应湿润而不是潮湿。

铺植时用小木板刮平地表土，然后顺次平铺草皮卷于已整好的土地上，草皮块与块之间留有0.5cm左右的缝隙，要均匀一致，不重叠。在施工铺草作业时应尽量避免过分的伸展和撕裂草皮卷，对一些形状不规则的草皮块和有秃斑的草皮块一定要进行切割。在大块草皮卷铺设后，边缘刀割处要进行修边。铺设后，块与块之间接缝处填入细土、填实，最后用镇压滚进行镇压，以确保草根与土壤充分接触。铺建完后，需及时浇透水，以固定草皮并促进根系生长。第一次水要浇足、浇透，浇后1~2d后再次滚压，能促进草皮块之间的平整度。保证水分的充分供应，7~10d后草坪草即可生根成活。

地毯式草皮卷除上述介绍的建植方法，还有采用铺网作业、无土草毯（有机介质栽培草毯）的两种建植方法。

铺网作业：是现代化草坪草卷生产的重要农艺措施之一。就是在已翻耕、耙平的苗床上，播种草坪草种子，镇压作业结束后立即铺设特制的塑料网（幅宽5.2m，长60~96m，绿色），使草根能很好盘结，便于形成草卷，可采用机械起运草卷。

三、草皮无土栽培技术

目前国际上普遍应用草皮无土栽培技术生产草皮卷，主要采用疏松、透气、无杂草的有机质代替过去用土壤生产草皮，因此称无土栽培。人们把配制的有机质称基质或称“介质”。基质的厚度为2~3cm，平铺在宽50cm，长200cm的打有洞眼的塑料布上，面积为$1m^2$。有机介质栽培草皮，隔绝土壤，利用有机介质及营养液的调配，提供幼苗生长所需养分，减少病虫害，降低杂草，提供优良环境以利于优质草皮的生成。草坪无土栽培技术是以有机介质取代了土壤的地位，有机介质在材料的选择上可采用以下几种：树皮、木屑、泥炭土、珍珠岩、蛭石、稻壳、椰子纤维、木纤维等。使用有机介质无土栽培草皮的技术，与传统的有土栽培草皮相比，具有以下优点：隔绝土壤中所含杂草种子与之生长竞争，杂草率极低；减少病虫害的发生机会；有机介质腐化后作为供养成分；透水性能好，根系能完全伸展；移植时不须断根，不会产生萎黄；重量较轻，易于搬运；可在温室大棚进行工厂化育草。但由于介质较松，场地必须设置喷灌，防止有机质干燥。采用无土栽培的草坪，起苗出圃成卷运走，起卷后由于有机质介质质地疏松，卷起时介质自然散落，因此草坪较轻。出圃卷起时草根交织成网状，故利于铺植，铺后喷水、压紧压实，促使铺植地的泥土进入网状，草苗遇湿即可恢复正常生长。无土栽培草皮卷深受用户喜爱，产品供不应求。

四、草皮卷生产和销售情况

从1年的调查情况来看，草皮卷的种植规模和销售规模日趋扩大。草皮卷价格依地区、草坪草种、种植规模、种植年限长短的不同而不同，从总体来看，草皮卷生产成本要比种子直播建植草坪的成本高（表9－1），不宜大规模进行草皮卷基地的建设，但由于草皮卷能够快速实现绿色覆盖，对于业主来说是突击绿化的绝好材料。无土栽培草皮卷是近几年才发展起来的新技术，起步较晚，发展最为迅速，但技术要求也较高。

表9－1　草皮卷建坪和种子直播建坪成本比较

	建植费用	租地费用	起草皮前的养护管理费用	起草皮费用（起草皮机械、人工费用）	铺装费用（人工、运输费用）	费用比例
草皮卷	√	√	√	√	√	1
种子直播建坪	√					1/3

第十章　草坪喷播技术

传统的草坪建植，主要依靠人工铺装草皮块或直接播种等来实现。人工铺装草皮块需要占用大量农田进行育草，并要起挖、装运和铺栽，虽然建植草坪见效快，但费用高，效率低。直接播种方法虽然可以节省大量土地，但在施工中也需要大量劳动力，播种时受天气变化影响较大，直接播种工序繁多，养护管理工作繁重。另外，多草种混合播种时由于种子的外部形态以及容重等各不相同，其混合操作比较复杂，特别是在地势起伏变化较大的地方，直播的困难更大。植生带在风力过大的条件下也难以铺设，且也需要大量的人工来进行铺植和覆土。

液压喷射播种法建植草坪系国外研究成功的一种建植草坪新技术。我国引进液压喷射播种技术是在20世纪90年代初，所以，草坪喷播法在我国是近年来才发展起来的。

草坪液压喷射播种法是将草种配以种子萌发和幼苗前期生长所需要的营养元素，并加入一定数量的保水剂、除草剂、绿色颜料、植物纤维、黏合剂和水等搅拌混合，配制成具有一定黏性的悬浊浆液，通过装有空气压缩机的高压喷浆机组组成的喷播机，将搅拌好的悬浊浆液，高速度地直接喷射到需要播种的地方，如平整好的大面积场地或陡坡，从而形成均匀的纤维覆盖层。由于所形成的纤维覆盖层有物理强度、吸水保湿及提供养分等作用，故可遇风不吹失、遇降雨或浇水不冲失，有抗旱及固种保苗效果。另外，由于喷出的含有种子的黏性悬浊液，具有很强的附着力和明显的颜色，所以喷射时不遗漏、不重复，可以均匀地将草籽喷播到目的地区。在良好的保湿条件下，种子能迅速萌发，快速生长发育，形成草坪。所以，草坪液压喷射播种法是一种高速度、高质量和现代化的种植技术。

由于液压喷射播种技术的发展，大大地改进和提高了草坪建植技术和方法，使播种、覆盖等多种工序一次完成，提高了草坪建植的速度和质量，同时，液压喷播又能避免人工播种受大风而影响作业的情况，克服不利的自然条件的影响，满足不同自然条件下草坪建植的需要。液压喷射播种技术在目前是一种高质量、高效率的施工手段，其功效是人工所不能比拟的。由于喷播机械所喷出的是草种和使其在萌发和幼苗初期生长所必需的混合营养物质，所以，可以在不适宜人工播种的地方，如陡坡、土壤质地不好的区域，应用液压喷射播种技术，进行绿化种植，达到恢复植被的目的。液压喷射播种技术特别适合于高等级公路的边坡、山坡的护坡种草和城市大型广场以及其他场地的绿化，可以提高绿化效率和绿化的均匀度，降低人员的劳动强度，降低绿化费用，是集多种功能于一体的一种理想的绿化方法。

一、草坪液压喷射播种法的适用范围及特点

液压喷射播种技术广泛用于城市绿化、高尔夫球场、矿山废弃地、防止水土流失工程等面积大、坡度大、较干旱的地方，尤其在坡面上（包括高等级公路、铁路的边坡坡面、高尔夫球场的外坡、立交桥坡面以及其他斜坡坡面）建植草坪更能显示出喷植技术特有的速度、质量及其人工种植无法实现的效果。

坡面建植草坪，往往因坡面坡度大而造成人工播种难度大，播种人员由于难于坡面上站立，操作困难，播种质量无法保证，造成出苗不齐，难以成坪。另外，坡面翻耕土壤，也极易引起表土流失。为了防止上述后果的发生，往往需要投入较多资金，配合一些工程措施，但并不能达到理想效果。采用液压喷射播种技术，能较好地解决上述缺陷。因喷射出的含有种子的悬浊液，种子被纸浆等纤维素包裹着，另外还含有保水剂和其他各种营养元素，能不断地供给草种发芽时所必需的水分和养分；黏合剂又能通过喷射时的压力，使草种紧紧黏附于土壤表面，形成比较稳定的坪床面，降水时不能形成冲刷土表的地表径流，保证坪床稳定，草种正常生根发芽。

液压喷射播种技术具有以下特点。

（1）机械化程度高，效率高，喷播技术操作简便，易于掌握　实现了种子混播拌种、着色、施肥、播种、覆盖等多种工序一次完成。适用于任何不同的地形和地势条件下，只要喷播机能达到的地方均可作业播种，在斜坡和陡坡上使用喷播技术，更能发挥其重要作用。解决了多种类草种混合播种的难题。还可以完成湿种子的播种，解决了湿种子播种的困难，从而解决了对草籽进行催芽处理后的播种问题。

（2）草坪均匀度大，草坪覆盖度大，成坪速度快，质量高　由于液压喷播的混合液搅拌均一，喷播的速度也一致，因此，采用喷播建植的草坪均匀度很高。种子和肥料等充分地搅拌在一起，种子和幼苗能充分和有效地吸收养分、水分。另外由于种子催芽，播后 10d 左右可出苗，30d 左右成坪，因此，采用液压喷射播种技术建植草坪，种子萌发和幼苗生长迅速，成坪速

度快，草坪盖度大。

（3）经无毒、溶水的绿色染料染成绿色，便于统一操作 喷植过的作业区会立即呈现草坪的绿色效果，形成美丽的景观。

（4）该方法对土壤土质无特殊要求，不需翻动、松土 另外，由于黏合剂的作用使得纤维、草种、肥料和土壤紧密结合在一起，所以，种子不怕风吹雨淋，起到良好的固种、育苗作用。

（5）木质纤维由木屑纤维制成 纤维长度为6.4mm，施工后木纤维能很快互相搭接，形成透水和透气性良好的、牢固的席状潮湿覆盖物，能有效保护土壤免受侵蚀，从而为种子的萌发和幼苗的生长提供理想的条件，形成均一、致密的高品质草坪。

（6）肥料的混入 可为种子生长提供营养。

（7）喷播材料 可以100%降解，无长效残留物。成本低廉。

二、液压喷射播种法作业的材料和机械设备

（一）材料及用途

1. 草坪草种子

准备足够数量的根据工程设计所需要的单播或混播草坪草种子。

2. 营养元素

根据土壤肥力状况，配以幼苗前期生长所需要的营养元素，促进草苗根部生长发育，提高植物耐旱性能、越冬能力以及对病虫害的抵抗力。一般采用复合化肥。

3. 植物纤维覆盖物

植物纤维是喷播使用的主要辅助材料之一。分为木本纤维、草本纤维、混合纤维和再生纤维等。植物纤维覆盖物与其他功能性营养物质混合后形成草种生长所需的生态条件，降解后形成对自然界无害的有机养料。其品质要求能与种子、肥料较好的融合；既要有一定的交织性，又不能结团；入水能均匀地呈悬浮状态，搅拌停止后不易沉淀或分层。品质优良的纤维可保证浆流顺畅喷射远、覆盖均匀、降解快。木本纤维覆盖物有很好的长细比和柔韧性。喷播后能交织形成具有良好透气、透水性能，又能稳固表土的纤维毯。植物纤维覆盖物的用量：平地115 g/m^2，斜坡190g/m^2。

4. 保水剂

能保持土壤湿度，有利于种子萌发和草苗的生长发育。一般采用高分子化合物的高效吸水剂。保水剂是辅助喷播的产品，遇水它可以吸收几百倍于自己重量的水分。与土壤混合后，它会膨胀以吸收多余的水分。当周围土壤干燥时，它会缓慢释放其容留的水分以保持一种均衡、稳定的湿度。连续的吸收释放作用可保持数年之久。

5. 除草剂

除灭喷播后一段期间的杂草生长。要根据不同草坪草种和喷播地杂草种类，选择相应的除草剂。

6. 黏合剂

是一种具有良好降解性、高质量的自然胶浆，不必经过“加热”阶段，就能轻易而快速的与冷水混合。在与种子、肥料和纤维混合被喷洒到土表后，它可形成一层半渗透的覆盖层，允许水通过它慢慢地渗透到土壤里，从而防止水土流失。

黏合剂 pH 值为中性，在水土流失和风蚀剥落地使用黏合剂后，可以固定表层土壤，为植物提供更好的生长条件，提高草坪植被的覆盖速度。黏合剂通过稀释喷洒在需要处理的土壤表面，形成一种有机膜，改善土壤的团粒结构和通透性，这样为土壤提供一个有益的水分条件，使种子的萌发、根系的发育更加容易。黏合剂主要作用特点：容易使用，黏合剂可以与种子、肥料等通过喷播途径使用；改善土壤团粒结构，防止水分流失 95%；即使在很陡的坡地，可以保证植物的生长发育；减少用于耕作的费用；防止荒漠化；由于它可以减少杀虫剂和肥料的流失，因而保护了环境；用量少，喷播时用量 1 ~ 3g/m^2。

7. 染色剂

用以喷射指示界限作用，一般用绿色染料，用量为 0.5ml/m^2。

8. 水

作为主要溶剂，将各种材料进行溶合。

在使用中，水和纤维物质用量，是影响喷播覆盖面积的主要因素。在用水量一定的条件下，随着纤维物质用量的逐步增加，覆盖面积也会有所增加，但超过一定比例后，由于纤维物质增加，悬浊液的稠度也加大，喷播面积反而会逐步减少。因此，水和纤维物质是两个互相影响的重要因素，纤维过稠，不仅浪费原材料，而且影响喷播效果；纤维物质过少，虽然可以节省原材料，但达不到应有的覆盖面积。

在喷播建植草坪中，常用配方：每平方米喷播面积用水 4 000ml，纤维物质 200g，染色剂 0.5ml，黏合剂 3g（坡度较大的地段黏合剂增加到 6g）及适量的复合肥、保水剂等。

（二）喷播机械设备

在 20 世纪 90 年代初，我国引进了第一台喷播机械设备，并开始了草坪的喷播作业。随着国外机械的不断引进，国内也有多家单位研制成功不同型号的喷播机械，并应用于生产。

喷播机主要由动力、料罐、搅拌机、水泵、软管和喷枪等几部分组成，有车载式和拖车式。

1. 动力部分

是喷播机的心脏部件。发动机一般采用柴油发动机或汽油发动机。发动机动力一方面带动液压马达，驱动罐内搅拌机进行机械搅拌，另一方面带动水泵，除进行罐内循环，使罐内物料混合均匀，后泵入喷枪，进行作业。

2. 料罐

承装混合物料。罐体容量的大小，决定额定释放时间和喷播面积。

3. 搅拌部分

为使物料能充分混合，采用桨叶式搅拌器进行机械搅拌。有的喷播机为了使搅拌更充分混合，除采用桨叶式搅拌器外，在料罐内还设有污水泵，进行罐内循环，实现双重搅拌。

4. 水泵

能使罐内混合的物料压出罐外。一般采用具有一定吸程和扬程的离心泵。

5. 喷枪

其作用是将料罐内的混合物料，均匀地喷播到坪床上。喷枪的性能结构和制造质量直接影响到喷播的质量。

三、喷播草坪的管理

由于喷播液中富含肥料、保水剂、除草剂等物质，其喷播建植草坪的管理工作远比其他方式建坪的要少。一般浇水可在出苗后开始，且可以隔一天进行浇水，施肥、打药、除草等工作在播后的一个月内基本上不用进行，且能保持草苗的茁壮成长。喷播建植草坪一个月后，其管理工作与其他建坪的管理工作类似。

四、网状喷播技术

网状喷播技术是目前常用的一种喷播技术。该技术适用于各种土壤，利用网状固定能有效防止水土流失和草籽堆积。

五、国内外前景

世界各国广泛把喷播法用在高速公路、高尔夫球场、水土保持工程上，均有优良效果。草坪液压喷射播种法效率高，省工省时，劳动强度低。喷播可大量地减少施工人员和投入，据小面积试验计算，一个台班 8 ~ 10 人，8h 作业面积达2 万 ~2. 5 万 m^2。喷播技术运用在护坡工程上，效益更为明显，如某高尔夫球场护坡工程措施的投资为 150 元/m^2左右，而采用喷播植草护坡的投资仅为 10 元/m^2，仅为工程护坡投资的 7% 左右，所以喷播技术是一项低投入、高产出的技术。其社会效益更为显著，加快了绿化的速度，提高了绿化的标准，很有推广价值。喷播材料、用途及成本见表 10 －1 和表10 －2。

表 10 －1 喷播材料、用途

喷播材料	规格	颜色	用途
无胶纤维	22. 7kg/袋	绿色	用于平地、缓坡地
有胶纤维	22. 7kg/袋	绿色	用于陡坡地
高强度纤维	22. 7kg/袋	淡黄色	用于河流、湖泊等与水接触的护坡
木纤维	25kg/袋	淡黄色	用于平地、坡地
保水剂	10kg/袋		吸收、缓慢释放水分，用于土壤保水
黏合剂	15 kg/袋		形成覆盖层，防止水土流失
染色剂	1、5、9. 5 L/筒	绿色	用以喷射指示界限

表 10－2　喷播材料成本举例

喷播材料	价格	用量	成本（元/100m^2）	成本（元/m^2）
保水剂	40～60（元/kg）	0.5（kg/100m^2）	20～30	
黏合剂	26～60（元/kg）	0.3（kg/100m^2）	7.8～18	
木纤维（国产）	2.8～3.3（元/kg）	20.0（kg/100m^2）	56～66	1.2～2.3
染色剂	140～280（元/L）	0.05（L/100m^2）	7～14	
草坪草种子	15～50（元/kg）	2.0（kg/100m^2）	30～100	

第十一章　草坪植生带生产技术及铺装技术

应用植生带铺设草坪，是草坪建植中的一项新技术。草坪植生带在国外应用较早，我国是在20世纪80年代开始试制和应用。

草坪植生带是在专用机械设备上，按照特定的生产工艺，把草坪草种子、肥料、保水剂、除草剂等，按照一定的密度定植在两层可以自然降解的无纺布或纸制品带基间，经过机器的滚压和针刺的复合定位工序而形成的种子带。草坪植生带完全在工厂里采用自动化的机械设备，可根据需要连续不断地大批量生产，从而摆脱了长期以来传统的草皮卷生产方法，它大大节约了劳动力和土地，降低了成本。草坪植生带可常年生产，而且生产速度快，产品成卷入库，储藏容易，运输、搬运和种植轻便灵活。一辆4t重的卡车，可装运草坪植生带20 000m^2，而天然草皮每平方米重35kg，一辆4t重的卡车只能装载200m^2。

使用优质密集的种子制成的草坪植生带，具有发芽快、出苗齐、形成草坪速度快、覆盖度高和减少杂草滋生的特点。在斜坡上铺设植生带，可防止因雨水冲刷而造成的种子流失，并起到良好的保土作用。此外，采用植生带建植护坡草坪操作简便、省工、省时，可根据需要，任意裁剪和嵌套。种子基带是天然纤维材料，在植入土中40d左右全部分解，不会造成环境污染。

草坪植生带广泛用于城市的园林绿化、高等级公路的护坡以及水土保持、国土治理等方面，特别适用于在其他常规施工方法十分困难的陡坡上铺设。

一、草坪植生带的生产技术

目前，国内外采用的植生带加工工艺主要有：双层热复合植生带生产工艺，单层点播植生带生产工艺，双层针刺复合植生带生产工艺，近期我国又推出冷复合植生带生产工艺。而双层针刺复合植生带生产工艺应用较多。植生带加工工艺的基本要求如下：一是植生带的加工工艺一定要保证种子不受损伤，包括机械磨损、冷热复合对种子活力的影响，确保种子的活力和发芽率；二是布种均匀，定位准确，保证播种的质量和密度；三是载体轻薄、均匀，不能有破损或漏洞；四是植生带的长度、宽度要一致，边沿要整齐；五是植生带中种子的发芽率不低于常规种子发芽率的95%。

(一) 草坪植生带的材料选择

1. 植生带载体的选择

植生带载体应为质地柔软、重量轻、厚薄均匀，并有良好的物理强度，无污染，铺装施工后能够较快地自然降解。目前多选择棉、麻、木质等天然纤维，作为植生带的基础载体，较为理想的是无纺布和木浆制品。

草坪草出苗率的高低、苗的生长主要取决于植生带上层材料的阻力大小。阻力小，苗易穿过，出苗率高。禾本科草坪草的锥状子叶具有较强的穿透力，而豆科等双子叶植物的穿透力则弱。根的穿透力取决于植生带下层的阻力，但根的穿透力都大于苗的穿透力，因此下层材料可略厚，韧性可略强，这样也可抑制土壤中杂草的滋生。

禾本科草坪植生带载体的上层和下层可以一样厚，以无纺布为例，厚度以原料25～30g/m²为好。为了使双子叶植物植生带铺装后能安全快捷出苗，植生带的上层面料要比下层薄些，其上层无纺布的厚度以15～20g/m²，下层无纺布厚度以25～30g/m²为宜。

无纺布的原材料中要采用纯棉纱无纺布，而不能用含有化纤成分的无纺布，因化纤很难自然降解。纯棉纱原料又以新棉布角料经开花成绒为最好，其绒长在10mm以下，结构松散，在纺织过程中已通过脱脂，因此制成的植生带吸水性强，有利于出苗。精梳短棉和棉花次之。

从成本分析看，制作无纺布的原料如棉花、精梳短棉、布角等，以布角为最低。据有关资料统计，服装厂制作衣服时，布的利用率为78%，也就是有22%的布角将成为“废品”回收。将这些布角打碎，经开花成为再生绒后，成本只有1 250元/t。一吨再生绒可以制作2.0万m²植生带，价值约1.0万元，因而大大提高了经济价值，开辟了布角综合利用的新途径。

2. 黏胶剂

多采用水溶性胶黏合剂或具有黏性的树脂。常用的粘胶剂为聚乙烯醇。禾本科草坪植生带无纺布的聚乙烯醇浸浆浓度以0.2%～0.3%为宜；双子叶植物草坪植生带上层无纺布的聚乙烯醇浸浆浓度以0.15%～0.2%，下层无纺布的聚乙烯醇浸浆浓度以0.2%～0.3%为宜。聚乙烯醇浓度低于0.15%，则无纺布易断裂，高于0.3%则黏结，影响种子出苗和根的生长。

3. 草坪植生带用的草种选择与播种量的确定

目前植生带生产工艺设备对各种草坪草种均可做成植生带。草坪草种子的质量直接影响草坪植生带的质量，所以，提供制作植生带的草坪草种子，必须具有种粒饱满，净度合格和有较高发芽率与发芽势的高质量种子，否则制作工艺再好，做出的种子带也无使用价值。

为了适应不同地区、不同气候、不同立地环境及不同用途，必须选择相应的草种。一般不需要迅速成坪的，种子量可少一些，如要求迅速形成草坪的，种子用量可适当多些。如播量过大，则浪费种子，影响长势和幼苗分蘖；播种量少则易形成缺苗断株，杂草容易侵入。一般情况下，早熟禾播种量为 $10 \sim 12g/m^2$，苇状羊茅为 $20 \sim 25g/m^2$，黑麦草为 $20 \sim 25g/m^2$，早熟禾与黑麦草混播为 $15 \sim 20g/m^2$。

4. 化肥、除草剂、保水剂

根据不同的草种来确定化肥和保水剂的用量，同时，根据不同杂草确定使用的除草剂。

（二）草坪植生带生产线的机械设备

1. 无纺布生产机组

无纺布生产机组包括开花机、清花机、梳棉机、气流成网机、浸浆机、烘干机和成卷机等。纺织部门已有定型的无纺布生产机组产品。

2. 草坪植生带复合机械

其中包括喷肥、播种、复合、针刺、成卷等机械部分。

（三）草坪植生带工艺流程

首先，以棉花或布角（通过开花、打碎成绒）为原料，经过清花、梳棉成网、浸浆等一系列的制作工艺，制成薄质、可以舒卷、具有一定弹性的无纺布。然后在这种无纺布上均匀地有比例地撒播优质密集的草籽和肥料，再覆盖上一薄层无纺布，经过针刺等使种子定位和复合，即制成舒卷自如的植生带。

1. 载体——无纺布的工艺流程

将碎布角经过开花机，开花成为再生绒，或二次开花绒。喂入清花系统装置内把再生绒打松。送进钢丝梳棉机，用反向剥离装置和气流装置，以反向高速旋风将花衣均匀地送到输送带上。在风机的驱动下形成气流束，使花衣均匀地附着在尼龙网上而组成棉网。将这种疏松无扭力的棉网，经输送带送到盛有一定浓度的聚乙烯醇溶液的浆槽中浸渍，再经过两道橡皮筒的挤压，将棉网上的浆液初步挤干后，送进烘箱烘干，烘干后的无纺布成卷入库待用。流程示意如下：

原料（布角或棉花）→开花机开花、打碎、成绒→清花机→梳棉机→成网→浸浆→滚压→烘干→无纺布→入库

2. 生产植生带的工艺流程

（1）针刺复合法　针刺复合法生产植生带机，将成卷的无纺布平展在输送带上，由撒肥机撒肥在无纺布上。在撒肥机前方的输送带上安装三个播种箱，每个播种箱底部装有可调节转速用来控制播种量的圆轴，三个播种箱下的圆轴，分别按种粒大小开有不同深浅和数量的播种槽，通过圆轴的转动，将槽中的种子撒到无纺布上。根据不同种子的大小或混播要求，可决定选用的种子箱数。撒过种子的无纺布，经输送带送到复合装置部位，在其上面再加一层无纺布，再经过针刺机的针刺，将棉网上的夹有种子和肥料的两层无纺布交织在一起，即成植生带产品，最后运转成卷，每卷为 $50m^2$ 或 $100m^2$。流程示意如下：

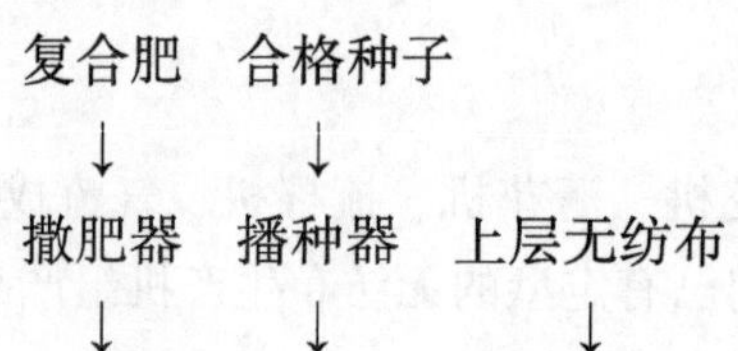

下层无纺布→喷肥 → 播种　→　复合→针刺复合→植生带成卷→入库

针刺复合法生产草坪植生带，具有上述植生带的各项优点，但也有缺点，即针刺复合法植生带的种子定位不甚理想，其原因是由于播种时种子的植生带底面在针刺复合前，由于机器震动，容易发生种子的移位，细小种子移位更为明显，造成均匀度略差。针对此缺陷，研制开发出新一代技术和设备，即用冷复合法生产草坪植生带。

（2）冷复合法　冷复合法生产草坪植生带示意图如下：

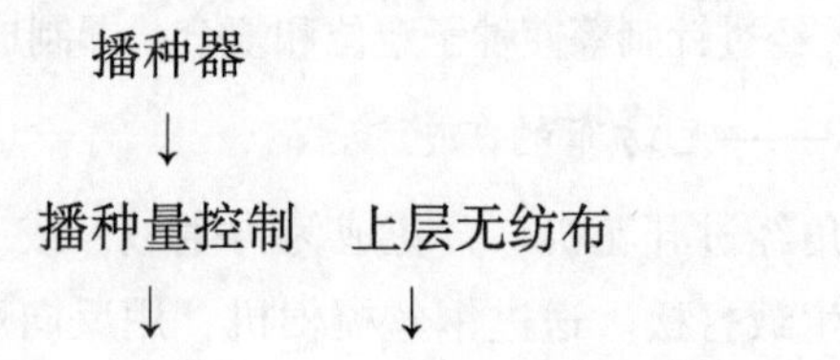

下层无纺布→喷胶→焙烘→播种　→　复合→成卷→入库

黏合剂的选择是冷复合法的主要技术关键之一。

在草坪植生带生产过程中，播种量的精确定量和有较高的均匀度，是保证草坪植生带质量的两个关键问题。冷复合法采用二级控制播种装置，该装置分上下两级，第一级功能是保证播种量的精确度，第二级是保证播种的均匀度，从而解决了精确定量和保证均匀度难以一次工艺完成的难题。该装置既对颗粒差异较大的种子能较好地播种，而且对不同的播种量可以随意调整，在较高的水平上做到播种量准确和播种均匀。

二、草坪植生带的储存和运输

1. 储存草坪植生带的库房要整洁、卫生、干燥、通风。
2. 温度10～20℃，湿度不超过30%。
3. 植生带为易燃品，注意防火。
4. 预防杂菌污染及虫害、鼠害对植生带的危害。
5. 运输中防水、防潮、防磨损，装卸时不要损坏。

三、草坪植生带的铺设技术

1. 在铺装草坪植生带以前，全面翻耕土地，深耕20～25cm，并适当施入基肥。打碎土块，耧细耙平，清除残根和石砾。

2. 在施工地的边缘，准备好足够的用于覆盖的细土，以沙质壤土为好，备土量为每铺$100m^2$的植生带，需$0.5m^3$的细土。覆盖用的细土应取耕作层以下的生土，以避免在覆盖土中带有杂草种子，决不能用混有杂草和杂物的土作为覆盖土。如覆盖土为黏重土壤，则需按3：1的比例掺入沙子。

3. 铺前1～2d，要灌足底水，以利保墒。铺装植生带前，在耧细耙平的坪床上，再一次用木板条刮平坪床面，把草坪植生带自然地平铺在坪床上，将植生带拉直、放平，但不要加外力强拉。植生带的接边、搭头均按植生带中的有效部分搭接好，以免出现漏铺现象。

4. 在铺好的植生带上，用筛子均匀地筛上事先准备好的细土，厚度以0.3～0.5cm为宜。

5. 植生带铺好后，要充分压平，使植生带与土壤紧密结合，避免虚空影响铺设质量。

6. 植生带铺好后，第一次灌溉浇水时，一定要喷透，使植生带完全湿透。以后每日都要喷水，每天喷水在早晚进行，喷水量以保持铺设地块的土壤湿润为度，直至出苗形成草坪。由于植生带上覆盖细土很薄，浇水时最好采用水滴细小的喷水设备喷水，使喷水均匀，冲力微小，以免冲走覆土。在没有喷灌条件的地方，切忌用水管水直接冲刷植生带，要在管端接装细孔喷头。在苗未出土前，如因喷水等原因，露出植生带处，要及时补撒细土覆盖。

7. 在斜坡上铺装植生带，要在植生带的接头和边上，用粗铁丝制成“Π”钉住植生带，以免滑坡。

8. 春、秋两季均可铺设植生带。冷季型草种以秋季为佳，因此时杂草即将枯萎，翌年当杂草滋生，新草坪已形成，可以抑制杂草生长。如在盛夏秋末铺设，则应注意遮阴、浇水、防旱。

四、草坪植生带建坪的管护技术

（一）喷水

植生带从铺装到出苗以后的幼苗期，都需要充足的水分，每天早、晚都要浇灌，灌水量以保持植生带坪床的土壤湿润为宜。幼苗中期每天可浇水一次，后期2～3d浇水一次。

（二）除杂草

除杂草是保证幼苗茁壮生长的关键，要除早、除小、除净。但在拔草中要避免带出草苗和损伤草苗。由于杂草种子的滋生要比草坪草种子多穿破一层无纺布，前期杂草明显较少，因此草坪植生带管理中剔除杂草的次数，要比传统的草坪铺装的除草次数少，而且杂草量也少，但仍要及时拔除。

（三）追肥

虽然在制作植生带时带有一定数量的肥料，但为了保证草苗能茁壮地生长，在有条件的情况下，可进行追肥。一般每个生长季追肥二次，第一次追肥要在出苗后一个月左右时进行，20～30d后再施第二次。追肥量为第一次用尿素10g/m²，第二次用尿素15g/m²。用稀释水溶液喷洒，追肥后一定要用清水清洗叶面，以免烧伤小苗。

（四）覆土

草坪植生带的幼苗茎生长都在地表面，而植生带铺装时覆土又很薄，为了有利于幼苗匍匐茎的扎根，可以在幼苗开始分蘖时，覆细土0.5～1cm，覆盖的细土，最好也用生土，以减少杂草的带入。

（五）病虫害防治

在草坪草发生病害时，应该及时使用杀菌剂防治病害，常用的药剂有代森锰锌、多菌灵、百菌清、福美霜等。在使用杀菌剂时，一定要掌握适合的喷洒浓度。为了防止抗药菌株的产生，在使用杀菌剂时，可以用几种效果相似的杀菌剂交替使用。

一般草坪地常发生的如地老虎、蝼蛄、蛴螬、草地螟虫、黏虫等虫害，要通过草坪管理工作，采用生物防治和药物防治相结合的综合防治方法。常用的杀虫剂是有机磷化合物杀虫剂，对于地下害虫，可以采用毒饵方法来诱杀。

（六）修剪

草坪修剪能使草坪经常保持美观，并能抑制草坪中杂草开花结实，减少和控制杂草的危害。一般应每月修剪2～3次，草苗保留的高度在8～10cm。

为了翌年返青早而且好，应在封冻前浇一次封冻水。在北方，对于像白三叶、结缕草等草种，为了防止其匍匐茎冬天风干、死亡，要适当的用土（或沙子）覆盖，其厚度为0.5～1cm。

五、国内外前景

应用到铁路、公路等坡面上的植生带，以长5.0m，宽1.0m为宜，以便沿等高线铺设。草坪植生带还可以用到屋顶花园，上海曾利用中药厂的药渣，经过微生物发酵，代替土壤做基质，既轻又松软，排水性能良好，送到屋顶，用它铺设植生带，喷足水分，经过5～7d就出苗，20多天即能形成绿油油的屋顶草坪。

自1983年植生带生产应用以来，据北京、上海、沈阳、兰州、昆明、大连等地的调查，用植生带铺草坪发芽早、出苗齐、杂草少、运输方便、操作简便、易于推广。沈阳、兰州、齐齐哈尔等地相继建立了草坪植生带生产基地，其中齐齐哈尔市具备了年产草坪植生带 200hm^2 的规模。锦州、北京、深圳、四平等地也先后开办了植生带工厂。目前应用总面积已达 1 000hm^2，为草坪建植增加了新的手段。植生带每平方米 1 ~2. 4 元，建植草坪成本低于其他建植方式，是非常有发展前途的产品。生产草坪植生带需要有生产设备，投入比较巨大，这在某种程度上制约了草坪植生带的发展。但可根据需要，采用厂家加工草坪植生带。

第十二章　草坪杂草及其防治技术

草坪杂草是指草坪中生长的，影响草坪草生长发育及对草坪的稳定性及环境的美观性等有影响的一切非目的植物。

草坪杂草具有如下特点：适应性广，竞争力强；具有传播特性，在草坪中大量侵入，影响草坪草的生长；无观赏价值，破坏美观；有毒或有害，成为一些病、虫的栖身地。一旦杂草在草坪中有立足之地便能迅速生长形成优势群落，抑制草坪草的生长，引起草坪退化，增加草坪的管理用工和成本。

一、草坪杂草的危害

（一）影响草坪草生长发育

抱茎苦荬菜、荠菜、独行菜、猪毛菜等杂草，在同样的水分和温度条件下，其春季的萌发速率和生长速度快于草坪草，所以春季建植草坪，一旦杂草管理滞后，造成建植失败。马唐、狗尾草、牛筋草、赖草等禾本科杂草在雨季生长迅速，生长高度和分蘖数量超过草坪草，对草坪草的生长构成极大的威胁。地肤、车前、紫花地丁、蒲公英等杂草的地上部分几乎平铺生长，它们排挤和遮蔽草坪，影响草坪草生长。稗草、牛筋草等杂草的分蘖能力和平铺生长习性，侵占草坪面积。牛筋草、狗尾草等的根系分布在浅层土壤中，而独行菜、刺儿菜等杂草的根在土层中扎得比草坪草深，在地下生长的空间，群体杂草占有优势，截留大量水分和养分。扁蓄杂草的根系能分泌一些物质，影响草坪草的生长，如果不加强管理，它所到之处，草坪草极度退化。独行菜、藜、扁蓄、益母草、附地菜、黄花蒿等一年生或二年生杂草，繁殖速度快，在7月开始落籽，一些禾本科杂草种子在9月中旬脱落，如不加管理，在2～3年内杂草完全侵占草坪。

（二）病虫的寄宿地

草坪杂草是一些病虫的寄宿地，病虫利用杂草越冬、繁殖，草坪草一旦被感染，造成草坪草生长缓慢或成片死亡。夏至草等杂草在开花季节，植物体挥发出一些气味，吸引苍蝇、蚊子等飞虫，给在草坪休闲的人们带来不便。

（三）破坏环境美观

建植草坪的目的之一是营造一个整洁的环境，供人们游玩和观赏。而有些杂草如藜、车前、独行菜、荠菜、紫花地丁等侵入草坪后，形成斑块状分布，破坏草坪的均一性和整齐度，从而降低了草坪的美观程度。蒲公英、包茎苦荬菜、蒿等杂草一旦侵入草坪，其生长高度和空间占据力皆强，2~3年内，排挤草坪草，草坪退化而沦为荒地。夏至草、藜等杂草侵入草坪后，会招引病虫，随后自灭，造成草坪光秃。

（四）影响人身安全

草坪是人们休闲的地方，一旦有毒和有害杂草侵入，将威胁到人们的安全，造成外伤甚至诱发疾病。如打碗花、白头翁、罂粟、酢浆草、曼陀罗、猪殃殃、大巢草、龙葵、毒麦等杂草对人体有毒害作用；针茅、白茅、黄茅、狗尾草的芒能钻入皮下组织；荨麻叶上的针刺使接触的皮肤疼痛难忍；豚草的花粉可导致呼吸器官过敏，引起哮喘。

二、草坪杂草的种类

在我国草坪杂草有近450种，分属45科，127属。其中菊科47种，藜科18种，禾本科26种，玄参科18种，莎草科16种，石竹科14种，唇形科28种，蔷薇科13种，豆科27种，伞形科12种，蓼科27种，十字花科25种，毛茛科15种，茄科11种，大戟科11种，百合科8种，罂粟科7种，龙胆科7种。主要杂草有40余种（表12-1）。

表12-1　草坪主要杂草名称

杂草名称	科名	学名	英名
香附子（莎草）	莎草科	*Cyperus rotundus* L.	Nutsedug purple
铁荸荠（地栗）	莎草科	*Cyperus esculentus* L.	Nutesdeg yellow
看麦娘	禾本科	*Alopecurus aequalis* Sobol.	*Shortawn foxtail*
稗子	禾本科	*Echinochloa crusgalli*（L.）Beauv.	Barnyardgrass
芒稷（光头）	禾本科	*Echinochloa colonum*（L.）Link.	Junglerice
蟋蟀草（牛筋草）	禾本科	*Eleusine indica*（L.）Gaertn.	Goosegass
白茅	禾本科	*Imperata cylindrica*（L.）Beauv	Cogongrass

（续表）

杂草名称	科名	学名	英名
马唐	禾本科	*Digitaria sanguinalis*（L.）Scope	Crabgrass
野燕麦	禾本科	*Avena fatua* L.	Oat wild
双穗雀稗	禾本科	*Paspalum distichum* L.	Knotgrass
画眉草	禾本科	*Eragrostis pilosa*（L.）P. B.	Lovegrass India
金狗尾草	禾本科	*Setaria glauca*（L.）Beauv.	Yellow bristlegrass
狗尾草	禾本科	*Setaria viridis*（L.）Beauv.	Foxtail
毒麦	禾本科	*Lolium temulentum* L.	Darnel ryegrass
芦苇	禾本科	*Phragmites communis* Trim	Common reed
野苋	苋科	*Amaranthus blitum* L.	Wild blite
刺苋	苋科	*Amaranthus spinosus* L.	Amarath sping
问荆	木贼科	*Equisetum arvense* L.	Field horsetail
苍耳	菊科	*Xanthium sibiricum* Patrin	Cocklebur
蒲公英	菊科	*Taraxacum mongolicum* Hand. – Mazz. Weber.	*Common dandelion*
苦苣菜	菊科	*Sonchus brachyotus* DC.	Field sowthistle
苦菜	菊科	*Ixeris Denticulata* Stebb.	
黄花蒿	菊科	*Artemisia annua* L.	Sweet wormwood
狼把草	菊科	*Bidents tripatita* L.	Beggarsticks
刺儿菜（小蓟）	菊科	*Cirsium segetum* Bunge	Thisle
扁蓄	蓼科	*Polygonum aviculare* L.	Knotweed prostrate
荞麦蔓（卷茎蓼）	蓼科	*Polygonum convolvulus* L.	Buckwheat wild
二叉蓼	蓼科	*Polygonum divaricatum* L.	
香薷	唇形科	*Elsholtzia ciliata*（Thunb.）Hyland	Elsholtzia
益母草	唇形科	*Leonurus sibiricus* L.	Siberian otherwort
夏至草	唇形科	*Lagopsis supine*（Steph.）IKGal	
菟丝子	玄参科	*Cusuta chinensis* Lam	Dodder
猪毛菜	藜科	*Salsola collina* Pall	Russianthistle
碱蓬	藜科	*Suaeda glauca Beg.*	
附地菜	紫草科	*Trigonotis peduncularis* Benth.	
荠菜	十字花科	*Capsella bursa – pastotis* Medie.	Shepherdspurse
播娘蒿	十字花科	*Descurainia Sophia* Schur.	Flixweed
车前	车前科	*Plantago asiatica* L.	Asiatic plantain

（续表）

杂草名称	科名	学名	英名
律草（拉拉草）	桑科（大麻科）	*Humulus scandens* Merr.	
猪殃殃	茜草科	*Galium aparine* L.	Bedstraw catchweed
繁缕	石竹科	*Stellaria meaia*（L.）Cyr.	*Chickweed*
曼陀罗	茄科	*Dutura stramonium* L.	*Datura*
委陵菜	蔷薇科	*Potentilla chinensis* Seringe.	*Cinquefoil*

三、草坪杂草的防治方法

（一）减少杂草种子来源

1. 严格杂草检疫制度，加强种子检疫工作

目前我国冷季型草坪草种子的90%从国外引进，外来草种带有许多杂草种子，这些杂草的传入，会造成严重危害，防除极为困难。因此，严格杂草检疫制度，加强种子检疫工作，是防止外来杂草及危险性杂草传入、蔓延的重要保障。

2. 选用无杂草的草坪种子

草坪种子和很多杂草种子的形态相似。在制种过程中管理不善，就会有杂草发生，则草坪种子中会混杂一些杂草种子。因此，购买草坪草种子时，应选用有质量检测证书、无杂草的草坪草种子。

3. 场地清理

草坪建植前要清除地面植被及其地下根茎，有条件的可用熏蒸剂做土壤消毒，既可杀灭杂草，又可除虫、防病。

（二）诱杀杂草

土壤中有大量杂草种子存在，其种子在土壤中可存活多年。为了减少草坪播种时杂草的发生量，可在播种前进行诱杀。即在播种前灌水，提供杂草萌发的条件，让其出苗。待杂草出苗齐后，喷施灭生性除草剂将其杀灭。这样可消灭土壤表层中大部分杂草种子。诱杀后再建植草坪，杂草的发生量就

很少。

（三）栽培措施

利用栽培措施防除杂草就是要在草坪养护管理中创造一个有利于草坪草生长，不利于杂草生长的环境。它是一项有效、经济的杂草防除措施。

1. 适时播种

在春、夏播种草坪草，杂草的发生量大，而且禾草杂草出苗比草坪草早，很容易出现杂草泛滥。如果改春、夏播种为秋播，草坪苗期禾草杂草的发生量极少，发生的杂草主要是阔叶草。这样，喷施阔叶草除草剂就能防止杂草的危害。

2. 提高播种量，应用保护播种

提高草坪的播种量可加快草坪草对地面覆盖，从而减少杂草的发生量、抑制杂草的生长。然而，播种量太大，对草坪中后期的生长不利，降低草坪与杂草的竞争能力。因此，要在保证草坪能很好生长的前提下，适当提高播种量。在冷季型草坪草的播种中，常应用混播技术。在混播配方中，加入一定比例的能快速出苗的草种，使之迅速出苗、生长，可起到抑制杂草生长的作用，这种方式称为保护播种。

3. 加强水肥管理

草坪的水肥管理对草坪和杂草生长均有影响。有利于草坪草生长的水肥管理能够抑制杂草的生长，而不当的水肥管理，一般来说更有利于杂草的生长。如果草坪上杂草已发生危害时，灌水、施肥就会加重杂草的危害。因此，灌水、施肥最好在杂草防除后进行。另外，在早春，杂草还未出苗时，及时灌水、施肥促进草坪的返青、生长，从而抑制杂草萌发和生长。

4. 加强病虫害防治

病虫害使得部分草坪草枯死，造成斑秃，提供了杂草发生的条件。因此，加强病虫害的防治对抑制杂草发生尤为重要。无病虫为害的草坪，草坪生长旺盛，保持高的地面覆盖率，就没有杂草萌发的条件。

5. 及时补种

在草坪的生长时期，由于各种各样的原因会造成局部草坪草的死亡。如果不及时补种，杂草就会萌发、生长，最终影响周围草坪草的生长。因此，及时补播对预防杂草的发生尤为重要。一个管理好的草坪，应无斑秃，不给杂草提供生存空间。

（四）人工除草、适时修剪

人工除草费工费时，杂草可再生，拔除杂草还会破坏草坪，效果不理想；人工除草常用于面积小、杂草少的草坪。适时修剪也是防除杂草的一项有效的措施，因为大多数杂草不耐频繁的修剪。

（五）化学防除

化学防除是草坪杂草防治中不可缺少的重要技术措施。化学防除的关键是除草剂的选择。目前市场上除草剂的种类较多，应根据草坪类型、杂草种类、主要杂草发生消长规律选择除草剂，并采用适当的用药时间和方法。在使用除草剂前，应详细阅读使用说明。

1. 化学除草剂的施用原则

（1）不能伤害人畜　使用除草剂，是减轻劳动强度，节约劳力，如果对人畜生命安全不能保证，就不要盲目使用除草剂。首先不能误饮，再者，选用毒性低、不残留、不积累的除草剂，同时提高施用技术和安全措施。

（2）保护环境　五氯酚钠、除草醚等国内外禁用的除草剂，不能用。使用除草剂时，限面积、限量，不能大范围扩散，也不能过量应用。要以最低施用量达到最大有效防除的面积，切不要抬高用量。土壤中的水在喷施除草剂后不要乱排，尤其不要排到养殖业区域。

（3）经济利益合算　如果应用除草剂后，合算成本结果是亏本，就最好不要应用除草剂。

（4）遵循选用除草剂原则　选用原则是应用杀草谱广，用量小，毒性低，灭草效率高，杀草速度快的除草剂。如果选用的除草剂不对，轻的效益降低，重的造成血本不归。除草剂的选择，首先看草坪草，再看杂草，最后考虑其他因素，例如土壤类型、环境状况等。

（5）合理用量　尽量使用最低用量，用量的大小，除了除草剂品种外，杂草种类和操作技术也要考虑进去。

（6）施用时间恰当　施用时间恰当，杀草效果好。时间不恰当，除草效果不佳，严重的造成药害。施用时间必须在根叶生长强的时期或蒸腾强的时候，此时药剂的吸收和运转快。

（7）实施技术合理 使用机械和实施技术合理，处理均匀，药液与杂草有效黏着，达到理想的应用除草剂的效果。

（8）要有实施计划 要有除草剂实施计划，达到除草剂顺利快速处理和防止杂草产生抗性。

2. 除草剂的处理方法

除草剂处理的原则是以除草剂种类特性为准则，如果是茎叶处理剂，遇土分解，不可以直接处理至土壤表面。

（1）土壤处理 有播前、播后土壤处理，也有苗后土壤处理。土壤处理中，有喷雾、泼浇、滴灌等方法。

（2）茎叶处理 就是依草用药，无草不用药。苗期用药，有喷雾、涂抹、甩施、撒施等方法。

3. 新建草坪的杂草化学防除

新建草坪是指在某块地上开辟草坪或重新更新草坪。新建草坪首先要消灭或去掉原有植被。

（1）灌木、半灌木、高秆植物 用草甘膦、百草枯、2，4－D等除草剂。草甘膦和2，4－D结合使用，效果更好。

（2）阔叶杂草 百草敌、2，4－D、百草敌、二甲四氯、阔叶净、乙草胺、都尔、草甘膦、百草枯等，这几种除草剂中，有苗期处理剂2，4－D、百草敌等，也有土壤处理剂乙草胺、都尔等。草甘膦和百草枯处理后，杂草死后，可随时建植草坪。

（3）禾本科杂草 禾本科杂草与草坪草极为相似，防除较困难。该类杂草的化学防除应在播种前处理。所用除草剂有草甘膦、百草枯、阿特拉津、毒草胺、禾草敌、禾草灵、地散磷、恶草灵、环已隆、除草通、快杀稗、丁草胺、西马净、氟乐灵等。

4. 已建好草坪的杂草化学防除

阔叶杂草：用百草敌 0.2～0.6kg/hm^2，二甲四氯 0.5～11kg/hm^2，溴苯胺 0.3～0.6kg/hm^2，1年处理两次可控制阔叶杂草。

禾本科杂草：用乙丁氟氮颗粒剂 1.5～21kg/hm^2，用药后灌水；地散磷 2～61kg/hm^2，恶草灵（早熟禾和黑麦草草坪效果佳，对翦股颖和羊茅有毒）颗粒剂 2～5kg/hm^2，环已隆（不能用于翦股颖及狗牙根草坪）2～7kg/hm^2，治理马唐、稗和狗尾草等。这些药均要在杂草未出土前施用，按土壤水分状况，5月和6月各进行一次，可基本控制杂草发生。

第十三章　草坪病害及其防治技术

草坪草只有在适当的条件下，才能进行正常的生长发育。当草坪受到不适宜的环境条件的影响，或者受到其他有害生物的侵染时，草坪草就不能进行正常的生长和发育，如果病害严重时会造成成片草坪草的死亡。草坪病害发生的原因，一方面是由不适宜的环境因素引起的，称为非传染性病害，又称生理病害；另一方面是受到其他有害生物的侵染而引起的，称为传染性病害。

一、非传染性病害

草坪的非传染性病害是由不适宜的环境因素引起的，无传染性，当环境条件恢复正常时，病害就会停止发展，并且可以逐步地恢复常态。引起非传染性病害的原因很多，如营养物质的缺乏或过剩，水分供应失调，高温和干旱，低温和冻害，日照不足或过强，土壤酸碱不当或盐渍化，农药引起的药害等。

（一）非传染性病害常见症状

1. 变色

由于草坪草生长所必需的营养元素缺乏，草坪会出现缺素症状，草坪失去正常的绿色。

2. 畸形

当土壤中水分缺少或过量时，草坪的正常生长就会受到影响，发生不正常的生理现象，如草坪草萎蔫，局部组织坏死，引起畸形等。

3. 枯死

温度过高或过低，都会影响草坪草正常生长。土壤中有害盐类的含量也是影响草坪草生长的重要因素，草坪草生长缓慢，叶片变色、枯死，严重时导致全株死亡。

4. 其他生长不良现象

土壤中缺少草坪草生长的营养元素，土壤水分的失调，温度的不适宜及有毒物质的存在，都会影响草坪草的不良生长，表现出不正常的状态。

（二）非传染性病害的诊断

1. 田间调查诊断

由于该病的发生主要是受土壤和气候条件的影响，所以病害在田间的分布一般是成片的，有时也会局部发生。

2. 显微镜检查病组织诊断

如果在病组织上看不到病原物，可初步判断为非传染性病害。但是病毒病害除外，因为病毒在一般光学显微镜下看不到，所以用光学显微镜检查并不能区别非传染性病害与病毒病害。

3. 接种试验诊断

非传染性病害不能相互传染，因此通过接种试验可作为诊断的重要依据。

（三）非传染性病害病原

1. 营养失调

土壤中某种矿质元素缺乏而使草坪草表现的缺素症是常见的营养失调病。植物生长所必需的营养元素有氮（N）、磷（P）、钾（K）、钙（Ca）、镁（Mg）、铁（Fe）和微量元素硼（B）、锰（Mn）、锌（Zn）、铜（Cu）、硫（S）等十几种。当某种营养元素供应不足时植株就会出现缺素症状，但某种营养元素过多时也会影响植株的生长发育而出现病状。缺素症的发生与土壤中有机质含量、土壤酸碱度等有关，如缺铁黄叶病表现的新叶黄化、叶脉两侧仍保持绿色，多发生于盐碱地，因为土壤中可利用态的二价铁转化为不溶性的三价铁，植物不能吸收利用，正在生长的部位最需要铁元素，而老叶中的铁又不能降解再转移到新叶中去，所以，新叶的叶绿素合成受到影响，使叶肉变黄，而叶脉仍为绿色，严重时病株变黄，甚至变褐枯死。

2. 水分失调

水分是植物生长不可缺少的条件，水直接参加植株体内各种物质的合成和转化，也是维持细胞膨压、溶解土壤中矿质营养、平衡体温的因素。水分失调（缺少或过量）会使植株发生不正常的生理现象。长期干旱可引起细胞失去膨压，植株萎蔫、黄化等；发生涝害时，由于土壤中缺少氧气，抑制了根系的呼吸作用，也会使植株变色、枯萎，最后引起根系腐烂甚至全株死亡。

3. 温度影响

温度是影响植物生长和发育的重要因素之一，植物体内一切生理生化活动必须在一定的温度下进行，过高或过低的温度都会影响植株正常生长，甚至伤害植物器官或整个植株，如低温可以引起霜害和冻害等。

4. 有害物质引起的中毒

空气或土壤中的有害气体或物质有时会引起植物中毒，如冶金、发电、石油、搪瓷厂、玻璃厂、磷肥厂、砖瓦厂等工厂排出的二氧化硫、三氧化硫、硫化氢、氟化氢、四氟化硅、氯气、粉尘等。化学农药（杀虫剂、杀菌剂、杀线虫剂、除草剂、杀鼠剂等）、化肥和生长调节剂的过量使用也有可能对草坪草造成毒害或药害。

二、传染性病害

草坪病害中，由生物侵染而引起的病害称为传染性病害。草坪草绝大多数为多年生的植物，为土传病原物的发生提供了良好的条件；同时，由于种类的相对稳定和大面积建植给气传病害的流行造成有利的机会。传染性病害是可以传染的，通常先有发病中心，然后向四周蔓延，当病害发生严重时会造成极大危害。

（一）传染性病害的病原

传染性病害的病原主要有真菌、病毒、细菌、线虫、支原体等。我国的草坪业虽起步较晚，但大量从国外调种、不完善的栽培措施和粗放的管理，使得锈病、白粉病、萎蔫病和多种叶斑病等病害成为草坪生产的严重威胁。

（二）传染性病害的综合防治

随着草坪业的发展，草坪病害防治成为草坪建植、经营和管理的关键技术之一。草坪传染性病害的防治措施应从下列方面考虑：一是提高草坪草的抗病力；二是防止病原物的侵染、传播和蔓延，对已生病的草坪进行治疗；三是创造有利于草坪草、不利于病原物的环境条件。

1. 栽培措施防治

栽培措施防治就是在草坪的建植和管理过程中有目的地创造有利于草坪草生长发育、提高其抗病能力，而不利于病原物的活动、繁殖和侵染的环境条件，减轻病害的发生程度。栽培防治是最经济、最基本的病害防治方法，具体措施可以包括以下几个方面。

(1) 选用健康无病的种子或繁殖材料　有些病害是随种子等繁殖材料而扩大传播的，对于这类病害防治必须把种植无病的种子作为一项十分重要的措施。在新建草坪或补播草坪时，种子要选择健康的，并用杀菌剂处理；移植的草皮块、单株、幼枝、匍匐茎等繁殖材料也要选择健康的，并在移植前喷药防护。

(2) 选用具有抗病性、耐病性的不同草种或同一草种的不同品种混合建植草坪　抗病和耐病品种在受病原物侵染后，损伤小，恢复快，在减低发病程度的基础上，配合其他的防治措施，能较好地控制病害的发生和发展。北方草坪可用草地早熟禾、苇状羊茅和多年生黑麦草的适宜品种混播。

(3) 创造良好的立地条件　建坪前要做好场地准备，清除杂质，必要时改良土壤，使土壤疏松，通气良好，为根系生长创造良好的土壤环境。旧坪的改建要进行土壤消毒，以减轻根病的为害。底肥应用腐热的有机肥，减少带菌量。

(4) 搞好草坪卫生　草坪特别是病坪修剪后剪下物中会带有病组织，另外，未分解或部分分解的剪下物长期积累覆盖会在草坪上形成枯草层，病原物会在枯草层中或下面潜伏，必然增加草坪中的菌量，加重病害流行。因此，及时清理剪下物和其他植物残体，搞好草坪卫生，一方面可以减少病害的发生，另一方面还可以保持草坪的美观。

(5) 合理修剪　修剪是草坪管理和养护不可缺少的操作，但是，修剪不当会加重病害的发生，主要原因有：剪草机械可以携带病原物；修剪所造成的伤口为伤口侵入的病菌提供了条件；伤口的伤流液有利于病菌的生长和繁殖；修剪高度、次数和时间等方面不合理也会消弱禾草的生长势和抗病力。为减少修剪造成的病原物侵染，应在叶片表面干燥时进行修剪作业，病坪修剪后要对刀片进行消毒后再修剪健康草坪。

(6) 加强肥水管理　加强肥水管理，平衡草坪土壤的水分和营养状况，可以提高禾草的抗病能力，从而起到壮势、美观、防病的作用。施肥方案应根据土壤性质、肥力水平、禾草的种类、需肥特点、养护要求等确定。偏施氮肥易造成徒长、组织柔嫩、抗病性降低；适当增施磷、钾肥和微量元素，有利于提高禾草的抗病力；多施有机肥料，可以改良土壤，促进根系发育，提高植株的抗病性，减少根病的发生。

草坪的一切生命活动都与水有密切关系，水分不足或水分过多都会影响草坪草的生长发育，从而降低抗病性。因此，合理进行草坪的灌水和排水，也是主要的防病措施。一些根部病害在积水的条件下发生较重，如果适当控制灌水，及时排出积水，可以大大减轻其危害。冬季若灌水过多，易受冻害，加重病害的发生；春季气候干旱，若灌水不足会造成缺水，降低抗病性，对于已有根病的草坪会加重病情的发展。

2. 化学防治

化学防治就是使用化学物质杀死或抑制病原物，防止或减轻病害造成的损失。防治真菌和细菌病害使用杀菌剂；防治线虫病害使用杀线虫剂；防治病毒和支原体病害目前仍以杀虫剂和杀螨剂为主。化学防治作用迅速，效果显著，使用方法也比较简单，是防治病害的重要手段；特别是当前仍是病害防治的关键措施，甚至在有重要病害大发生的紧急时刻是唯一的有效措施。但是，化学药剂大部分有毒，残留可造成污染环境，引起人、畜中毒，杀伤有益生物，破坏生态平衡，使用不当往往还对草坪草产生药害。

施药方式要根据农药剂型、植物形态、栽培方式以及病原物的习性和危害特点等来选择，主要有以下几种。

(1) 土壤处理　在播种前用药剂处理土壤的作用主要是杀死和抑制土壤中的病原物，防治土传病原物引起的苗期病害和根部病害。主要措施有土表撒粉、药液浇灌和土壤熏蒸等。土壤熏蒸可兼治土壤中的病原菌、线虫和害虫，但土壤熏蒸后要等待一段较长的时间，使药剂充分扩散后才能播种，否则会发生药害；较大面积的土壤处理成本较高，难以推广。

药剂处理土壤，可以引起土壤的物理化学性质和土壤微生物群落的改变。在进行土壤药剂处理前，要详细分析，权衡轻重，不要贸然进行，以免带来不良后果。

(2) 种子处理　许多病害是通过种子传播的，因此种子消毒对防治病害有重要的实践意义。种子处理在于消灭种子表面和种子内部的病原物，同时保护种子不受土壤中病原物的侵染，如果使用内吸性杀菌剂还可以使药剂通过种苗吸收输导到地上部，使其不受病原物的侵染。种子处理操作方便、省药、省工，较常用的种子处理方法有浸种、拌种、闷种和包衣。

①浸种：就是把种子浸到一定浓度的药液里，一定时间后取出晾干，然后播种。浸种用的药液必须是溶液或乳液，而不能是悬浮液。药液浓度和浸种时间都要严格掌握，药剂的种类是决定浓度和浸种时间的主要因素，但也要考虑种子的种类、病原物所在的部位、气温等条件。药液用量以浸过种子5～10cm为宜。

②拌种：拌种有干法拌种和湿法拌种两种。干法拌种就是用粉剂和可湿性粉剂拌种，使用的药粉和种子都必须是干燥的，否则影响均匀度而产生药害。拌种用药量一般是种子重量的0.2%～0.5%，以0.2%～0.3%为多。湿法拌种是用乳剂和水剂等液体药剂拌种，将药剂加水稀释后喷在干种子上，然后拌和均匀。

③闷种：就是把药液喷洒在种子上，加覆盖物熏闷一定时间，然后将覆盖物揭开，翻动种子，使多余的药剂气体散发后再行播种。

④包衣：就是用成膜剂将药剂均匀地包裹在种子上，具有缓慢释放药剂、不怕淋失等特点，同时还可以把肥料等共同包在种子上，在治病害、虫害同时，增加营养供给。用于种子包衣的制剂称为种衣剂。种衣剂是种子标准化的一项重要措施，目前在农作物上广泛应用，在草坪草上刚开始试用。

（3）成坪草坪地上部施药　地上部施药的方法主要有喷雾、喷粉和撒施3种。

①喷雾：就是利用喷雾器把液体农药形成细小的雾点喷洒在植物上，是病害防治中最常用的一种方法。喷雾时要求喷洒均匀，覆盖完全。雾滴直径应在200μm左右，雾滴过大不但附着力差，容易流失，而且分布不匀，覆盖面积小。近来大力推广的弥雾机是利用高速的气流，将药液分散成80μm左右的细小雾滴，相同容量的药液，弥雾的雾滴数比普通喷雾的雾滴数高15倍左右，覆盖面积也相应提高，它是目前比较先进的喷雾器械。

适合于喷雾的农药剂型有可溶性粉剂、可湿性粉剂、乳油和悬浮剂（胶悬剂）等，加水稀释时要求药剂均匀地分散在水内。

②喷粉：是用喷粉器把粉剂农药喷撒在植物表面的施药方法。喷粉时要求均匀，以用手指按摩叶片，能在手指上粘着些微药粉为宜。用于喷粉的药剂都是固体的粉剂，一般是在生长季节喷撒在植物上防止病菌的侵染，也有用于地面喷撒，以杀死越冬菌源。喷粉应选择晴天无风的早晨、露水还没干的时候进行。

喷雾和喷粉一般用于防治空气或雨水传播的病害。喷雾法的优点是施药量比喷粉法少，药效持久，防治效果较好，但工作效率比喷粉法低，并且需要一定的水源，在干旱缺水的地方应用较困难。喷粉法效率较高，不需水源，但用药量较大，茎叶上黏着力差，因而药效较差，而且容易随风飘逸，在城市特别是居民区应用受限制。

③撒施：是将颗粒剂或毒土直接撒施在地面植株周围，用以防治根部和茎基部病害。毒土是将可湿性粉剂、乳剂、粉剂或水剂与具有一定湿度的细土按一定的比例混合制成。草坪上用撒施法施药后要喷水，以使药剂渗透到土壤中发挥作用。

（4）杀菌剂的合理使用　合理使用杀菌剂是病害防治的关键性问题，高效、经济、安全是病害防治的基本要求，也是合理使用杀菌剂的准则。

①注意化学防治与其他防治措施的配合：在草坪病害的防治中，化学防治是重要的、有效的，但不是唯一的、万能的。只有把化学防治纳入综合防治的体系中，注意化学防治与其他防治措施的密切配合，才能更好地发挥化学防治的作用。

②提高使用杀菌剂的技术水平：用药技术直接影响化学防治的效果，因此，在使用杀菌剂时必须根据防治对象选择对其最有效的药剂；根据药剂的性能和病害发生发展的规律，掌握适宜的用药时期和次数，不能盲目用药；依据植物和病原物对药剂的反应，选用适宜的用药浓度，不能盲目加大用药浓度；把好喷药技术关，提高用药的质量。

③注意药剂的混用和交替使用问题：在草坪管理中往往需要使用多种化学制剂，如杀菌剂、杀虫剂、除草剂、激素、化学肥料等。在这些化学制剂之间，有些有互相协同的作用，有的互相干扰，要根据用药目的、药剂性能、植物和病原物对药剂的反应等考虑药剂的混用和交替使用。混用及交替使用适当与否，根本标准是不降低药效、不发生药害、减缓抗性产生速度和减少喷药次数、降低成本。不能把能用的药，甚至作用相同的药剂，全混在一起使用，这样既不能提高效果，更增加开支，又增加了环境污染。

（三）主要草坪病害

1. 真菌病害

在草坪传染性病害中，70%以上的病害都是由真菌引起的。真菌引起的草坪病害不仅种类多，而且危害也大。因此，草坪的真菌病害在防治上是十分重要的。

（1）真菌病害症状

①变色：草坪受到病原真菌的侵染后，植株体内叶绿素的合成受到抑制。变色症状有两种形式，一种是整个叶片或者叶片的一部分均匀变色；另一种是叶片不均匀变色，常见的有花叶和斑驳。

②坏死：坏死是组织和细胞的死亡。因受害部位不同而表现出各种症状。常见的有各种叶斑病、立枯病、腐烂病及猝倒病等。

③腐烂：腐烂是草坪草组织较大面积的分解和破坏。主要发生在根部、茎部及穗部。

④凋萎：植株根部和茎基部的维管束组织受到破坏而发生的凋萎现象。常见的有青枯病、枯萎病及黄萎病。

⑤畸形：植株失去固有的形状。常见的畸形症状有矮小、丛枝、叶片皱缩及瘤状突起。

⑥粉状物和霉状物：病原真菌在受害部位常产生不同颜色的粉状物如白粉、黑粉、锈粉等，不同颜色的霉状物如青霉、灰霉、赤霉、霜霉等。病原组织表面的这些粉状物和霉状物可用来进行真菌病害的鉴定。

⑦菌核、菌索：在病原组织的内部或外部产生黑色、褐色、棕色或蓝紫色坚硬的颗粒状、团块状或根状物质，它们是由真菌的菌丝体组成的抗逆休眠结构，也是诊断真菌病害的主要方法。

⑧粒状物及毡状物：病原物产生各种形状、大小、颜色不同的小颗粒，或毡状物，它们是真菌的子实体，如子囊壳、闭囊壳、分生孢子盘、子座等。

（2）真菌病害诊断

①田间观察诊断：对一些草坪的常见真菌病害，通过植株所表现的病症类型进行判断。此法简单易行，效果好。而对新引进的草坪草品种上发生的病害，或者是以前从未见到过的新病害，仅仅靠症状进行判断是很难得出结论的，这时需要做许多其他方面的工作。

②显微镜检查病组织诊断：田间病症的调查，无法确定是那类真菌所引起的病害时，需采集病菌标本，在室内显微镜下进行观察鉴定，可直接看到病菌的形态特点。

③致病力实验诊断：把病原组织上分离到的纯菌种，接种到原来得病的健康植株上，进行观察，看其发病的症状是否与原来的症状相同，如果相同则说明该病菌是这种病害的病原菌，致病力实验是真菌病害诊断的一种常用方法。

(3) 草坪主要真菌病害

①褐斑病（Brown Patch Diseases）

[病原菌] 病原菌主要是立枯丝核菌（*Rhizoctonia solani* Kuhn）。

[感病草种] 褐斑病是所有草坪病害中分布最广的病害之一。只要在草坪能生长的地区就能发生褐斑病，该病能侵染所有已知的草坪草，尤其是翦股颖和早熟禾易受此菌的侵染。

[症状] 褐斑病主要侵染植株的叶、叶鞘和茎，引起叶腐、鞘腐和茎基腐。受立枯丝核菌侵染的草坪，出现大小不等的近圆形枯草圈，枯草圈直径从几厘米到2m，形成环状或“蛙眼”状（即其中央绿色，边缘枯黄色环带）。枯草圈周围有时产生黑紫色或灰褐色的呈烟环状的边缘。

[栽培防治] 合理施用肥料；土壤中含氮量高会加剧病情，适量施用磷肥和钾肥能增加草坪对褐斑病的抵抗能力。避免串灌和漫灌，特别避免傍晚灌水，土壤不能过于潮湿，防止叶片表面形成水珠。及时清除枯草和修剪后的残草，改善草坪通风透光条件。种植抗病、耐病品种。

[药剂防治] 新建草坪要进行种子包衣或药剂拌种，可选用灭霉灵、消菌灵、杀毒矾、甲基立枯灵、粉锈宁、五氯硝基苯等药剂，通常用种子重量的0.2%～0.4%，或用甲基立枯灵、五氯硝基苯等进行土壤处理。成坪草坪在发病初期施用代森锰锌、百菌清、灭霉灵、杀毒矾、甲基托布津等杀菌剂喷雾、泼浇。

②炭疽病（Anthracnose Diseases）

[病原菌] 禾生刺盘孢菌（*Colletotrichum graminicola* WiN.）。

[感病草种] 炭疽病是在世界各地几乎所有的草坪草上都发生的一种叶部病害，对早熟禾、匍匐翦股颖、多年生黑麦草、苇状羊茅、细叶羊茅危害严重。

[症状] 不同气候条件下炭疽病症状表现不同。冷凉潮湿时，引起植株茎基部腐烂。病斑初期水渍状，后期病斑长有小黑点，当受害严重时，可引起植株的死亡。气候温暖，土壤干燥而空气湿度大时，叶片非常容易受到病菌的侵染。病斑初期呈红褐色，而后变黄、变褐以至枯死。

该病引起草坪呈现不规则的枯草斑，大小可自几厘米至几米之间。

炭疽病最典型的症状是在病斑上产生黑色小粒点，这一点是鉴定炭疽病最重要的指标。

[栽培防治] 种植抗病草种和品种。科学的养护管理是病害防治的基础。适当、均衡施肥，避免在干旱或高温期间施入过量的氮肥，增施一定量的磷

肥和钾肥；避免在午后浇水，应深浇水，尽量减少浇水次数；保持土壤疏松；及时清除枯草层，一般有利于草坪的抗病性。

［药剂防治］发病初期，要及时喷洒杀菌剂控制。百菌清、乙膦铝、多菌灵、粉锈宁、甲基托布津等对水800倍液喷雾，可取得较好的防治效果。

③镰刀菌枯萎病（Fusarium Blight Diseases）

［病原菌］黄色镰刀菌（*Fusarium culmorum*（Smith） Sacc.）、禾谷镰刀菌（*F. graminearum* Schwabe）、异孢镰刀菌（*F. heterosporum* Nees ex Fr.）等。

［感病草种］镰刀菌枯萎病是普遍发生在草坪上的、严重破坏草坪景观的一种重要病害。对翦股颖、草地早熟禾、紫羊茅及狗牙根为害较大。

［症状］此病是全株性的病害。病叶由水渍状暗绿色枯萎斑变为红褐色、褐色；茎基部有红褐色病斑；根、根状茎等部位干腐，变褐色或红褐色。受害草坪出现小斑块，呈环状或蛙眼状，直径2～30cm，由浅绿色变成棕褐色，然后又变成枯黄色，病害后期，草坪死亡。

［栽培防治］种植抗病、耐病草种或品种。提倡重施秋肥，轻施春肥，合理施用氮肥、磷肥和钾肥，避免氮肥的过量施入。草坪应保持既不干旱也不过湿。及时清理枯草层。

［药剂防治］新建草坪要进行药剂拌种或种子包衣，选择的药剂有灭霉威、乙膦铝、杀毒矾、甲基托布津、代森锰锌等，通常用种子重量的0.2%～0.3%。成坪草坪在发病初期施用多菌灵、灭霉威、杀毒矾、甲基托布津等内吸杀菌剂防治。

④锈病（Rust Diseases）

［病原菌］主要有柄锈菌（*Puccinia*）、单孢锈菌（*Uroemyces*）、夏孢锈菌（*Uredo*）和壳锈菌（*Physopella*）。草坪草锈病种类很多，常发生的主要有：条锈病、叶锈病、秆锈病和冠锈病。

［感病草种］锈病是草坪禾草上的一类重要病害，它分布广、为害重，几乎每种禾草上都有一种或几种锈菌病害。它主要为害草地早熟禾、多年生黑麦草、结缕草、翦股颖、狗牙根及苇状羊茅等。在适宜的环境条件下，几天内就会大发生，造成严重的损失。

［症状］锈病主要危害叶片、叶鞘或茎秆。发病初期在感病部位生成黄色、橙色、棕黄色、粟棕色或粉红色的夏孢子堆，病害发展后期病部出现锈色、黑色的冬孢子堆。最典型的症状是用手捋一下病叶，手上会有一层锈色的粉状物，这些粉状物就是锈菌的夏孢子和冬孢子。

由于锈菌的为害，受害草坪生长不良，叶片和茎秆变成不正常的颜色，草坪草生长矮小，光合作用下降，严重时导致草坪的死亡。

[栽培防治] 在锈病常发地带应种植抗病草种和品种，并提倡多草种或多品种混合种植。合理施用肥料，不可过量施入氮肥，适当增施磷肥和钾肥。合理灌水，避免草坪湿度过大，以便抑制锈菌的萌发和侵入；草坪过于干燥也是不利的，由于锈病破坏了草坪草表皮细胞，蒸腾加强，不利于草坪植株的生长，这时应适当补充水分，以缓解草坪缺水而引起的损害。发病后适时剪草，去掉发病叶片，减少菌源数量。

[药剂防治] 选用三唑类杀菌剂如粉锈宁、羟锈宁、特普唑、立克秀等。新建草坪要进行药剂拌种，成坪草坪在发病早期喷雾。

⑤币斑病（Dollar Spot Diseases）

[病原菌] 禾草币斑病菌（*Sclerotinia homoeocarpa* F. T. Bennett）。

[感病草种] 币斑病是发生在绝大多数草坪草上的常见病害，特别是翦股颖、早熟禾、多年生黑麦草、细叶羊茅、狗牙根和结缕草更容易感染此病。

[症状] 感病个体植株叶片上形成圆形、水渍状的褪绿斑，并形成漂白色、黄褐色至红褐色的边缘。病斑逐渐延伸至整个叶片，呈漏斗状。

受害草坪上，发病初期形成圆形、凹陷、漂白色或稻草色的小斑块，斑块直径6cm。发病后期，斑块汇合形成大而无规则的枯草斑块。

[栽培防治] 适当增施氮肥。在币斑病严重发病期间要保持有足够高的氮肥水平，以减少病害的严重度。合理地进行草坪排灌，草坪过于潮湿有利于此病的发生。在草坪建植前，应选择抗病品种，以防止该病的发生。

[药剂防治] 适时喷洒杀菌剂。可用百菌清、敌菌灵、粉锈宁、丙环唑等喷雾。

⑥白粉病（Powdery mildew Diseases）

[病原菌] 禾布氏白粉菌（*Erysiphe graminis* DC. ex Merat.）。

[感病草种] 为草坪草上常见病害，尤以草地早熟禾、苇状羊茅、细叶羊茅和狗牙根对白粉病特别敏感。白粉病常常发生在隐蔽、潮湿、空气流通差的草坪上，造成植株矮小，生长不良，甚至死亡，严重影响草坪景观。

[症状] 白粉病菌主要侵染叶片和叶鞘，也为害茎秆和穗部。病害发生初期，在叶片、叶鞘和枝条的表面有一层白色的粉状物，后变灰白色、灰褐色。发病后期形成棕色至黑褐色的小粒点。一般老叶受害比嫩叶严重。随着病情的发展，叶片变黄死亡，最终大片草坪被毁灭。

[栽培防治] 选用抗白粉病的草种和品种并混合种植以减轻为害。适时

修剪，以保持通风透光。合理施肥，不可过量施入氮肥。合理灌水，不要过湿或过干。冬季焚毁草坪上的枯枝落叶和病株残体，能有效消灭菌源，可以显著减轻危害。

[药剂防治] 杀菌剂有粉锈宁、羟锈宁、特普唑、立克秀、多菌灵、甲基托布津、退菌特等。新建草坪要进行药剂拌种，成坪草坪在发病早期喷雾。

⑦腐霉枯萎病（Pythium Diseases）

[病原菌] 引起草坪腐霉枯萎病的病原菌有许多种，如瓜果腐霉（*Pythium aphanidermatum*（Eds.）Fitzp.）、禾草腐霉（*P. graminicola* Subram）、终极腐霉（*P. ultimum* Trow）、群结腐霉（*P. myriotylum* Drechsl）、禾根腐霉（*P. arrhenomanes* Drechsl）等20余种。

[感病草种] 腐霉枯萎病是一种毁灭性病害，几乎绝大多数草坪草都会受到腐霉枯萎病的危害，特别是冷季型草坪草如草地早熟禾、苇状羊茅、紫羊茅、黑麦草等受害最为严重。在适宜的条件下，此病能在1d之内大发生，使草坪毁坏。

[症状] 腐霉枯萎病可侵染草坪草的各个部位，造成烂芽、苗腐、根腐、茎和叶腐烂。受害病株上出现水渍状和黑色的病斑，发黏有油腻感，所以又叫油斑病。

受害草坪生长不良，植株矮小，失去原有的绿色。草坪上会出现直径2～5cm的橙色或青铜色褪绿斑和灰色的烟环状病斑，干燥时病斑呈浅棕褐色至棕色，引起草坪的枯萎。当草坪湿度很大时，尤其在晚上，受害叶片上覆盖着白絮状的菌丝体，往往把这一时期叫棉絮状枯萎病。如果持续高湿，病害发展很快，会造成大面积的草坪受害。

[栽培防治] 由于腐霉病受湿度和温度影响极大，特别是水分的影响，所以要防止草坪过于潮湿，尽量创造不利于腐霉菌生存的湿度条件。保持草坪透光和空气流通，可减轻危害。及时清除枯草层，发现菌丝时，不要修剪草坪，以避免病菌传播。提倡春、秋季均衡施肥，不过量施入氮肥，增施磷、钾肥和有机肥。

[药剂防治] 使用消菌灵、代森锰锌、灭霉灵、杀毒矾等杀菌剂拌种、种子包衣或土壤处理，可防治腐霉病的发生。在病害已发生地块，可叶面喷施代森锰锌、乙膦铝、杀毒矾、甲霜灵等杀菌剂。但为防止抗药性的产生，提倡药剂的交替使用如代森锰锌—甲霜灵—乙膦铝、代森锰锌—杀毒矾—乙膦铝，或甲霜灵和杀毒矾对半混合使用，乙膦铝、杀毒矾和甲霜灵各1/3混合使用。使用浓

度稀释为500～1 000倍液，间隔10～14d施用一次。

⑧红丝病（Red thread Diseases）又名红线病

［病原菌］红丝病由*Laetisaria fuciformis*引起。

［感病草种］红丝病严重为害翦股颖、苇状羊茅、多年生黑麦草、狗牙根和草地早熟禾等草坪草，尤其在缺乏氮肥，土壤过于贫瘠的草坪上会加重红丝病的发生，造成禾草生长迟缓，早衰，甚至死亡，破坏草坪景观。红丝病主要发生在冷、湿气候条件下，所以发病季节在春季和秋季。

［症状］红丝病只侵染叶片，病斑水渍状，棕褐色，病叶分散在健叶间，呈斑驳状。病株叶片和叶鞘上生有红色的棉絮状菌丝体和丝状菌丝束。受害草坪出现褪绿斑，病斑呈环状或不规则形，红褐色，大小变化很大，从几厘米到几十厘米。

［栽培防治］种植抗病品种。氮肥对减少红丝病的发病率特别重要，应适当增施氮肥。及时浇水，使草坪保持良好的湿度，以防止草坪出现干旱胁迫；浇水时应深浇，尽量减少浇水次数，浇水时间应在上午，特别避免午后浇水。合理的草坪灌溉可增加草坪植株的生活力和抗病性。适时修剪草坪，改善空气流通和增加日照，是防治该病的良好方法。

［药剂防治］百菌清、粉锈宁、代森锰锌、福美双等喷雾。

⑨尾孢叶斑病（Cercospora leaf spot）

［病原菌］尾孢菌（*Cercospora*）。

［感病草种］尾孢叶斑病是一种世界性的病害，发生在世界各地。翦股颖、羊茅、狗牙根、野牛草和钝叶草容易感染该病。

［症状］该病为叶部病害，为害叶片和叶鞘。发病初期，引起的叶部病斑呈褐色至紫褐色；随着病害的发展，病斑沿叶脉呈水平方向逐渐扩大，病斑中央黄褐色或灰白色，大小为1mm×4mm，潮湿时有灰白色霉层。受害严重时可引起叶片和植株的死亡，草坪生长不良。

［栽培防治］科学的草坪养护管理是防治该病的首要措施。浇水应在清晨，避免下午或晚上浇水；深浇，尽量减少浇水次数。保持草坪通风透光。种植抗病品种。

［药剂防治］使用多菌灵、甲基托布津、代森锰锌、粉锈宁、杀毒矾等杀菌剂喷雾能有效地控制叶斑病的发生。

⑩黑粉病（Smuts）

［病原菌］引起黑粉病的病原菌有条形黑粉菌（*Ustilago striiformis*（Westend.）Niessl）、秆黑粉菌（*Urocystis agropyri*（Preuss）Schroter）、疱黑粉菌

（*Entyloma dactylidis*（Pass）Cif）。

［感病草种］黑粉病是一类由黑粉菌引起的草坪禾草病害，早熟禾、翦股颖、黑麦草、羊茅、鸭茅易感病。

［症状］黑粉菌专化性很强，以条形黑粉病的分布最广，为害性最大。可以在草坪草的叶片、叶鞘、茎以及花序等部位引起特异性症状。病草呈淡绿色或黄色，植株矮化，分蘖少，根部生长缓慢。病斑白色，后灰白色至黑色，用手触摸能被抹掉。新发病草坪由于病株零星分布，病害症状很难发现，数年后病害才变得明显。黑粉病的侵染消弱了草坪草的生长势，使得易受高温和干旱胁迫或其他病菌的为害。

［栽培防治］种植抗病草种或品种，并混合播种可预防黑粉病的发生。适量施用氮肥，增施磷肥和钾肥。避免土壤干旱，提倡灌深水、透水。严重发病地块，要及时除去病草皮，补种抗病品种。

［药剂防治］播种时选用三唑类药剂如25%三唑酮可湿性湿粉、15%三唑醇可湿性湿粉、1%立可秀拌种剂，拌种药量可按种子重量的0.1%～0.3%使用。在发病初期，用三唑类的粉锈宁药剂进行喷雾。

⑪霜霉病（Downy mildew）

［病原菌］大孢指疫霉（*Sclerophthora macrospora*（Sacc.）Thirum.，Shaw et Naras.）。

［感病草种］霜霉病为害早熟禾、翦股颖、羊茅等多种草坪禾草。

［症状］霜霉病使禾草矮化，剑叶和穗扭曲畸形，叶色淡绿伴有黄白色条纹，叶面出现白色霜状霉层。发病严重时，草坪上出现直径1～10cm的黄色小斑块。

［栽培防治］确保良好的排水条件，避免灌溉或降雨后草坪积水。合理施肥，避免偏施氮肥，增施磷肥钾肥，促进其健壮生长。发现病株及时拔除。

［药剂防治］使用乙膦铝、甲霜灵、瑞毒霉、杀毒矾等杀菌剂拌种或喷雾，能有效防治和控制霜霉病的发生。

2. 病毒病害

草坪病毒是仅次于真菌的重要病原物，目前已知有24种病毒侵染草坪草，有些病毒对草坪危害性很大。

（1）病毒病害症状

①变色：主要表现为花叶和褪绿，叶上出现条纹、斑点、沿脉变色等。

②畸形：主要表现为矮化、卷叶、瘤状突起或脉突等。

③枯斑、坏死：叶片、茎秆和植株的其他部位的细胞和组织坏死。

（2）病毒病害的诊断

①田间观察诊断：为了从复杂的草坪病害中，准确识别草坪病毒病害，并且与一些非传染性病害和药害相区别，首先要进行田间观察。一般来说，感染病毒病害的植株在田间分布多半是分散的，在病株的周围可以发现完全健康的植株。在症状上，病植株往往表现某一类型的变色、褪色或器官变态。有些病毒病害常常从个别植株的顶端先出现症状，然后扩展到植株的其他部位。

病毒病害诊断的关键是它的传染性，可用汁液摩擦接种，最好在健株的局部进行接种，然后观察其症状是否扩展到其他部位。

②草坪病毒病的鉴定：一种病害经过初步诊断确定是病毒病害以后，可以进一步鉴定病毒。鉴定病毒病的根据主要是传染方法、寄主范围和寄主的反应、病毒的物理性状及血清学方法等。

（3）草坪主要病毒病害及防治

①病原病毒：已知有黑麦草花叶病毒（Ryegrass mosaic virus）、冰草花叶病毒（Agropyron mosaic virus）、鸭茅条斑病毒（Cocksfoot streak virus）、羊茅坏死病毒（Festuca necrosis virus）、雀麦花叶病毒（Brome mosaic virus）、大麦黄矮病毒（Berley yellow dwarf virus）、黍花叶病毒（Panicum mosaic virus）等24种病毒侵染草坪禾草。被两种或两种以上病毒侵染的植株，症状要比只受其中一种病毒侵染严重得多。

②致病草种及症状：

a. 黑麦草花叶病毒侵染翦股颖、黑麦草、羊茅、鸭茅、早熟禾等草坪禾草，病株叶片出现褪绿、斑驳和条斑。是黑麦草草坪早衰的重要原因。

b. 冰草花叶病毒侵染冰草、羊茅、黑麦草、早熟禾，导致褪绿、花叶、斑驳、条斑等症状。

c. 鸭茅条斑病毒侵染鸭茅、黑麦草、翦股颖等禾草，造成病株幼嫩叶片出现褪绿条斑。

d. 羊茅坏死病毒侵染羊茅、多花黑麦草等，使病株从根基部到茎叶全部枯死。

e. 雀麦花叶病毒侵染冰草、翦股颖、黑麦草、早熟禾等，病株矮化，叶上生淡绿色或淡黄色条纹。

f. 大麦黄矮病毒侵染冰草、狗牙根、羊茅、黑麦草、早熟禾等草坪禾草，病株叶片从叶尖和叶缘开始变黄，并逐渐向基部扩展。病叶呈亮黄色，略增厚，后期全叶干枯。病株严重矮化，分蘖减少，根系发育不良。

g. 黍花叶病毒引起钝叶草叶片出现褪绿的斑驳或花叶症状，严重时受害病株死亡，造成草坪出现枯死斑块。昆虫、线虫、荫蔽、寒冷等胁迫会加重病情。

③栽培防治：种植抗病草种或品种并混合种植是防治病毒病的根本措施。科学养护管理能有效地减轻病害，避免干旱胁迫，平衡施肥，防治真菌病害等措施均有利于减少病毒危害。治虫防病是防治虫传病毒病的有效措施，通过治虫来达到防病的作用。灌水可以减轻线虫传播的病毒病害。

④药剂防治：目前没有直接防治病毒病的化学药剂，但可试用抗病毒诱导剂等。

3. 细菌病害

草坪细菌病害的数量和为害，远不如真菌病害和病毒病害，但有些草坪细菌病害的为害性很大，是病害防治上需要解决的重要问题。

（1）细菌病害症状

①变色：草坪草出现各种病斑、枯斑。

②萎蔫（凋萎）：由于细菌的侵染，引起草坪植株发生萎蔫，严重时枯死。

③腐烂：草坪植株得病后局部组织或整株腐烂，严重时导致死亡。

④畸形：引起局部细胞的膨大，形成瘤状突起。

⑤菌脓和菌胶：是细菌病害所具有的特征。病部组织出现白色的混合物，这是细菌细胞和植物组织分解物的混合。

（2）细菌病害的诊断

①症状的观察和显微镜检查：当草坪发生了一种细菌病害时，首先要对症状部分进行反复细致的观察，然后在发病部位作切片，用手轻轻压动盖片，观察有无白色混合物溢出，然后用显微镜检查有无细菌溢。在一般情况下，根据细菌溢的有无，结合症状观察，就可以确定是否是细菌病害。

②病原细菌的分离：经过初步诊断后，进行病原细菌的分离，并确定它的致病性，这对于细菌病害的诊断是极为重要的。

③致病性的测定：把分离到的纯菌种接种到原来的健株上，并表现它原来的典型病症，说明它就是该病的病原菌，否则就不是。这种方法是确定致病性的重要依据。

(3) 草坪主要细菌病害及防治

①病原细菌：目前已知由细菌所致草坪草病害的数量较少，其中最重要的有细菌性萎蔫病（*Xanthomonas campestris*）、褐条斑病（*Pseudomonas avenae*）、云枯病（*P. coronafaciens* var. *atropurpurea*）等，致病细菌所致草坪草病害具特异性。

②致病草种：翦股颖、狗牙根、早熟禾、黑麦草、羊茅、冰草等。

③症状：细菌病害对草坪草可造成以下症状：①出现细小的黄色叶斑，叶斑可愈合形成长条斑，叶片变成黄褐色至深褐色；②出现散乱的、较大的、深绿色的水渍状病斑，病斑迅速干枯并死亡；③出现细小（1 mm）的水溃状病斑，病斑不断扩大，变成灰绿色，然后变成黄褐色或白色，最后死亡。病斑经常愈合成不规则的长条斑或斑块而使整片叶枯死。

④栽培防治：种植抗病品种并采取多品种混合种植是防治细菌病害的有效措施。精心管理，合理水肥，注意排水，适度剪草，避免频繁表面覆沙等措施都可减轻病害。

⑤药剂防治：抗菌素如土霉素、链霉素等对细菌性萎蔫病有一定的防治效果。要求高浓度，加大液量，一般有效期可维持4~6周。但由于价格昂贵，只能作为发病时的急救措施，而真正解决问题的唯一办法还是补种抗病品种。

4. 线虫病害

线虫是广泛存在于土壤中的一类低等动物，又名蠕虫，属线形动物门线虫纲。寄生在禾草上的植物寄生线虫是导致草坪草病害的重要病原物。线虫病害造成草坪草生长瘦弱、缓慢、矮小、色泽失常、叶片畸形、根腐烂、坏死等症状，严重影响草坪景观。

线虫除引起植物病害外，还能传带许多其他病原物并为其侵入创造条件，从而加重病害的发生程度。

①病原线虫：致病性草坪线虫有针刺线虫（*Belonolaimus* spp.）、锥线虫（*Dolichodorus* spp.）、螺旋线虫（*Helicotylenchus* spp.）、根结线虫（*Meloidogyne* ssp.）、剑线虫（*Xiphinema americanum*）、矮化线虫（*Tylenchorhynchus* spp.）、环线虫（*Criconemella* spp.）、短体线虫（*Pratylenchus* spp.）等42种。危害草坪草根系的线虫绝大多数是外寄生线虫，其中两种重要的线虫是：针刺线虫和螺旋线虫。

②致病草种：植物寄生线虫为专性寄生，相关草坪草种有狗牙根、苇状

羊茅、细叶羊茅、草地早熟禾、粗茎早熟禾、早熟禾、匍匐翦股颖、细弱翦股颖、结缕草、多年生黑麦草、假检草等。

③症状：草坪草受线虫危害后，通常在草坪上出现顶芽、花芽坏死，叶片轻微至严重的褪色，茎叶卷曲以及形成叶瘿或穗瘿；根系生长受到抑制，根短、毛根多或根上有病斑、肿大或结节；整株生长减慢，植株矮小、瘦弱，甚至全株萎蔫、死亡。受害草坪呈现环形或不规则形状的斑块。当天气炎热，干旱，缺肥和遇到其他逆境时，症状更明显。在建坪时间长，单一品种草坪，即使不出现逆境条件也会造成很大危害。另外，由于线虫寄生禾草部位不同，引起的症状也有差异。线虫除直接造成草坪病害外，诱发病毒、真菌、细菌等病原物引起其他病害。由于线虫危害造成的症状往往与草坪管理不当所表现的症状相似，所以又常常被人们忽略，或误认为是管理问题，得不到很好的防治或采取了不对症的防治措施。因此，线虫病害的诊断，除要进行认真仔细的观察症状外，唯一确定的方法是在土壤和草坪草根部取样检测线虫。

④栽培防治：科学的养护管理是防治线虫病害的有效方法。关键是选用无线虫侵染的种子、无性繁殖材料（草皮、匍匐茎或枝条等）和土壤（包括覆盖的表土）建植新草坪，或种植抗线虫的草种或品种。对已被线虫侵染的草坪进行重种时，最好先进行土壤熏蒸。合理灌水，多次少量灌水比深灌更好。因为被线虫侵染的草坪草根系较短、衰弱，大多数根系只在土壤表层，只要保证表层土壤不干，就可以阻止线虫的发生。合理施肥，增施磷钾肥；适时松土；清除枯草层。

⑤药剂防治：杀线虫剂一般都具较高毒性，故施药时要严格按照农药操作规程。土壤熏蒸剂仅限于播种前使用，避免农药与草籽接触。如溴甲烷土壤熏蒸剂，施用 $50 \sim 100g/m^2$，不仅对线虫有很好的防治效果，还兼有防治土传病害和杀虫、除杂草的作用。棉隆和 2 氯异丙醚也是常用的杀线虫药剂。为避免杀线虫剂毒害，在娱乐性草坪可使用生态防治制剂如植物根际宝（preda）防治草坪线虫。

第十四章　草坪虫害及其防治技术

草坪上栖息有多种有害昆虫，它们取食草坪草、污染草坪、传播疾病，常使草坪遭受损毁，严重影响草坪的质量。因此，消灭害虫，保护草坪，是草坪建植与养护管理的重要措施之一。

根据害虫对草坪草的为害部位，可以把草坪害虫分为为害草坪草根部和根茎部的地下害虫和为害草坪草茎叶部的地上害虫。

地下害虫一生中大部分在土壤中生活，为害植物地下部或地面附近根茎部，亦称土壤害虫。在草坪害虫中，地下害虫具有种类多、分布广且为害严重的特点，因此是防治的重点所在。其主要种类有蝼蛄类、金针虫类、金龟甲类、地老虎类、拟步甲类、根蝽类、根天牛类、根叶甲类等。

茎叶部害虫是指以茎叶为食的害虫。由于草坪草处于经常修剪的状态之中，造成草坪不稳定的上层环境，因此，与地下害虫比较起来，茎叶部害虫的为害要小一些。但是，茎叶部害虫的咬食常常与传播禾草疾病相联系，因此，对茎叶部害虫的防治也是不可忽视的。其主要种类有蝗虫类、蟋蟀类、夜蛾类、螟虫类、叶甲类、秆蝇类、蚜虫类、叶蝉类、飞虱类、蝽类、盲蝽类、蓟马类等。

一、地下害虫

（一）主要地下害虫与为害

1. 蛴螬

蛴螬（Grub）是鞘翅目金龟甲科（Scarabaeoidea）昆虫幼虫的通称，是为害草坪最重要的地下害虫之一。为害草坪的蛴螬种类很多，主要有华北大黑鳃金龟（*Holotrichia oblita*）、暗黑鳃金龟（*H. parallela*）、棕色鳃金龟（*H. titanis*）、毛黄鳃金龟（*H. trichophora*）、铜绿丽金龟（*Anomala corpulenta*）、鲜黄鳃金龟（*Metabolus tumidifroms*）等。

蛴螬是草坪、草皮等的主要害虫之一，由于草坪、草皮不能翻耕，更有利于其繁殖。蛴螬取食萌发的种子，造成缺苗，还可咬断幼苗的根、根茎部，造成地上部叶片发黄、萎蔫直至枯死。

2. 蝼蛄

蝼蛄（Mole crickets）是直翅目蝼蛄科（Gryllotapidae）昆虫。为害草坪的主要有华北蝼蛄（*Gryllotalpa unispina*）、东方蝼蛄（*G. orientalis*）等。

蝼蛄的成虫与幼虫均产生为害，一种为害方式是咬食刚播下的种子和发芽的种子、幼根和嫩茎，把根茎部、茎秆咬断或撕成乱麻状，使植株枯萎死亡。另一种为害方式是在表土层穿行，打出纵横的隧道，使根系和土壤分离，植株因失水而枯死。

3. 金针虫

金针虫（Wire worms）是鞘翅目叩头甲科（Elateridae）昆虫的幼虫。为害草坪的种类主要有沟金针虫（*Pleonomus canaliculatus*）、细胸金针虫（*Agriotes fuscicollis*）、褐纹金针虫（*Melanotus cauder*）、宽背金针虫（*Selatosomus latus*）等。

金针虫咬食播下或萌发的种子，使其残缺不齐；为害幼苗的分蘖节、根、茎等，使其成纤维状；也可钻入茎内，损毁草坪。

4. 地老虎

地老虎（Cutworms）是鳞翅目夜蛾科切根夜蛾亚科（Agrotinae）的害虫。我国为害草坪的主要种类有小地老虎（*Agrotis ypsilon*）和黄地老虎（*A. segetum*）等。

地老虎以幼虫为害草坪草。主要为害植株幼苗，咬断幼苗近地面的茎部，使整株死亡。大发生时，造成草坪秃斑，甚至成片死亡。

（二）地下害虫防治方法

由于地下害虫在土中栖息，为害时间又长，是国内外公认的难防治的一类害虫。加上草坪不能翻耕和主要用于欣赏及美化环境的特点，就更增加了防治的难度。从国内外的研究和实践经验来看，在预防为主，综合防治的前提下，化学防治占有主导地位。

1. 化学防治

（1）种子处理　主要推行药剂拌种，方法简便，是保护种子和幼苗免遭地下害虫为害的有效方法，且用药量低，因而对环境的影响也最小。使用的药剂有辛硫磷、对硫磷、乐果、甲胺磷、甲基异硫磷等。具体用法见表

14－1。

表 14－1 防治地下害虫常用农药的拌种量

药剂种类	药量（kg）	加水量（kg）	种子重量（kg）	防治对象
50%辛硫磷乳油	0.5	25～50	250～500	主治蛴螬，兼治蝼蛄、金针虫等
40%甲基异硫磷	0.5	40	400～500	蛴螬、蝼蛄、金针虫等
40%乐果乳油	0.5	20～30	200～300	蝼蛄
50%对硫磷乳油	0.5	25～50	250～500	主治蝼蛄，兼治金针虫、蛴螬

（2）土壤处理 使用剂量为50%辛硫磷乳油3.7～4.5kg/hm²，结合灌水施入土中，有良好的灭虫保苗效果。或用50%辛硫磷乳油3.0～4.5kg/hm²，加细土375～450kg/hm²（将药液加约10kg水稀释，喷洒在细土上，拌匀使药液充分吸附于细土上），条施后浅锄，结合浇水效果更佳。或用2%甲基异硫磷粉剂30～45kg/hm²，加细土375～450kg/hm²，条施后覆土，效果良好。

（3）喷洒农药 用50%辛硫磷乳油1 000倍液、2.5%溴氰菊酯1 000倍液、90%的敌百虫0.5kg，加水250～380kg/hm²喷根；用2.5%敌百虫粉喷根2次，每次用药30～33kg/hm²，对地老虎有较好防效；磷化铝1g/m²，对根蝽有较强的毒杀作用。

利用药剂防治，应注意适用期，不仅节省药剂，药效也比较好。

2. 物理防治

主要是利用蝼蛄、蛴螬等的趋光性，用黑光灯等诱杀。一盏灯可控制直径50～100m² 的范围。近年来试用黑绿单管双光灯（发出一半绿光，一半黑光），诱杀蛴螬效果明显，且可诱杀大量未产卵的雌虫，故可减少坪土中蛴螬发生数量。

3. 农业防治

农业防治是综合防治的基础，在草坪保护中主要是改变生态环境条件，创造不利于地下害虫的生存条件，如播种前坪床整理，清除杂草，可消灭初期幼虫；适当调整播种期可以避开或减轻为害；适时灌水、合理施肥等对防治地下害虫都有一定的作用。

二、地上害虫

由于草坪管理中，定期修剪是维护草坪的主要措施之一，因此，茎叶部害虫若是单纯取食，在一定范围内不会造成草坪草整株死亡，其所形成的为害较之地下害虫也就小得多。但是，有些地上害虫如蚜虫，在取食草坪草时传播草坪病害；有些地上害虫如秆蝇，对草坪草进行钻蛀性取食，造成植株枯死；还有些地上害虫如黏虫，暴食草坪草，将叶片吃光。这些地上部分害虫对草坪为害也较大，是草坪地上害虫防治的主要对象。

（一）主要地上害虫与为害

1. 黏虫

黏虫是鳞翅目夜蛾科（Noctuidae）昆虫，为害草坪的主要种类有黏虫（*Mythimna separata*）和劳氏黏虫（*Leucania loreyi*）。

幼虫咬食叶片，1 ~2 龄幼虫仅食叶肉，形成小圆孔，3 ~4 龄时把叶片咬成缺刻，5 ~6 龄的暴食期可把叶片吃光，使植株形成光秆，虫口密度大时可把整块草坪吃光。

2. 草地螟

草地螟（*Loxostege sticticatis*）属鳞翅目螟蛾科（Pyralidae）。

幼虫取食幼嫩叶片的叶肉，残留表皮，3 龄以后食量大增，将叶片吃成缺刻而仅剩叶脉。

3. 蚜虫

蚜虫（Aphids）属同翅目蚜科（Aphididae）。主要为害草坪的种类有麦长管蚜（*Macrosiphum avenae*）、麦二叉蚜（*Schizaphis graminum*）、禾谷缢管蚜（*Rhopalosiphum padi*）。

其成虫和若虫吸食叶片、茎秆和嫩穗的汁液，影响寄主的发育，严重时常致生长停滞，最后枯黄。同时还能传播多种病毒病害。

4. 叶蝉

叶蝉（Leafhoppers）属同翅目叶蝉科（Cicadellidae）。为害草坪草的种类主要有大青叶蝉（*Cicadella viridis*）、小绿叶蝉（*Empoasca flavescens*）、条沙叶蝉（*Psammotettix striatus*）等。

成虫、若虫群集草坪草叶背、叶鞘及茎秆上，刺吸汁液，使寄主生长发育不良，受害部位出现褪绿斑点，有的出现畸形、卷缩、甚至全叶枯死。幼苗常因流出大量汁液，经日晒枯萎而死。

5. 秆蝇

秆蝇（Linn）属双翅目秆蝇科（Chloropidae）。为害草坪的种类主要有瑞典麦秆蝇（*Oseinella frit*），麦秆蝇（*Meromyza saltatrix*）等。

秆蝇以幼虫为害，从叶鞘与茎秆间潜入，取食心叶基部和叶鞘，使心叶外露部分干枯变黄，形成枯心苗。严重发生时草坪草可成片枯死。

6. 盲蝽

盲蝽（*Trigonotylus ruficornis*）属半翅目盲蝽科（Miridae）。

主要为害草坪草的叶子，有时也为害其茎。被刺吸式口器刺伤的叶子先出现黄色小斑点，小斑点扩大成黄褐色大斑，造成叶片皱褶，轻者阻碍草坪草生长发育，重者造成植株干枯而死亡。

（二）地上害虫防治方法

1. 农业防治

主要用于早期预防，如坪床整理、清除杂草，均能减轻为害。

2. 药剂防治

（1）常用杀黏虫药剂　2.5%敌百虫粉剂或5%马拉硫磷粉剂喷粉，每公顷用量22.5～30kg。50%辛硫磷乳油1 000～2 000倍液，50%敌敌畏乳油2 000倍液，20%杀虫畏乳油250倍液，90%晶体敌百虫1 000倍液，50%西维因可湿粉剂300～400倍液，以上各种药液一般每公顷喷900kg左右。

（2）常用杀草地螟药剂　2.5%敌百虫粉剂喷粉，每公顷用量30kg。90%晶体敌百虫1 000倍液，50%马拉硫磷乳油1 000倍液，50%辛硫磷乳油1 000～1 500倍液喷雾。

（3）常用杀蚜药剂　1.5%乐果粉剂，2.5%敌百虫粉剂，1.5%甲基对硫磷粉剂喷粉，每公顷用量22.5～30kg。50%灭蚜净乳油1 500倍液，40%乐果乳油1 500～2 000倍液，50%辛硫磷乳油1 500倍液，50%马拉硫磷乳油1 000～1 500倍液等，喷雾防治。

（4）常用杀叶蝉药剂　40%乐果乳油1 000倍液，50%叶蝉散乳油1 000～1 500倍液，90%晶体敌百虫1 500倍液，50%杀螟松乳油1 000～1 500倍液，25%亚胺硫磷400～500倍液，2.5%溴氰菊酯乳油2 500～3 000倍液喷雾。2%叶蝉散粉剂30～35kg/hm^{2}喷粉。

（5）常用杀秆蝇药剂　2.5%溴氰菊酯乳油2 500～3 000倍液，50%马拉硫磷乳油1 500～2 000倍液喷雾。1.5%乐果粉剂喷粉，每公顷用量22.5～30kg。

（6）盲蝽类药剂　40%乐果乳油1 000～1 500倍液，50%马拉硫磷乳油1 000倍液，50%辛硫磷乳油1 500倍液喷雾。

3. 诱杀防治

对趋化性强的害虫，可使用糖醋酒液或其他发酵有酸甜味的食物配成诱杀剂进行防治。糖醋酒液的配制是：糖2份、酒1份、醋4份、水2份，调匀后加1份2.5%敌百虫粉剂。盛于盆、碗等容器内，每公顷2~3盆，盆要高出草坪30cm左右。白天将盆盖好，傍晚开盖，5~7d换诱杀剂一次，连续16~20d。

第十五章　草坪机械设备

一、草坪建植机械

草坪建植机械包括草坪整地机械、播种机械与移植机械。

（一）草坪整地机械

通过整地机械翻动耕作层的土壤，使深层土壤熟化，增大土壤的孔隙度，恢复和创造土壤的团粒结构，消除杂草，为种子萌发和生长创造良好条件。通过整地使草坪播种、铺植、养护便于机械化作业，有利于提高作业速度和质量。草坪整地机械源于农业机械（表 15－1）。

表 15－1　草坪主要整地机械

类型	种类	特点
耕作机械	铧式犁	翻垡、碎土和覆盖。应用广泛
	圆盘犁	切断树根能力强，易在立地条件较差、黏重潮湿的土地中作业。翻垡、碎土和覆盖能力较差
	旋耕机	翻土、碎土和混土能力强，耕作后土壤松碎，地面平整；一次作业就可满足播种要求；对肥料和土壤的混合能力强。覆盖质量差，耕作较浅，不利于消灭杂草
整地机械	松土机	犁的碎土性能有限，在犁翻耕过的土地用松土机将土块打碎
	圆盘耙	耕作后，土壤的松碎、平整程度不能满足草坪播种要求，用耙来进一步整地
	平地耙	破碎土块，耕平地面，清除杂草和播种后覆盖种子。也可松碎表土及硬土壳
管道铺设机具	开沟机 铲土机 挖掘机	在土壤已经平整好的地区，挖掘管道，进行喷灌、照明系统的铺设

（二）草坪播种机械

草坪播种是在没有任何草坪的、但经过整好的预播种草坪地上进行播撒草种的作业，或是在已形成草坪地上，对已经损坏或生长不良的部位进行补播草种。草坪草种子一般细小，用手撒播，不仅工作效率低，而且撒播不均匀，不利于大面积建植草坪（表15－2）。

表15－2　草坪播种机械

品牌与型号	容量（L）	播宽（m）	播种效率（m^2/h）	适用范围	主要功能
大型草坪播种机	45	1.5	4 000	大面积建植草坪	同时完成播种、施肥、覆土、碾压
手推草坪播种机	5～15 5～8	0.6 0.6	800 650	中小面积建植草坪或补播	播种
背负式播种机	5	2～3	1 000	中小面积建植草坪或补播	播种
手摇式播种机	1	2	1 000	中小面积建植草坪或补播	播种
专用草坪补播机	30	0.46	500	补播	开沟、播种、覆土、碾压

（三）草坪喷播机械

草坪喷播机械能够在最短的时间内用于城市绿化、高尔夫球场、防止水土流失工程等面积大、坡度大、较干旱地方的草坪建植，建植效率高（表15－3）。

表15－3　草坪喷播机械

品牌与型号	扬程（m）	罐播面积（m^2/罐）	罐装容量（L）	外形尺寸/m 长×宽×高	设备
FINE，T30	23	400～500	1 175	2.4×1.2×1.2	包括料罐、动力、搅拌机、喷头、软管、泵等
FINE，T170	60	2 600～2 700	6 625	4.6×2.3×2.4	
FINE，T330	70	5 000～6 000	12 488	6×2.4×2.9	
EASY LAWN，HD6003	30	743	2 300	2.8×1.3×1.5	
EASY LAWN，HD12003	45	1 486	4 542	2.5×1.4×1.9	
LSB系列	23～30	1 000～2 000	2 500～5 000		
PZ1515	40	500	1 500	1.7×1.4×0.9	
PT4026	55	1 500	4 000	2.5×1.9×1.2	

（四）起草皮机

铺植草皮是尽快建立草坪的一种有效方法，尤其在城市繁华地段建立草坪多采用这种方法。起草皮可用手工进行，但工作效率低，且质量无法保证。若用起草皮机作业，不仅进度快，而且所起草皮整齐，厚度均一，铺装方便平整，利于草皮的标准化。由起草皮机切下的草皮可以卷起来运送到铺植草坪的地点。起草皮机可用于草坪生产及养护单位（表15－4）。

表15－4　起草皮机

品牌与型号	起草皮宽度（cm）	起草深度（mm）可调	起草皮效率（m^2/h）
TURFCO 5	30，38，46	5	465
BROUWER	41，46，60	3.8	623
BLUEBIRD SC18	46	2.5～6	942
CZ10A－36B	34.9，37.9	5	650～850

（五）草皮铺装机械

用于大面积的草皮铺装，保证草皮铺装建坪的质量，适用于大型草皮卷生产基地（表15－5）。

表15－5　草皮铺装机械

品牌与型号	铺植速度（m^2/min）	特点
BROUWER，SP12400	110	大面积铺装，质量好，效率高

二、草坪养护机械

草坪建成后要保持青翠茂盛、持久不衰，需要进行经常性的养护，常规的养护措施主要有修剪、除杂草、施肥、灌水、防治病虫害、打孔、更新等。在这些养护措施中有些可以人工或借用其他领域的机械设备而完成，而有些养护措施需要使用专用于草坪养护的设备，否则工作效率低，作业质量差，不利于草坪生长。

（一）草坪剪草机

草坪剪草机，也称割草机，主要用于草坪的定期修剪。每种类型的剪草机所能适应的草坪和草坪的立地条件不尽相同（表15－6）。

表 15－6　草坪剪草机

类型	修剪宽度（cm）	修剪高度（cm）	留茬高度（cm）	适用范围
手推无动力式 动力滚刀式	35～132	0.3～9.5	0.2～6.5	管理水平较高、低修剪的运动场草坪，修剪的草坪平整、干净
动力旋刀式	33～91	3～18	2～12	一般草坪，修剪的草坪较平整
割灌割草机		自然	5～8	庭院草坪、复杂地形草坪或杂草、灌木丛，修剪质量差

（二）草坪施肥机械

草坪施肥是保证草坪健壮的一个重要环节。用于草坪施肥作业的施肥机械，可将颗粒状或粉状肥料均匀喷撒到草坪上，使每一棵草坪植株都能得到所需的、相等量的肥料（表 15－7）。

表 15－7　草坪施肥机械

类型	种类	特点	适用范围	施肥机保养
手推式施肥机	外槽轮式施肥机 传动带－刷式施肥机	人力推动	用于小面积、地形复杂的草坪的施肥作业	肥料多呈碱性或酸性，每次施肥作业后，应将肥料清理干净
自走式施肥机	转盘式施肥机 双辊供料式施肥机 摆动喷管式施肥机	拖拉机驱动，高效、均一，施肥幅宽可达 16m	用于大面积草坪的施肥作业	

（三）草坪滚压机械

用于坪床平整，播种后滚压，草皮铺植滚压，运动场赛前赛后滚压。提高草坪地硬度和平整度（表 15－8）。

表 15－8　草坪滚压机械

类型	滚压宽幅（m）	滚筒重量（kg）可调
草坪滚压机（手推、机械牵引）	0.6～2	60～500

(四) 草坪覆土机械

用于播种、梳根、打孔后覆土，改良表层土壤结构，调整草坪平整度（表15－9）。

表15－9 草坪覆土机械

品牌与型号	容量(m^3)	覆宽(cm)	覆土厚度(mm)	特点
TORO 1800 自走式	0.5	153	1	用于将沙或细土撒布在已播种、梳草或打孔的草坪上，以促进草坪草生长。也可用于补播种子

(五) 草坪通气机械

草坪通气机械是在草坪上按一定的密度打出一定深度和直径的洞，使空气和肥料能直接进入草坪根部而被吸收。草坪通气养护是草坪复壮的一项有效措施，尤其是对人们经常活动、娱乐的草坪要经常进行草坪通气养护，通过通气养护的草坪可以延长其绿色观赏期和使用寿命。通气工作需要借助专用的工具和机械设备来完成。

1. 草坪打孔机

具体详见表15－10。

表15－10 草坪打孔机

品牌与型号	打孔宽幅(cm)	打孔深度(cm)	打孔直径(cm)	孔距(cm)	效率(m^2/h)
BLUEBIRD 424	44.5	7.6	2.0	11×18	1 800
BLUEBIRD 530	48.0	7.6	2.0	9.6×16.5	2 300
BLUEBIRD 742	64.5	7.6	2.0	9.16.8	3 400
TURFCO 85375	51.0	7.0	1.4	10	2 418
TURFCO 85395	66.0	10.0	1.4	10	3 168
WB530k	48.0	7.6	2.0		2 540
CK20A－48B	47.5	7.5	2.0		2 300
DALONG9903	50.0	5.0～7.0	2.0	9.5×16.5	2 500

2. 草坪梳草机

梳草机将草坪草侧根切断，适用于大面积草坪的通气养护作业（表15－11）。

表15－11　草坪梳草机

品牌与型号	动力（kW）	梳草宽度（cm）	梳草深度（cm）	效率（m^2/h）
TURFCO　85355	B&S3.7汽油机	51	2.6	930
BLUEBIRD　A20	B&S3.7汽油机	46	2.8	850
CS01A－46B	B&S5汽油机	46	3.3	800
DALONG9901		50	2.8	1 500

3. 草坪垂直修剪机

草坪垂直修剪机专门用来疏松表土，清除草坪中的枯草，减少杂草蔓延，改善表土的通气透水性，促进营养繁殖（表15－12）。

表15－12　草坪垂直修剪机

品牌与型号	动力（hp）	转速（rpm）	锯片直径（cm）
QGR400	10	3 600	40

（六）草坪喷灌系统及设备

草坪供水通常是由若干供水设备相互组合而形成的能给草坪及时、适量供水的机具群，这种有效的机具组合称为喷灌系统。一个喷灌系统是由控制器、水泵、管道及喷头组成。水泵从水源取水并加压经输水管道送到一定地点，再由喷头将水喷射到空中散成细小的水滴，均匀地喷洒在植物上。根据所需喷灌草坪的地点、地形、水源、能源、需水量及操作时间限制等，而对喷灌系统的组成部分作适当选择，从而组合成一个合乎需要的喷灌系统。草坪喷灌设备广泛用于公园、公共绿地、运动场、庭院等草坪的灌溉。

1. 喷灌系统

具体详见表15－13。

表15－13　喷灌系统

喷灌系统	特点	优、缺点	喷灌设备
固定式喷灌系统	泵站固定，干管、支管、竖管埋于地下，竖管安装喷头	可同时喷灌、使用方便、节省劳力。投资大	动力机、水泵、管件、压力调节器、阀门、阀门控制器、喷头、喷嘴、滴灌带等
半固定式喷灌系统	泵站固定，干管埋于地下，支管、竖管和喷头可移动		
移动式喷灌系统	水泵、干管、支管、竖管和喷头都可移动	设备利用率高、投资低。耗费劳力	

2. 喷头

草坪用喷头种类繁多，性能各异，为喷灌系统的关键组成部分（表15－14）。

表15－14　喷头

品牌与型号	喷洒半径（m）	喷头高度（cm）	弹出高度（cm）	接口	角度	降雨率（mm）
K－RAIN　11003	9.8～15.3	19.1	12.7	六分内螺旋		
K－RAIN　12003	9.1～14.0	19.1	12.7	六分内螺旋		
K－RAIN　74001－15A	4.6～5.2	18.0	10.2	六分内螺旋		
K－RAIN	3.0～5.2	18.0	7.5	六分内螺旋	35～360	7.6～12.7
亨特PGP－ADJ	8.5～15.9	19.0	9.6	3/4		
亨特LT－756－B	20.4～27.1	20.5	12.8	1		
亨特PGM－04A	4.3～9.1	18.0	10.5	1/2		

（七）其他草坪养护机械

草坪除修剪、施肥、通气养护以外，对草坪还要进行喷施农药、修边、耙草、平整、修整等养护，尤其是对那些要求较高的运动场草坪。

1. 草坪喷雾机械

喷雾机械的作用是使喷洒的液体雾化成为细小雾滴，并将其喷洒到植物体上。草坪喷雾机用于喷施杀虫剂、除草剂、液体肥料、绿染剂、抗旱剂、矮化剂等（表15－15）。

表 15－15　草坪喷雾机械

类型	喷幅（m）	射程（m）	工作效率（m^2/h）	药箱容积（L）	特点	应用范围
喷雾喷粉机（自走式、手推式、背负式）	3	12	9 000	15～35	一机多用、效率高	大面积草坪
超低量喷雾机（自走式、背负式）	2～3	8	7 000	12～25	用药量少、分布均匀	大面积草坪
手动喷雾器（背负式）	2	2～3	800	5～10	结构简单、轻便，但劳动强度大、效率低	小面积草坪

2. 草坪修边机械

为了保持草坪边缘的整齐美观，常用修边机来修整（表 15－16）。

表 15－16　草坪修边机械

品牌与型号	功率 kW	倾角（可调节）	切深（cm 可调节）
TURFCO TLC87302	2.2	30°	7.6

3. 清扫设备

清扫杂物、枯叶和修剪留下的叶片（表 15－17）。

表 15－17　清扫设备

类型	清扫宽度（cm）	清扫高度（cm）	杂物袋容积（L）
手扶式草坪吸/吹草机	76	12.7	211
背负式吹屑机	40	10	50

4. 其他草坪机械

具体详见表 15－18。

表 15－18　其他草坪机械

类型	种类	特点
草坪干燥、排水设备	深松鼹鼠犁 草坪排水机 草坪开沟机	形成松土沟，改善排水性能 用于运动、娱乐压实严重的草坪复壮作业，尤其是黏性土壤的草坪

（续表）

类型	种类	特点
草坪修整设备	草坪刷	用于干草坪的保养，梳理平整草坪表面，去除娱乐型草坪表面露珠，撒开蚯蚓的排泄物
	网状拖板	修整草坪，去除娱乐型草坪表面的露珠
	草坪修整联合机	一次完成切侧根、耙、刷、镇压等多项草坪修整作业
草坪耙草机		除去草坪上枯萎的草叶，消除杂草，改善草坪表面透气状况

5. 草坪拖拉机

在草坪拖拉机安装配套设备可一机多用（表15－19）。

表15－19　草坪拖拉机

类型	犁、耙	土地平整刀片	推板	重型滚筒	拖斗
草坪拖拉机	耕耘机	平整机	推土机	碾压机	拖车

三、草坪植生带生产设备

草坪植生带是近些年开发的新技术，植生带生产设备用于草坪种子带的加工，可实现草坪产品的工厂化生产（表15－20）。

表15－20　草坪植生带生产设备

品牌与型号	电机功率（kW）	焙烘功率（kW）	车速（m/min）	播种密度（g/m^2）	最大宽度（m）	照明功率（kW）
复合机	2.2	1×6	0～35	1～30	1.05	
检验复卷机	0.4					0.04×2

四、种子加工设备

种子加工内容包括种子清选、干燥、精选分级、定量包装等加工程序，主要的加工设备有除芒机、清选机、重力分级机等（表15－21）。

表 15－21 种子加工设备

品牌及型号		生产能力（t/h）	配套动力（kW）	外形尺寸（m）
除芒机	9CM－300	0.3	9.4	1.6×2.2×3.2
清选机	5TX－100	0.1	0.8	1.1×0.9×1.9
	5XZJ－3	3	7	3.2×1.8×2.8
重力分级机	5ZX－5	1.5～5	7.7	2.5×1.7×1.7
	5TZX－50	0.05～0.1	0.8	1.1×0.7×1.6

附：中华人民共和国国家标准——《草坪标准》

一、质量分级

1. 主要草坪草种子等级标准见表1。

表1　主要草坪草种子等级标准

中文名	拉丁名	等级	净度（%）不低于	发芽率（%）不低于	其他种子含量（重量百分比,%）	含水量（%）不高于
冰草	*Agropyron cristatum*	1	90	80	1.0	11
		2	85	75	1.5	11
		3	80	70	2.0	11
翦股颖	*Agrostis spp*	1	90	85	0.5	11
		2	85	80	1.0	11
		3	80	75	1.5	11
地毯草	*Axonopus spp*	1	95	80	0.5	12
		2	90	70	1.0	12
		3	85	60	1.5	12
无芒雀麦	*Bromus inermis*	1	95	90	1.0	11
		2	90	85	1.5	11
		3	85	80	2.0	11
格兰马草	*Bouteloua gracilis*	1	95	85	1.0	11
		2	90	75	1.5	11
		3	85	65	2.0	11
狗牙根	*Cynodon spp.*	1	95	85	0.5	12
		2	90	80	1.0	12
		3	85	75	1.5	12
画眉草	*Eragrostis spp.*	1	95	85	0.5	11
		2	90	80	1.0	11
		3	85	75	1.5	11

（续表）

中文名	拉丁名	等级	净度（%）不低于	发芽率（%）不低于	其他种子含量（重量百分比,%）	含水量（%）不高于
假俭草	*Eremochloa ophiuroides*	1	95	80	1.0	11
		2	90	70	1.5	11
		3	85	60	2.0	11
苇状羊茅	*Festuca arundinacea*	1	98	85	1.0	12
		2	95	80	1.5	12
		3	90	75	2.0	12
紫羊茅	*Festuca rubra*	1	95	85	1.0	11
		2	90	80	1.5	11
		3	85	75	2.0	11
黑麦草	*Lolium spp.*	1	98	90	1.0	12
		2	95	85	1.5	12
		3	90	80	2.0	12
巴哈雀稗	*Paspalum notatum*	1	95	75	1.0	12
		2	90	65	1.5	12
		3	85	55	2.0	12
狼尾草	*Pennisetum spp.*	1	95	70	1.0	12
		2	90	60	1.5	12
		3	85	50	2.0	12
猫尾草	*Phleum pratense*	1	95	85	1.0	11
		2	90	75	1.5	11
		3	85	65	2.0	11
早熟禾	*Poa spp.*	1	95	85	1.0	11
		2	90	75	1.5	11
		3	85	65	2.0	11
结缕草	*Zoysia spp.*	1	90	70	1.0	12
		2	85	60	1.5	12
		3	80	50	2.0	12
野牛草	*Buchloe engelm*	1	90	70	1.0	11
		2	85	60	1.5	11
		3	80	50	2.0	11

2. 草坪草营养枝等级标准见表2。

表2　草坪草营养枝等级标准

检测指标＼等级	一级	二级	三级
草坪草营养枝活节数（个）	>4	3或4	2
新鲜度	鲜嫩 含水量>70%	叶微卷 60%<含水量≤70%	叶稍卷 45%<含水量≤60%

3. 草皮等级标准见表3。

表3　草皮等级标准

检测指标＼等级		一级	二级	三级
盖度（%）	≥	95	90	85
病虫侵害度（%）	≤	1	3	5
杂草率（%）	≤	1	3	5
新鲜度		鲜嫩 含水量>70%	叶微卷 60%<含水量≤70%	叶稍卷 45%<含水量≤60%

4. 草坪植生带等级标准见表4。

表4　草坪植生带等级标准

检测指标＼等级		一级	二级	三级
植生带载体均匀度误差（%）		±5	±6	±7
植生带种子均一性（%）	≥	95	90	80
植生带发芽率（%）	≥	85	80	70
植生带种子密度（粒/cm^2）		>3	3~2	1
植生带接头（个）		0	1~2	3
植生带孔洞（个）		0	1~2	3
规格误差	长（m）	±0.5	±0.7	±1
	宽（cm）	±0.5	±0.7	±1

5. 开放型绿地草坪等级标准见表5。

表 5　开放型绿地草坪等级标准

检测指标＼等级		一级	二级	三级
盖度（%）	≥	90	80	70
草坪高度（cm）	≤	4	7	10
均一性		叶片生长整齐一致，每个草种在草坪中出现频率≥90%	叶片生长基本整齐一致，每个草种在草坪中出现频率≥80%	有少数叶片生长不齐，每个草种在草坪中出现频率≥70%
色泽		颜色均匀一致，色墨绿或深绿	颜色欠均匀一致，色浅绿或淡绿	颜色不均一，色黄绿，黄色<20%
病虫侵害度（%）	≤	2	5	10
杂草率（%）	≤	2	5	10

6. 封闭型绿地草坪等级标准见表 6。

表 6　封闭型绿地草坪等级标准

检测指标＼等级		一级	二级	三级
盖度（%）	≥	90	80	70
草坪高度（cm）	≤	4	7	10
均一性		叶片生长整齐一致，每个草种在草坪中出现频率≥90%	叶片生长基本整齐一致，每个草种在草坪中出现频率≥80%	有少数叶片生长不齐，每个草种在草坪中出现频率≥70%
色泽		颜色均匀一致，色墨绿或深绿	颜色欠均匀一致，色浅绿或淡绿	颜色不均一，色黄绿，黄色<20%
病虫侵害度（%）	≤	2	5	10
杂草率（%）	≤	2	5	10

7. 水土保持草坪等级标准见表 7。

表 7　水土保持草坪等级标准

检测指标＼等级		一级	二级	三级
盖度（%）	≥	85	80	75
病虫侵害度（%）	≤	4	9	15
地下生物量（g/m^2）	≥	1 500	1 000	700

8. 公路草坪等级标准见表8。

表8　公路草坪等级标准

检测指标＼等级		一级	二级	三级
盖度（%）	≥	85	80	75
草坪高度（cm）	≤	10	20	40
色泽		颜色均匀一致，色墨绿或深绿	颜色欠均匀一致，色浅绿或淡绿	颜色不均一，色黄绿，黄色<25%
病虫侵害度（%）	≤	4	9	15
杂草率（%）	≤	10	15	20
地下生物量（g/m^2）	≥	1 500	1 000	700

9. 飞机场跑道区草坪等级标准见表9。

表9　飞机场跑道区草坪等级标准

检测指标＼等级		一级	二级	三级
盖度（%）	≥	90	80	70
草坪高度（cm）	≤	10	15	20
色泽		颜色均匀一致，色墨绿或深绿	颜色欠均匀一致，色浅绿或淡绿	颜色不均一，色黄绿，黄色<25%
病虫侵害度（%）	≤	2	5	10
杂草率（%）	≤	2	5	10

10. 足球场草坪等级标准见表10。

表10　足球场草坪等级标准

检测指标＼等级		一级	二级	三级
盖度（%）	≥	95	90	85
草坪高度（cm）		>2.0，≤2.5	>2.5，≤3.0	>3.0，≤3.5
均一性		叶片生长整齐一致，每个草种在草坪中的出现频率≥90%	叶片生长基本整齐一致，每个草种在草坪中出现频率≥80%	有少数叶片生长不齐，每个草种在草坪中的出现频率≥70%

（续表）

检测指标＼等级	一级	二级	三级
色泽	颜色均匀一致，色墨绿或深绿	颜色欠均匀一致，色浅绿或淡绿	颜色不均一，色黄绿，黄色<20%
病虫侵害度（%）	偶见，侵害度≤1	可见，侵害度≤5	较多见，侵害度≤10
杂草率（%）	杂草个体少见，盖度≤2%	杂草个体较多，盖度≤3%	杂草个体多，盖度≤4%
草坪弹性（%）	>40，≤45	>45，≤50 >35，≤40	>50，≤55 >30，≤35
草坪滚动阻力（m）	>6.0，≤8.0	>8.0，≤10.0 >4.0，≤6.0	>10.0，≤12.0 >2.0，≤4.0
草坪旋转阻力（N·m）	>30，≤40	>40，≤50 >20，≤30	>50，≤80 >10，≤20
草坪平整度（cm）　≤	1.0	2.0	3.0

二、定义

1. 种子净度 purity of seeds

从被检种子样品中除去杂质和其他植物种子后，被检种子样品中纯种子重量占样品总重量的百分比。

2. 种子发芽率 germination percentage of seeds

种子发芽试验终期（规定日期内）全部正常发芽种子数占供试种子数的百分比。

3. 种子含水量 moisture content of seeds

种子样品中水分的重量占供试样品重量的百分比。

4. 其他种子 other seeds

目标种子以外的所有其他植物种子。

5. 封闭型绿地草坪 closed lawn

以观赏为目的，禁止游人进入和践踏的草坪。

6. 开放型绿地草坪 open lawn

允许游人进入，并为其提供休息、散步、游戏等活动场所为目的的草坪。

7. 公路草坪　roadside lawn

建植在公路两旁或中央分隔带，用于防止水土流失，保护自然环境，改善生活环境的草坪。

8. 水土保持草坪 water and soil conservation lawn

通过致密的地表覆盖和表土中絮结的根层防止水土流失的草坪。

9. 飞机场跑道区草坪　airport runway lawn

紧邻飞机场跑道两侧的草坪。

10. 足球场草坪　football field turf

用于覆盖足球场地，并能保证足球竞技运动正常进行的专用性草坪。

11. 地下生物量　underground biomass

草坪地下部分一定深度内根系的干重。

12. 植生带　lawn nursery strip

把筛选好的草籽（或按比例混合的草籽），均匀地撒在两层载体之间，复合而成有草籽的带状草坪建植材料。

13. 植生带接头 joints of lawn nursery strip

植生带载体连接部分。

14. 植生带孔洞　holes of lawn nursery strip

植生带内存在的面积大于1cm^2的窟窿。

15. 营养枝活节数 articulations of vegetation stolon

草坪草茎枝上能够长出新芽的有生命力的节数。

16. 草坪新鲜度　freshness of turf

草坪植株鲜嫩程度。

17. 植生带种子密度 seeds density of lawn nursery strip

单位面积植生带载体上草坪草种子的粒数。

18. 盖度 coverage

草坪草的地上部分垂直投影面积与取样面积的百分比。

19. 草坪高度　height of turfgrass

草坪草顶端至地表面的垂直距离。

20. 均一性 uniformity of turfgrass

草坪表面均匀一致的程度。

21. 色泽 color of turf

人眼对草坪反射光线量与质的感受和喜好程度。

22. 病虫侵害度 infectious degree of disease and insects

病虫对草坪侵染为害的程度。

23. 植生带发芽率 germination percentage of lawn nursery strip

植生带上发芽种子占种子总数量的百分比。

24. 杂草率 the rate of weeds

草坪总体中杂草（非目标草）所占的比重，表示杂草侵染草坪的程度。

25. 草坪弹性 resilience of turf

草坪践踏后恢复的能力或速度。

26. 草坪滚动阻力 roll resistance of turf

足球在草坪上直线滚动时受到的与滚动方向相反的阻力。

27. 草坪旋转阻力 rotation resistance of turf

足球在草坪上旋转运动时受到的与旋转方向相反的阻力。

28. 草坪平整度 evenness of turf

草坪坪床表面光滑平整一致的程度。

三、检测方法

（一）检测原则

等级标准分一级、二级、三级三个等级，分别测定各检测指标所属级别，在诸项检测指标中，等级最低的指标等级为该草坪产品等级。不符合最低等级者，视为等外级。

（二）检测方法

草坪产品的各项检测指标的实际值，采用抽样测定法确定。依据产品对象的大小、性质、检测器具与精度要求，可分别选取随机取样、系统取样和限定随机取样。

随机取样：随机取样也称客观取样，其目的在于使样地中的任何一点都有同等的机会被抽作取样单位，这样就可以用统计的方法表示取样的完善程度。

系统取样：这种方法是将取样单位尽可能地等距、均匀而广泛地散布在样地中，以避免随机取样时取样单位分布不均匀，某些地方取样单位过多，而另外一些地方又太少的缺点。

限定随机取样：这是随机取样和系统取样的有机结合，它体现了二者的优点。具体做法是将样地进一步划分为较小单位，在每个单位中采用随机取样，这样做可使样地内每个点都有成为样本的更大机会，而且数据适于统计分析。

1. 取样

（1）草坪草种子按照GB 2772规定的扦样方法进行取样。

（2）草坪营养枝的检测采用随机抽样法取样。

（3）草坪植生带、草皮的检测采用系统取样法取样。

（4）足球场草坪的检测采用限定随机取样法取样。

（5）其他各类草坪产品，当草坪面积小于$500m^2$或等于$500m^2$时采用系统取样；当面积大于$500m^2$时，采用随机取样。

2. 检测指标的表述与测定方法

（1）种子净度：按照GB 2772规定的方法进行测定。

（2）种子发芽率：按照GB 2772规定的方法进行测定。

（3）其他种子含量：按照GB 2772规定的方法进行测定。

（4）含水量：按照GB 2772规定的方法进行测定。

（5）营养枝活节数：采用目视计数法测定。随机取样，用营养枝所含活节数的绝对值表示。重复三次，取其平均值。

（6）新鲜度：采用测定植株含水量的方法确定其新鲜程度。重复三次，取其平均值。

（7）植生带载体的均匀度：采用称重法。每卷$100m^2$随机抽测3次，每次$1m^2$对折2次，裁成4块，分别称重测其误差。重复三次，取其平均值。

（8）植生带种子均匀度：采用灯光样点透视法。在灯光上用$3cm^2$的样框，随机在$100m^2$植生带取样10次，观察无种子出现的频率。重复三次，取其平均值。

（9）植生带种子密度：采用点数法。每卷$100m^2$随机抽测10次，每次点数$1cm^2$内的种子粒数。重复三次，取其平均值。

（10）植生带接头：以100m长的样检植生带为单位，重复三次，采用目测法，数其接头数，取平均值。

（11）植生带孔洞：以100m长的样检植生带为单位，重复三次，采用目测法，数其孔洞数，取平均值。

（12）盖度：用草坪草地上部分垂直投影面积与建坪总面积比值的百分数表示，可用点测法测得。重复三次，取其平均值。

（13）草坪高度：草坪在自然状态下，测定草层顶端至坪床表面的垂直距离，采用直尺或卷尺测量法，单位 cm。重复三次，取其平均值。

（14）均一性：用草坪的均匀度表示，即草坪草在场地内的分散程度，采用样线点测法测定。用同质草坪草点数占总测点的百分数表示。重复三次，取其平均值。

（15）色泽：用目测法确定。重复三次，取其平均值。

（16）病虫侵害度：采用点测法，用被为害草坪点数与测定总点数比值的百分数表示。重复三次，取其平均值。

（17）杂草率：采用点测法，用杂草点数与测定总点数比值的百分数表示。重复三次，取其平均值。

（18）草坪弹性：采用回弹高度法，用压强为 $0.7kg/cm^2$ 的足球，从 3m 高处自由落下，测定回弹高度，用回弹高度与下落高度比值的百分数表示。重复三次，取其平均值。

（19）草坪滚动阻力：用球在草坪的滚动距离表示。将压强 $0.7kg/cm^2$ 的足球，从 45°的斜面，高 1m 处自由滑下，从斜面的前端测定球滚出距离。测定时分顺坡 $S\downarrow$ 和逆坡 $S\uparrow$ 两方向进行，按下式计算。重复三次，取其平均值。

$$草坪滚动阻力（m）=\frac{2L_S\uparrow \times L_S\downarrow}{L_S\uparrow + L_S\downarrow}$$

式中：$L_S\uparrow$——球逆坡滚动距离（m）；$L_S\downarrow$——球顺坡滚动距离（m）。

（20）草坪旋转阻力：用草坪旋转阻力测定器测定，单位 N · m。重复三次，取其平均值。

（21）草坪平整度：用平整度测定器测定，单位 cm。重复三次，取其平均值。

（22）地下生物量：用钻孔直径为 7cm 的土钻重复取样 5 次，取样深度 35cm，然后用水洗比重法清出杂质，以单位面积上的干物质量表示。重复三次，取其平均值。

参考文献

丁文铎 . 2001. 城市绿地喷灌［M］. 北京：中国林业出版社 .

韩烈保、徐志宏 . 1996. 美国草坪产业发展 40 年［J］. 草原与牧草（4）：48.

韩烈保 . 1994. 草坪管理学［M］. 北京：北京农业大学出版社 .

韩烈保 . 1999. 草坪草种及其品种［M］. 北京：中国林业出版社 .

胡林，边秀举、阳新玲 . 2001. 草坪科学与管理［M］. 北京：中国农业大学出版社 .

黄复瑞，刘祖祺 . 1999. 现代草坪建植与管理技术［M］. 北京：中国农业出版社 .

商鸿生，王凤葵 . 1996. 草坪病虫害及其防治［M］. 北京：农业出版社.

孙吉雄 . 2000. 草坪技术指南［M］. 北京：中国科学技术出版社 .

孙吉雄 . 2002. 草坪绿地使用技术指南［M］. 北京：金盾出版社 .

吴超峰、马雪梅 . 2009. 21 世纪中国草坪业的现状与发展［J］. 天津农业科学，15（3）：74 – 77.

张霞、蔡宗寿 . 2006. 我国草坪机械使用现状及发展对策［J］. 农机化研究（6）：40 – 41.

张志国，李德伟 . 2003. 现代草坪管理学［M］. 北京：中国林业出版社.

Robert Emmons. 2007. Turfgrass Science and Management［M］. Singapore：Cengage Learning.